国家农业行业标准 NY/T 2410-2013 《有机水稻生产质量控制技术规范》 解读

金连登　张卫星　朱智伟　主编

U0306347

中国农业科学技术出版社

图书在版编目（CIP）数据

国家农业行业标准 NY/T 2410—2013《有机水稻生产质量控制技术规范》解读／
金连登，张卫星，朱智伟主编．—北京：中国农业科学技术出版社，2014.12
　ISBN 978-7-5116-1903-7

　Ⅰ．①国…　Ⅱ．①金…　②张…　③朱…　Ⅲ．①水稻栽培—质量控制—技术规范—
研究—中国　Ⅳ．①S511-65

中国版本图书馆 CIP 数据核字（2014）第 269594 号

责任编辑　史咏竹
责任校对　贾晓红

出版发行　中国农业科学技术出版社
　　　　　　北京市中关村南大街 12 号　邮编：100081
电　　话　(010) 82106626（编辑室）
　　　　　　(010) 82109702（发行部）　　82109709（读者服务部）
传　　真　(010) 82109707
经 销 者　各地新华书店
网　　址　http://www.castp.cn
印　　刷　北京富泰印刷有限责任公司
开　　本　787mm×1 092mm　1/16
印　　张　19
字　　数　486 千字
版　　次　2014 年 12 月第一版　2014 年 12 月第一次印刷
定　　价　49.00 元

《国家农业行业标准 NY/T 2410—2013 〈有机水稻生产质量控制技术规范〉解读》

编委会

编委会主任：程式华

编委会副主任：韩沛新　胡培松　王华飞　郭春敏　李显军

主　　　编：金连登　张卫星　朱智伟

副　主　编：许　立　闵　捷　夏兆刚　牟仁祥　栾治华

参编人员：郭春敏　杨银阁　宋　华　吴树业　沈光宏
　　　　　　张　宪　王　陟　李　鹏　张　慧　孙明坤
　　　　　　谢桐洲　施建华　郑晓微　郭　荣　田月蛟
　　　　　　段　锦　焦　翔　刁品春　章林平　于永红
　　　　　　林园耀　童群儿　孙全礼　刘　锐　付德明
　　　　　　曾光辉　袁东彪　方长云　刘国琴

主　　　审：李显军　陈铭学　赵继文

序　言

随着中国生态农业、低碳经济的推进，有机农业的发展越来越受到社会各界的关注。中华人民共和国农业部（以下简称农业部）于 2005 年明确提出并部署了"无公害农产品""绿色食品""有机农产品"3 类政府主导优质品牌农产品的"三位一体、整体推进"的工作意见，并在全国推行了"绿色食品原料标准化生产基地"和"有机农业示范基地"的创建工作。中华人民共和国科学技术部、中华人民共和国财政部等十余个部、委、办等也相继推出了积极推进中国有机农业和有机食品产业发展的政策指导意见。

至今，中国的有机农业和有机农产品产业已得到了有序发展。其中，有机水稻及有机大米产品已经成为中国有机农业和有机产品中认证数量最多、生产规模最大的产业之一，全国有 20 多个省份生产有机水稻。中国国家认证认可监督管理委员会编写的《中国有机产业发展报告》显示，2013 年，中国有机水稻生产面积已达 17.1 万公顷，有机稻谷的总产量每年稳定在 106.3 万吨左右。据不完全统计，目前，经合法认证的有机水稻产品（包括有机稻谷、有机大米、有机糯米、有机碎米、有机米糠、有机米露、有机米粉、有机米面、有机米酒、有机米制品等）品牌企业（含专业合作社）等已达近千家。

分析全国有机水稻产业迅速发展之原因，主要在于：第一，中国建设社会主义生态文明和现代农业产业结构调整的引导；第二，农业系统因地制宜推进"三品农业"发展的作用带动；第三，消费者生活质量提升的市场需求拉动；第四，有机水稻生产技术推广应用得以保障；第五，食品与农产品质量安全新形势的促动。

面对中国有机水稻生产发展良好势态，推进农业标准化生产和规范有机生产运作显得十分重要。因此，经中国水稻研究所和中国绿色食品发展中心于 2010 年联合申报，农业部在 2011 年正式立项启动了《有机水稻生产质量控制技术规范》的国家农业行业标准编制工作。设在中国水稻研究所的"农业部稻米产品质量安全风险评估实验室"和中国绿色食品发展中心管理的"中绿华夏有机食品认证中心"的相关专业人员，以及部分有机水稻生产单位相关业内人士花了近两年时间开展编制和技术验证工作，NY/T 2410—2013《有机水稻生产质量控制技术规范》终于在 2013 年 9 月由农业部 1988 号公告发布，并于 2014 年 4 月 1 日正式实施了。

为了使 NY/T 2410—2013《有机水稻生产质量控制技术规范》能在全国有机水稻生产领域得到理解并推广应用，该标准编制组的专业人员又花时近半年，编写了《国家农业行业标准 NY/T 2410—2013〈有机水稻生产质量控制技术规范〉解读》一书。望该书的出版，能对有机水稻生产者加深理解并宣贯此标准起到促进作用。同时，也希望其能成为有机水稻生产者的作业指导书，更可为全社会关注和研究有机水稻生产的专家学者提供参考。

中国水稻研究所所长、博士生导师：程式华 研究员

2014 年 10 月

前　言

　　水稻是中国占比最大的粮食作物，全国有 65％以上人口以大米为主食。中国改革开放 30 多年来，人们对生活质量要求越来越高。"吃得少，就要吃得好，吃得安全"日益成为社会共识。当前，选购有机大米的趋势已成消费时尚，不断拉动了中国有机水稻的生产发展。至今，全国生产有机水稻的省份已达 20 多个，生产面积有日趋扩大之势。至 2013年，经有机产品认证的有机稻谷已达有机谷物总产量（331.9 万吨）的 1/3。殊不知，有机农产品的生产，包括有机水稻的生产有许多规矩和约束，生产难度很大，风险因素较多。为有序指导中国有机水稻的标准化生产，规范化管理，在 2013 年 9 月，农业部 1988号公告发布了国家农业行业标准 NY/T 2410—2013《有机水稻生产质量控制技术规范》，并于 2014 年 4 月 1 日实施。该标准的发布并实施，填补了中国指导有机水稻生产尚无国家层面技术标准的空白。

　　为了使 NY/T 2410—2013《有机水稻生产质量控制技术规范》能得到有机水稻生产者的充分理解和广泛应用，我们组织了该标准编制组的相关专家和部分从事有机水稻生产与研究的学者、企业家等，以指导有机水稻标准化生产为目标，立足标准的对应性、理解的通俗性、应用的可操作性，参考提炼了相关专家、学者的专著和文献中的精华，执笔编写了《NY/T 2410—2013〈有机水稻生产质量控制技术规范〉解读》。该书对该标准的各章节内容进行了具体的理解与应用上的描述，并收录了国内的相关法律法规、国家和行业相关标准节选，遴选了相关专家学者撰写发表的部分专业论文等。

　　本书共分 8 个部分主体内容和 8 个附录，其中，第一部分由金连登、夏兆刚、宋华主笔撰写；第二部分由沈光宏、牟仁祥、张慧主笔撰写；第三部分由金连登、郭春敏、栾治华主笔撰写；第四部分由张卫星、吴树业、李鹏主笔撰写；第五部分由许立、杨银阁、谢桐洲主笔撰写；第六部分由闵捷、郭荣、张宪主笔撰写；第七部分由朱智伟、施建华、段锦主笔撰写；第八部分由章林平、牟仁祥、焦翔主笔撰写。8 个附录由金连登、孙明坤、郑晓微、林园耀、田月蛟、袁东彪、孙全礼、刘锐、付德明、曾光辉、于永红、童群儿、方长云、刘国琴负责分项编制。本书的主审人员是李显军、陈铭学、赵继文 3 位研究员。

　　本书在编写过程中得到了有关部门和相关专家学者的关心和指导，以及各相关有机水稻生产的农业龙头企业及从业人员的关注和支持。特别是一批长期从事有机农业、有机水稻研究的领导与专家，对书稿中的有关专业问题提出了许多建设性建议。中国水稻研究所所长程式华博士亲自担任编委会主任并为本书作序言；中绿华夏有机食品认证中心主任王华飞高级工程师专门对本书的编写工作给予支持并鼓励；中国有机农业专业委员会秘书长郭春敏教授亲自参与编稿并修改。参与编写的专业人员为本书的编写与出版倾入了大量心血，在此，我们一并表示崇高的敬意和衷心的感谢。

　　由于本书编写时间仓促，编者水平有限，书中如存在不妥之处，敬请广大读者和业内人士批评指正。

编　者

2014 年 10 月

目　录

第一部分

概　述

中国有机农业兴起于 20 世纪 90 年代，最早的有机认证产品是茶叶，随之有机水稻于 90 年代中后期开始小规模种植。到了 21 世纪初，有机水稻在中国部分生态条件较好的地区有了较快的发展。据相关调研与不完全统计，全国目前有 20 多个省份种植有机水稻，截至 2013 年年底，生产面积达 17.1 万公顷（约占我国水稻生产总面积的 0.6%）；有机稻谷年总产量为 106.3 万吨。经合法认证的有机稻谷、有机大米产品（包括米制食品）生产单位有近千家，产品品牌逾 1 500 多个。这些有机水稻的生产面积、产量、认证数量，在中国北方稻区（东北三省、内蒙古①、宁夏②、新疆③、河南、山东等省区）占到 60% 以上。随着中国生态农业发展的推动、人民生活水平提升等因素拉动，有机水稻生产在全国仍有较大的推广发展潜力，尤其在生态条件良好的产稻区，因地制宜发展的空间更大。

面对这样的一种发展势态，从理性的角度讲，对我国现时有机水稻生产中遇到的相关问题，保持清醒的认识和科学的把握至关重要。

一、有机水稻生产的有序在于标准化指导

有机水稻生产需要有"良好产地"——生产基础，"良好技术"——生产保障，"良好管理"——生产诚信，这是社会的共识。因此，其必须有相应的标准来规范生产行为、技术应用和管理运作。"没有规矩，不成方圆"。综观近十多年来，我国有机水稻生产发展，一直处在全国范围内无国家技术层级的专业性标准指导状态。虽说有 2005 版和 2011 版的 GB/T 19630《有机产品》国家标准，但此标准重在指导开展认证评价，即使对植物有机生产有一定的帮助，那也只是通用性的原则要求。从微观上，该标准针对有机水稻生产的特性及技术应用的规范适用性欠足。因此，处在我国不断推进农业标准化的今天，没有有机水稻生产指导的专业性标准，已与时代的要求极不相称，更与有机水稻生产的发展需求极不合拍。

面对有利于规范全国的有机水稻生产之需，作为我国农业的主管部门，农业部④以指导"无公害农产品""绿色食品""有机农产品"的标准化生产为目标，于 2011 年立项启动了《有机水稻生产质量控制技术规范》（列为国家农业行业标准中的有机农业类专业性标准）编制工作，并由中国水稻研究所主持起草。2013 年 9 月农业部 1988 号公告，发布了该项标准，并于 2014 年 4 月 1 日正式在全国实施。该标准的主体内容：立足有机水稻

---

① 内蒙古自治区，全书简称内蒙古；
② 宁夏回族自治区，全书简称宁夏；
③ 新疆维吾尔自治区，全书简称新疆；
④ 中华人民共和国农业部，全书简称农业部

生产全程质量控制，对接国际公认的有机农业原则和国家《有机产品》标准及认证实施规则，以集成技术应用为导向，针对有机水稻生产中的关键环节（即：产地选择→品种选育→培肥施肥→栽培农艺→病虫草害防治→收获处理→存贮保管→产品监测→追溯记录→预警防范等），提出了较系统的生产过程质量安全把控技术规范。其既体现了水稻的专业特性和有机生产中的特定要求，又体现了生产者应用的可操作性。

NY/T 2410—2013《有机水稻生产质量控制技术规范》的发布并实施，填补了国家有机农业生产中水稻专业性技术标准的空白，其作用在于：为生产者提供了作业指导书；为有机农业工作者、学者及有机认证检查员提供了专业工具书；为行业和产业主管部门及监管人员提供了业务参考书。随着该标准的实施并应用，必将促进我国有机水稻生产的有序化、规范化、标准化水平提升。

作为我国有机水稻的生产者，应将有机水稻标准化生产视作实施现代农业和生态农业的举动，认真组织学习、培训、贯彻，努力以标准化生产确保全程质量管理，以标准化生产规范运作行为，以标准化生产取信于民，以标准化生产求得效益。

二、有机水稻生产的安全在于风险可受控

有机水稻有别于常规水稻，主要在于化学物质和转基因物质的不可使用，以及生产管理的全程可追踪，因此，其生产的风险犹存。归结起来，有机水稻生产存在两方面的十大风险因素。

一方面是人为风险。①生产者明知故犯，违规使用化学物质和转基因物质；②有意销毁痕迹或凭据，造假象迷惑他人，例如，偷偷施用化肥、化学农药、化学除草剂，选用转基因的植物秸秆与副产品作农家肥原料，选购集约化养殖场存在化学抗生素残留的畜禽粪便等。

另一方面是非人为风险。①事前不知情状况下误用化学投入品或含有转基因成分的物质；②没注意本有机生产单元产地环境条件发生的漂移污染；③没在意育秧过程中的种子杀菌消毒及育秧土基质成分带化学属性；④不了解所用的商品有机肥、生物复合肥、矿物肥的隐性化学成分，并过度过量过时培肥、施肥；⑤不知晓对病虫害防治允许使用的药剂和标准附录以外药剂使用需事前申报评估的要求，以及无针对性地使用药剂；⑥面对稻田草害困扰和劳务成本高，不自觉地使用隐性化学物质的除草剂作前期除草封蔽；⑦不知道有机水稻稻田除冬季休耕外，需有两种及以上不同类的作物轮作；⑧不注重生产全程的记录和凭据需齐全、真实，追踪管理有遗漏。

面对上述两方面的十大风险，有机水稻生产者需不断增加风险意识，应从标准化生产入手，在以下3个方面采取措施管控风险：第一，自觉地建立健全防风险的质量管理体系，完善各项管理规程，"用制度来控风险"；第二，配备相关的管理队伍，落实岗位责任制，"用人才来控风险"；第三，搞好因地制宜的应对技术储备，建立风险预警处理预案，"用技术来控风险"。国家农业行业标准 NY/T 2410—2013《有机水稻生产质量控制技术规范》中，提出了一整套控制生产风险的技术与方法，生产者只要去因地制宜地认真应用实施，以落实标准化生产的各项要素为基础，完善各项措施，那么，有机水稻生产的风险仍将可受控。

三、有机水稻生产的保障在于技术应用

有机水稻生产，关键在技术应用，而这个技术是建立在非化学物质使用前提下完善的技术体系。随着我国有机农业的不断推进，近十多年来，广大农业科技研究人员和身处有机水稻生产一线的业内人士，通过不断地研究、试验、推广、学习、借鉴及创新，将自古以来形成的传统农耕技术方式，嫁接于现代的农业科技手段，创立了许多传统技术与现代科技紧密结合的集成技术方法，以及区域性因地制宜适用的生产技术应用体系，保障有机水稻的生产。相关专业人员历经多年的总结，为我国有机水稻生产的标准化技术应用体系建设奠定了良好基础，其中，这 10 类比较实用的技术值得推广应用：一是水稻良种选育与引种提纯复壮技术；二是种植的培育壮秧与合理密植技术；三是稻田休耕或种植豆科、绿肥及稻草还田技术；四是自身有机体系内循环的农家堆肥制作或沼肥使用技术；五是稻田水的适时"好气"灌排技术；六是以防治病虫草害为主的种养结合精确栽培技术；七是稻田布设杀虫灯、粘虫板、防虫网、性诱剂等物理防治虫害技术；八是稻田释放或吸引赤眼蜂、蜘蛛、青蛙、瓢虫等害虫天敌的生物防治技术；九是利用植物油、高度白酒、食醋、辣椒水、花椒水等稻田喷洒防虫杀菌技术；十是发挥机械作用，开展稻田的机械插秧、机械耕耘、机械除草、机械收获处理的机械化现代清洁生产技术。

归根结底，有机水稻生产必须有标准化生产的技术保障。否则，在无化学物质使用条件下，很难获得良好效果。因此，在 NY/T 2410—2013《有机水稻生产质量控制技术规范》的标准文本中描述了一系列的生产质量控制的技术与方法，中国水稻研究所的科技人员也针对这些技术和方法总结了"七优"集成技术应用模式，并绘制了指导模式图，如下页图所示。

四、有机水稻生产的认可在于对接认证

至今为止，当寻问到有机水稻生产者生产的目标，没有一个不需要有机认证的。这说明，从事有机水稻生产，其目的是获得生产标准化的符合性评价，并取得通向市场销售的准入证（有机产品认证证书），以实现生产的社会价值和经济价值被认可。但是，目前国家主管部门不断在调严认证门槛和认证监管措施，面对这样的形势，有机水稻生产者要对接有机认证，就必须全面掌握和理解有机认证和标准内容的标准化、规范化实施相关知识。

第一，要熟悉我国的认证法规、认证标准及规则，主要包括《中华人民共和国认证认可条例》《中华人民共和国食品安全法》《中华人民共和国农产品质量安全法》《有机产品认证管理办法》《有机产品认证实施规则》《有机产品认证目录》，以及国家标准 GB/T 19630—2011《有机产品》和国家农业行业标准 NY/T 2410—2013《有机水稻生产质量控制技术规范》等。

第二，要明确申请人应具备的条件，包括申请人的法人资格、已取得相关行政许可、建立了文件化的有机产品质量管理体系，以及生产的产品应符合国家相关法律、标准和认证产品目录的要求等。

名称	优质产地 →	优抗品种 →	优化培肥 →	优势栽培 →	优选病虫草害防治方法 →	优良收获 →	优特存贮
技术要素	环境达标	品质优	秸秆还田(南北方有区别)	浸种消毒	水旱轮作	人工收割	自然通风
	上风上水口	抗病性	绿肥(南方)	培育壮秧	种养结合(动植物共生)	机械收获	冷链设备
	土壤肥力	抗虫性	农家堆肥	合理密植	杀虫灯	自然干燥	筒仓设施
	远离污染源	抗倒伏	厌氧发酵沼肥	好气灌溉	光色诱器	机械烘干	品质监测
	土壤 pH 值	抗逆性	饼粕(粉)	节水保肥	植物提取液	干湿控制	防止陈化
	排灌分流	裹包衣	微生物提取物	中耕除草	微生物菌剂		
				套种间作	人工方式		
					评估许可制剂		

备注 ① 该模式图中各重点技术要素设项按有机农业的原则和 GB/T 19630—2011《有机产品》生产要求描述;
② 生产者使用时,应立足因地制宜的原则选择相应技术,也可系统性选用。

图 有机水稻生产"七优"技术应用重点要素集成模式

第三，要齐全提交申请的文件和资料清单，主要包括合法的经营资质证明（复印件）、土地使用权证明或合同，有机认证申请书和调查表，有机生产、加工、经营基本情况简介，产地（基地）位置图、地块图等，有机生产计划与规划，质量管理手册，生产技术规程，申请人守法诚信承诺书等。

第四，要了解认证的程序和要求。主要包括认证申请、认证受理、认证收费、认证现场检查准备与委派检查实施、认证决定等。具体各环节均有时间要求和运作程序上的规定。

第五，要认真配合检查组的现场检查及整改，主要工作包括明确检查时间（人日数）、申请人接受检查前现场各项准备、选派相关人员陪同检查组检查、接受现场访谈和质询、听取现场检查意见反馈、按时递交整改报告等。

第六，要接受产地环境和认证产品的采样检测。这方面做法是：接受认证机构委托的环境监测机构进行现场（产地）水、土、气的取样并监测，配合现场检查组对产品进行样品采集并送指定检测机构检测。

第七，要承诺按标准要求守法诚信组织生产并记录，主要工作包括：由申请人与认证机构签订守法诚信实施有机生产、加工、经营的承诺书，对自身的有机生产全过程实施管控实时记录，并保管好相关凭证凭据，实施全程的可追溯。

第八，要规范并对号入座使用有机产品的防伪标志。若获得认证，且已过转换期，在颁证的产品、数量、规格范围内，将申购的有机产品防伪标签，对号入座加贴于销售产品的最小销售外包装上。

第九，要随时接受国家监督检查或飞行检查。对已获有机认证证书的申请人，要随时接受国家相关部门安排的监督检查和监督抽检，或接受认证机构开展的飞行（不通知）检查和抽检等。

第十，要及时向认证机构报告企业相关信息更变情况。相关信息主要包括本企业在认证有效期内发生了重大人事变更、重大自然灾害或生产事故，或被相关司法机关处罚，或产品质量出现不合格被查处等信息。

综上所述，在当前社会渴望食品安全有进一步保障的形势下，有机水稻生产对接有机认证是必须的，NY/T 2410—2013《有机水稻生产质量管理技术规范》中的许多条款也融入了对接有机产品认证的相关要求，能够很好地帮助生产者在生产中就适应有机认证的标准要求。但也应看到，要想获得有机认证也是不容易的，这要靠有机水稻生产者脚踏实地去做好每一个标准化生产各环节的事项。

五、有机水稻生产发展的生命力在于食味品质

随着我国有机水稻生产的良好发展，今后有机大米的品牌也会不断增加，人们对有机大米的选择，将会日趋挑剔。众所周知，我国是全球水稻生产的古国，水稻品种的王国，稻米消费的大国。目前我国种植的水稻品种有几千个，其中，有重稳产高产的，有重多抗性能的，有重理化米质的，也有重食味口感的，可谓千姿百态，千舟竞发。有机水稻也不例外，种植的品种大多数是从中选择，其品质雷同，特色不明显，但价格却高出一大截，百姓选购时比较盲然。如从性价比考量，今后可能热销的有机大米产品必然是有品质特色的，并特别在食用安全基础上米饭食味与众不同的。因此，这就给当前有机水稻生产者一

个新的启示：有机水稻种植必须选择食味品质好，产量性状稳定，且具多抗（抗病、抗虫、抗寒、抗倒伏等）功能的特色品种，尤其是针对特定消费区域、消费群体公认的食味品质好的优良品种和品牌大米。对此，在 NY/T 2410—2013《有机水稻生产质量控制技术规范》标准的 5.2.1.3 中已作了要求，即宜选择品质优良、适应当地生态环境、抗病虫能力强的水稻品种。

依据现有国家相关标准评判大米米饭的食味品质项目有米饭的气味、色泽、形态、适口性、滋味、外观，以及冷饭质地等。属特种大米的，还应增加食味特性指标，如香米香味与香型、黑米口味与色素、糯米糯性等。按国家相关标准要求，评价米饭食味状况由国家具备相应资质专业检测机构的专职检验人员实施。食味评判采用百分制，与对照样比，分值高的评判为食味好。因此，有机水稻生产者可以委托专业检测机构作标准性食味评价后再做品种选择。但往往消费者对大米米饭食味评价是凭直观的感受。归结起来主要分 3 种民意倾向性选购：一是好看且味香型，即注重外观好看，饭粒形态整齐，色泽透明且带光亮度，入口时具有自我满意的香气味道；二是适口且滑爽型，即注重米饭口味好吃，入嘴润滑爽口，咀嚼时有滋味感；三是冷饭具黏弹型，即吃冷饭时仍具良好口感，黏弹性较足，且不偏硬、不回生等。

根据国家相关标准的评判要求和消费者对米饭食味评价的民意取向性要求，其实在我国各水稻主产区都有满足市场需求的水稻品种可选择。而且面向市场新需求，部分水稻育种家已将高产育种目标调向品质育种方向，一个个食味好的新品种或新品系正在不断问世。因此，有机水稻生产者应懂品种特性、懂品质标准、懂生产配套技术、懂消费者心中的食味"标准"，努力以品种、品质、品味、品牌的"四品"标准化生产为目标，越早调整定位，就越具潜在发展生命力，更多占领有机稻米市场份额也会指日可待。

第二部分 ▰▮▮▮
《有机水稻生产质量控制技术规范》
"前言""范围""规范性引用文件"的
理解与应用

本部分主要对《有机水稻生产质量控制技术规范》［以下简称本标准（规范）］的"前言"中描述的 5 个内容、"范围"中的规定，以及"规范性引用文件"的内容进行具体的叙述。

【标准前言】

> ### 前　言
>
> 　　本标准是按照 GB/T 1.1—2009 给出的规则起草，并以 GB/T 19630.1～19630.4—2011 为重要依据而编制。
> 　　请注意本文件的某些内容可能涉及专利。本文件的发布机构不承担识别这些专利的责任。

【理解与应用】

本节说明了本标准（规范）是以什么为重要依据和要求编制的。一是按照 GB/T 1.1—2009《标准化工作导则　第 1 部分：标准结构和编写规则》所规定的要素编制，其适用于国家标准、行业标准和地方标准以及国家标准化指导性技术文件的编写。本标准（规范）是国家农业行业标准，编制必须遵循 GB/T 1.1—2009 第 1 部分的规定。二是按照 GB/T 19630.1～4—2011《有机产品》所规定的相关要求编制。因该标准已对 2005 版作了较大修改，2011 版的《有机产品》标准总计修改了 161 处，其中，第 1 部分（生产）修改了 91 处，第 2 部分（加工）修改了 48 处，第 3 部分（标识与销售）修改了 14 处，第 4 部分（管理体系）修改了 8 处。本标准（规范）作为我国有机水稻第一个专项性的农业行业标准，于 2010 年由农业部正式列入编制计划，在起草编制过程中，正值 2011 版《有机产品》国家标准修改发布实施。因此，考虑到有机水稻生产者的目的是需获得有机产品认证的意愿，与其对接显得十分重要。

这里，值得指出的是 2011 版《有机产品》国家标准中规定了相关的"术语和定义"，在本标准（规范）中没有再作新的"术语与定义"。所以，在 GB/T 19630.1 和 GB/T 19630.4 中已经描述的与本标准（规范）有关的以下术语和定义，适用于本标准（规范）。

有机农业　organic agriculture：遵照特定的农业生产原则，在生产中不采用基因工程获得的生物及其产物，不使用化学合成的农药、化肥、生长调节剂、饲料添加剂等物质，遵循自然规律和生态学原理，协调种植业和养殖业的平衡，采用一系列可持续的农业技术以维持持续稳定的农业生产体系的一种农业生产方式。

有机产品 organic product：按照本标准（GB/T 19630.1）生产、加工、销售的供人类消费、动物食用的产品。

常规 conventional：生产体系及其产品未按照本标准（GB/T 19630.1）实施管理的。

转换期 conversion period：从按照本标准（GB/T 19630.1）开始管理至生产单元和产品获得有机认证之间的时段。

平行生产 parallel production：在同一生产单元中，同时生产相同或难以区分的有机、有机转换或常规产品的情况。

缓冲带 buffer zone：在有机和常规地块之间有目的设置的、可明确界定的用来限制或阻挡邻近田块的禁用物质漂移的过渡区域。

投入品 input：在有机生产过程中采用的所有物质或材料。

生物多样性 biodiversity：地球上生命形式的生态系统类型的多样性，包括基因的多样性、物种的多样性和生态系统的多样性。

转基因技术 genetic modification：通过自然发生的交配与自然重组以外的方式对遗传材料进行改变的技术，包括但不限于重组脱氧核糖核酸、细胞融合、微注射与宏注射、封装、基因删除和基因加倍。

转基因生物 genetically modified organism：通过基因工程技术/转基因技术改变了其基因的植物、动物、微生物。不包括接合生殖、转导与杂交等技术得到的生物体。

辐照 irradiation（ionizing radiation）：放射性核素高能量的放射，能改变食品的分子结构，以控制食品中的微生物、病菌、寄生虫和害虫，达到保存食品或抑制诸如发芽或成熟等生理过程。

有机产品生产者 organic producer：按照本标准（GB/T 19630.1~4）从事有机种植、养殖以及野生植物采集，其生产单元和产品已获得有机产品认证机构的认证，产品已获准使用有机产品标志的单位或个人。

有机产品加工者 organic processor：按照本标准（GB/T 19630.1~4）从事有机产品加工，其加工单位和产品已获得有机产品认证机构的认证，产品已获准使用有机产品标志的单位或个人。

有机产品经营者 organic handler：按照本标准（GB/T 19630.1~4）从事有机产品的运输、储存、包装和贸易，其经营单位和产品获得有机产品认证机构的认证，产品获准使用有机产品认证标志的单位和个人。

内部检查员 internal inspector：有机产品生产、加工、经营组织内部负责有机管理体系审核，并配合有机认证机构进行检查、认证的管理人员。

同时，对于在本标准（规范）中有可能涉及某些专利的问题如何处理，也按国家对标准编制的一贯要求，作出了明确规定。

【标准前言】

本标准由中国绿色食品发展中心提出并归口。

本标准起草单位：中国水稻研究所、中绿华夏有机食品认证中心、农业部稻米及制品质量监督检验测试中心、农业部稻米产品质量安全风险评估实验室、吉林省通化市农业科学院、广东金饭碗有机农业发展有限公司、江苏丹阳市嘉贤米业有限公司、成都翔生大地农业科技有限公司。

　　本标准主要起草人：金连登、李显军、许立、朱智伟、张卫星、吴树业、王陟、闵捷、张慧、高秀文、栾治华、杨银阁、牟仁祥、孙明坤、谢桐洲、施建华、郑晓薇、陈能、陈铭学、章林平、田月蛟、童群儿。

【理解与应用】

　　中国绿色食品发展中心（农业部绿色食品管理办公室）作为我国农业系统的绿色食品、有机农产品发展与管理的归口机构，是本标准（规范）的提出并归口的单位。

　　本标准（规范）的编制起草单位有8家，其中，中国水稻研究所是我国水稻科技领域的国家级科研单位，是本标准（规范）编制起草的主持单位；中绿华夏有机食品认证中心是农业部系统专门从事有机农产品认证、有机农业研究与发展的归口单位，归属于中国绿色食品发展中心管理，对我国有机农业的相关专项农业行业标准编制起草发挥组织协调作用；农业部稻米及制品质量监督检验测试中心与农业部稻米产品质量安全风险评估实验室均设在中国水稻研究所内，是当前我国开展以稻米品质、质量与食用安全监测评价，稻米质量安全标准研究，稻米产品生产、加工、仓贮领域质量安全风险评估的部属专业技术机构，对本标准（规范）编制起草起主导作用；吉林省通化市农业科学院、广东金饭碗有机农业发展有限公司、江苏丹阳市嘉贤米业有限公司（现已更名为江苏嘉贤米业有限公司）、成都翔生大地农业科技有限公司4家单位，均是国内较早从事有机水稻生产技术研究、有机水稻生产技术应用推广、有机农业生产资料（投入品）研发推广的企事业单位，其中，成都翔生大地农业科技有限公司的有机农业产业园被农业部授予"全国有机农业生产示范基地"，江苏嘉贤米业有限公司的有机水稻生产基地被国家外专局授予"稻鸭共作技术引智成果示范基地"。这4家单位除了参与本标准（规范）的相关章、条、段等编写外，主要发挥了标准中相关内容的试验与验证作用。

　　本标准（规范）的主要起草人列了22位，他们中绝大多数是我国有一定阅历和经历的有机农业和有机水稻生产研究者、从业者，有些还是国家注册的有机产品认证高级检查员和有机认证培训教师。他们对本标准（规范）的编制发挥了主导作用。同时，还有一大批没有列入起草人名字的专业人士参与了本标准（规范）编制的咨询、调研、验证与校对等工作；还有一批有机农业和水稻科技专家，对本标准（规范）编制起到了指导、把关和审定作用。

【标准条款】

1　范围

　　本标准规定了有机水稻生产中的质量控制的风险要素、质量控制技术与方法，以及质量控制的管理要求。

　　本标准适用于有机水稻生产过程的质量控制与管理。

【理解与应用】

本节对本标准（规范）规定的有机水稻生产中"质量控制"三大范围作出了界定，即：一是风险要素有哪些？二是技术与方法如何用？三是全程管理要求是什么？这一范围的规定，使有机水稻生产者能十分明了在生产中应抓住质量控制的核心要素。

本标准（规范）的适用范围规定了仅限于有机水稻的生产过程质量控制与管理，不涵盖成品大米精深加工与销售环节，这与国家对行政机构职责规定中农业系统管生产的职能相一致。有机水稻生产过程从产地环境、种子选用、栽培管理（灌溉、培肥、病虫草害防治、轮作等）到收获、贮存环节，重点是对生产过程各环节加强质量控制与管理，推行有机农业的标准化生产。

那么，有机水稻的概念应如何诠释呢？至今，我国的相关标准和文献资料中，还没有作出完整的定义。在此，本标准（规范）编制起草组认为应作如下理解：有机水稻——有机水稻的生产是遵照有机农业生产原则，在生产中不使用化学合成的农药、化肥、生长调节剂等物质，不采用基因工程获得的生物及其产物，遵循自然规律和生态学原理，采用一系列可持续的农业技术，以维持稻田生产体系稳定的一种水稻生产方式。有机水稻的产出品为供人类消费、动物食用的稻谷或大米及其深加工制品与副产品。标识有机水稻的产出品必须是按国家相关监管部门发布的《有机产品认证实施规则》和《有机产品认证目录》的规定，并经有合法资质的有机产品认证机构认证。

【标准条款】

---

2 规范性引用文件

下列文件对于本文件的应用是必不可少的。凡是注日期的引用文件，仅注日期的版本适用于本文件。凡是不注日期的引用文件，其最新版本（包括所有的修改单）适用于本文件。

GB 2762　食品污染物限量

GB 2763　食品中农药最大残留量

GB 3095　环境空气质量标准

GB/T 3543　农作物种子检验规程

GB 4404.1　粮食作物种子　第1部分：禾谷类

GB 5084　农田灌溉水质标准

GB 9137　保护农作物的大气污染物最高允许浓度

GB 15618　土壤环境质量标准

GB/T 19630.1—2011　有机产品　第1部分：生产

GB/T 19630.2—2011　有机产品　第2部分：加工

GB/T 19630.4—2011　有机产品　第4部分：管理体系

GB/T 20569　稻谷储存品质判定规则

NY/T 525　有机肥料

NY/T 884　生物有机肥

NY/T 798 复合微生物肥料

NY/T 1752 稻米生产良好农业规范

国家认证认可监督管理委员会公告 2011 年第 34 号 有机产品认证实施规则

国家认证认可监督管理委员会公告 2012 年第 2 号 有机产品认证目录

【理解与应用】

本节"规范性引用文件"列了 16 个国家标准和农业行业标准,以及 2 个国家认证认可监督管理委员会公告。这些文件是国家对有机农业生产,包括有机水稻生产质量安全方面的要求,与有机水稻生产中的质量控制实施紧密相关,因此,有机水稻生产也必须符合这些文件要求。有机水稻生产单元和生产者严格应用上述规范性引用文件,并与本标准(规范)一起切实地执行显得十分重要。

规范性引用文件中,关于水稻产地环境质量的有 4 个,即 GB 3095《环境空气质量标准》、GB 5084《农田灌溉水质标准》、GB 9137《保护农作物的大气污染物最高允许浓度》、GB 15618《土壤环境质量标准》;涉及农业投入品的有 4 个,即 GB 4404.1《粮食作物种子 第 1 部分:禾谷类》、NY/T 525《有机肥料》、NY/T 884《生物有机肥》、NY/T 798《复合微生物肥料》;有关产品质量安全检验判定的有 4 个,即 GB 2762《食品污染物限量》、GB 2763《食品中农药最大残留量》、GB/T 3543《农作物种子检验规程》、GB/T 20569《稻谷储存品质判定规则》;涉及稻米生产专项农业规范的 1 个,即 NY/T 1752《稻米生产良好农业规范》;关于有机产品认证与管理的有 5 个,即 GB/T 19630.1—2011《有机产品 第 1 部分:生产》、GB/T 19630.2—2011《有机产品 第 2 部分:加工》、GB/T 19630.4—2011《有机产品 第 4 部分:管理体系》、国家认证认可监督管理委员会 2011 第 34 号公告《有机产品认证实施规则》、国家认证认可监督管理委员会 2012 年第 2 号公告《有机产品认证目录》。

规范性引用文件中除 GB/T 19630.1、GB/T 19630.2、GB/T 19630.4 三个文件外,其余均未标注年份号,表示这些标准的相关条款均适用于本标准(规范),当这些引用文件一旦修订,新版的标准也将适用于本标准(规范)。因此,有机水稻生产者应密切关注这些标准的修订发布情况,随时同步跟进实施。但 GB/T 19630.1、GB/T 19630.2 及 GB/T 19630.4 标注了年份号,这说明此 3 个标准只适用于 2011 版,这 3 个标准一旦修订,本标准(规范)的引用文件及相关条款也将随此修订。

本标准(规范)的规范性引用文件中的部分文件节选已收录于本书的附录中。

第三部分 ▋▊▊

《有机水稻生产质量控制技术规范》
"通则"的理解与应用

本部分主要对《有机水稻生产质量控制技术规范》"通则"中的三大块内容作了具体的解释。

【标准条款】

3 通则

3.1 有机水稻生产单元范围

有机水稻生产单元范围应具有一定面积、相对集中连片、地块边界明晰、土地权属明确并建立和实施了有机生产管理体系。

【理解与应用】

GB/T 19630.1《有机产品 第1部分：生产》中4.1对"生产单元范围"进行了如下界定：生产单元是一个相对独立、完整的有机产品管理、生产体系，生产单元可以是申请人自有，也可为申请人的契约生产单元，但申请人应有明确的身份证明和经营范围（营业执照），并对销售认证的产品负法律责任。《有机产品认证实施规则》要求申请人应具备如下条件：①取得国家工商行政管理部门或有关机构注册登记的法人资格；②已取得相关法规规定的行政许可（适用时）。申请认证的生产单元则可以是自有的或契约的生产单元，可以是国营或集体农场、个人承租的农场、公司承租的农场以及小农户联合组织的农民团体农场。

本节是以此为基础，针对水稻的生长与生产特性对有机水稻生产单元范围，更详细的规定了以下5个要件。

（1）具有一定面积，是指有机水稻生产的产地不能面积过小（原则上不宜少于50亩①）。

（2）生产单元中地块应相对集中连片，不能呈分散或插花状，应有利于集约化生产管理，减少交叉污染。

（3）各地块边界应明晰，有机生产区块与非有机生产区块、有机地块缓冲带等均有明确的地域区分。

（4）有机地块的土地权属应明确，这些权属包括所有权和经营权，需以书面的权属证书或相应的契书凭证为准。

_____

① 1亩≈667平方米，全书同

（5）在有机水稻的生产单元范围建立和实施了有机生产管理体系，这个管理体系是以GB/T 19630.4 规定的内容为依据。

〰〰〰〰〰〰〰〰〰〰〰〰〰〰〰〰〰〰〰〰〰〰〰〰〰〰〰〰〰〰

【标准条款】

> **3.2 生产质量控制的风险要素**
>
> **3.2.1** 产地环境质量的变化，包括大气污染、水质变化、稻田土壤受面源污染及相关肥料使用不当而形成的污染等。
>
> **3.2.2** 不当培肥方法造成的稻田土壤肥力失衡或重金属含量超标。
>
> **3.2.3** 来自于常见型水稻病虫草害发生，因施用农药不当而造成的农药残留不符合 GB 2763 要求。
>
> **3.2.4** 有机生产单元建立的生产质量管理体系在实施中不完善、不到位而造成的不可追溯状况。

【理解与应用】

本节主要规定了有机水稻生产质量控制的 4 个方面风险要素内容，核心是让有机水稻生产者注重生产过程中的有关质量控制方面存在的风险与识别。

首先是产地环境质量的变化。主要包括产地大气受到相关污染；产地稻田灌溉水质发生了变化，即：水系受工业排污污染或生活污水污染或受化学物质使用后的污染等；稻田土壤受到化学物质、重金属及转基因物质，或其他农业面源污染；稻田因施肥不当使用了相关肥料，如含有隐性及不明成分的肥料或未经充分腐熟的农家肥、生物肥等带来的污染因素。

其次是不当的培肥方法而造成的有机水稻生产单元稻田土壤肥力失衡或重金属含量超标。如施用以矿物原料为主成分的复合有机肥或集约化养殖场的畜禽粪肥，过量使用未经充分腐熟的农家肥、人粪尿、生物肥和相关商品有机肥等，可能致使这些稻田土壤的有效合理营养成分，即氮、磷、钾和其他矿质营养元素等分布不均衡，以及稻田土壤中的重金属含量超标，导致 pH 值偏低或偏高等，最终对有机水稻生产带来的不利因素。

再次是有机水稻生产单元在生长季节会受到病虫草害侵害：

常见病害：真菌性病害包括稻瘟病、纹枯病、恶苗病、菌核秆腐病、胡麻叶斑病、条叶枯病等，细菌性病害包括白叶枯病、细菌性条斑病、细菌性基腐病、细菌性谷枯病等，病毒及线虫病害包括黄矮病、条纹叶枯病、黄萎病、干尖线虫病、根结线虫病等。

常见虫害：食叶类害虫包括稻纵卷叶螟、直纹稻弄蝶、稻螟蛉、黏虫、中华稻蝗、福寿螺、负泥虫等，钻蛀性害虫包括二化螟、三化螟、稻秆潜蝇、大螟、稻铁甲虫等，吸汁类害虫包括稻飞虱、稻叶蝉、稻蓟马、稻绿蝽、稻裂白螨等，食根类害虫包括稻水象甲、长腿食根叶甲、非洲蝼蛄、稻水蝇蛆等。

常见草害：禾本科杂草包括稗草、千金子、双穗雀稗、李氏禾等，莎草科杂草包括异型莎草、水三棱、扁秆藨草、萤蔺、野荸荠、牛毛毡等，阔叶杂草包括空心莲子草、鸭舌草、水苋菜、陌上菜、节节菜、矮慈姑、丁香蓼等。

这些常见型病虫草害会因水稻种植区域不同、生产管理方式不同、产地温光条件不同等因素，出现的为害程度不同。如南方稻区重在病虫害防治，北方稻区重在相关病害和草害防治。据农业部水稻科技入户工程项目中，开展的对全国 18 个省份、46 个示范点、2 300 份问卷调查结果显示，全国各水稻产区的主要病虫草害如下表。

表　全国各稻区主要病虫草害简表

内　容	早　稻	中　稻	晚　稻
主要病害	纹枯病、稻瘟病、恶苗病和条纹叶枯病	纹枯病、稻瘟病、稻曲病和条纹叶枯病	纹枯病、稻瘟病、稻曲病和细菌性条斑病
主要害虫	螟虫、稻纵卷叶螟、稻飞虱	螟虫、稻飞虱、稻纵卷叶螟	螟虫、稻飞虱、稻纵卷叶螟
主要杂草	稗草、鸭舌草、千金子、矮慈姑、水莎草	稗草、鸭舌草、千金子、水莎草、矮慈姑	稗草、鸭舌草、千金子、矮慈姑、水莎草

相关稻作区病虫草害状况如下。

（1）华南稻作区（福建省、广东省、广西壮族自治区、海南省）：稻飞虱、稻纵卷叶螟、螟虫、稻纹枯病、稻瘟病是主要病虫害。东亚飞蝗、福寿螺、稻曲病、普通矮缩病、胡麻叶斑病等的发生为害在局部呈上升趋势。

（2）长江上游稻作区（四川省、重庆市、云南省、贵州省）：螟虫、稻瘟病、稻飞虱、纹枯病等为主要病虫害，其发生面积占 90% 左右。次要病虫害有所上升，稻蝗已成为部分县、区的常发性害虫；2005 年成都市稻曲稻发生面积达 7.70 万公顷，损失稻谷 418.5 万千克，四川全省发生面积 26.18 万公顷，实际损失稻谷 1 478.1 万千克。

（3）长江中下游稻作区（湖南省、湖北省、江西省、安徽省、江苏省、浙江省、上海市）：二化螟、纹枯病、稻纵卷叶螟、稻飞虱、条纹叶枯病、三化螟、稻瘟病发生为害最重，是主要病虫害。部分稻区一些年份白叶枯病、细菌性条斑病、稻曲病、穗腐病发生为害严重。

（4）东北稻作区（黑龙江省、吉林省、辽宁省）：穗颈瘟、二化螟和稻水象甲为主要病虫害。稻黄病、穗腐病、纹枯病逐年上升。

为此，生产者会因防治上述常见型病虫草害发生与侵害，施用相关农药不当而造成了水稻产品中农药残留不符合 GB 2763 的要求和 GB/T 19630.1 的规定。这里所称施用相关农药不当主要是指：含有隐性成分或化学物质且有机水稻生产者难以识别的植物和动物来源、矿物来源、微生物来源或其他来源的杀虫剂、杀菌剂、驱避剂或生物除草剂、真菌除草剂等，或过量使用有机水稻生产中许可使用的相关植物保护产品所带来的最终产品中质量安全超标隐患。

最后是有机水稻的生产单元所建立的生产质量管理体系在实施中不完善、不到位或不落实而造成的不可追溯状况。如管理体系文件"形同虚设"，实施中"纸上谈兵"，整个生产过程全程质量控制走过场，导致无法追踪、无法溯源等带来的管理风险。

【标准条款】

> **3.3　生产质量控制原则**
>
> **3.3.1**　生产者应以贯彻 GB/T 19630.1—2011 标准为前提，选择并运用适宜的技术方法和措施，实施对生产中各项质量风险的有效控制。

3.3.2 生产者应以因地制宜为基础，重点实施优先选用适宜本有机生产单元的农用投入品来改良土壤肥力和控制水稻病虫草害的发生或蔓延。

3.3.3 生产者应以有效实施质量管理体系为目标，确保生产全过程的可追溯，实现所产稻谷产品的质量安全保证。

【理解与应用】

本节规定了有机水稻生产质量控制的三大原则，其目的是与本标准（规范）编制与实施的主题相呼应。这个主题是：根据水稻种植生产的特性，遵照通行的有机农业和有机产品相关标准的要求，重在生产过程的全程质量管理，运用相对适宜的技术与方法，实现生产风险的管控，确保生产全程可追溯。为此，本标准（规范）对有机水稻生产质量控制的三大原则进行了明确的描述。

（1）在国家已颁布了 2011 新版《有机产品》标准后，有机水稻的生产者必须以贯彻 GB/T 19630.1 的生产标准为前提，在生产中选择并运用适宜本产地特点的技术方法和措施，实施对生产全过程质量风险的有效控制。这个"质量风险"的内容，在本标准（规范）3.2 的理解与应用中已作了概括，这里应强调的是能对这些"质量风险"实施"有效控制"，而这个"有效控制"，需要在人力、财力、物力等方面均有方法和保障。

（2）我国经过近 20 年的农业生产结构调整发展和市场需求的拉动。有机水稻已呈现出"点多面广"的生产之势，涉及全国从东到西、从南到北的种植产区，形成了较大生产区域格局。由于各产区的地理环境、气候条件、品种特性、栽培习惯等差异很大。因此，本标准（规范）强调在生产中"因地制宜"这一原则极其重要。根据有机水稻生产中"质量风险"控制的最大难点在于：土壤培肥和病虫草害防治等诸多因素，这个"因地制宜"的重点应是：优先选用适宜本有机生产单元的允许使用的农用投入品（土壤培肥和改良物质、植物保护产品等）和相应的配套技术方法，来改良土壤肥力和控制病虫草害发生或漫延。给出这一原则的目的是提醒有机水稻生产者，在生产中必须对"质量风险"控制的最大难点予以关注并攻克。

（3）绝大多数生产者从事有机水稻生产的目的在于适应市场需求、满足消费需要、得到相应效益，但往往会忽略生产过程的风险控制和质量管理。而国际通行有机农业发展原则和我国 GB/T 19630—2011《有机产品》国家标准均强调有机生产者（生产单元）必须建立并实施质量管理体系，确保生产全过程可追溯，消除"只做不记""口说无凭"的现象。因此，这一原则突出的是"有效实施"，实现最终的生产（稻谷）质量是可靠的，食用安全是有保证的，其延伸的加工产品（大米和米制食品）也是放心的。

第四部分 ▮▮▮
《有机水稻生产质量控制技术规范》
"质量控制关键点"的理解与应用

本部分主要对《有机水稻生产质量控制技术规范》"质量控制关键点"进行了具体解释，目的在于帮助生产者抓住质量控制的重要问题和重要节点。

【标准条款】

4　质量控制关键点

4.1　产地环境

4.1.1　土壤农药残留、重金属

4.1.1.1　有机水稻生产单元周边施用化学农药及除草剂的常规地块中灌溉用水渗透或漫入有机地块，导致土壤农药残留污染。

4.1.1.2　使用过化学农药的生产工具用于有机水稻生产前未彻底清洁而导致土壤农药残留污染。

4.1.1.3　当地存在飞机或大型喷雾机械喷洒化学农药防治有害生物的作业，带来对有机水稻生产单元土壤农药残留漂移污染。

4.1.1.4　有机水稻生产过程中含矿物质投入品使用不当、有机肥过度施用、农家肥未充分腐熟或未经过无害化处理、所用肥料的来源地受到禁用物质污染而导致的土壤重金属含量提高。

【理解与应用】

本节主要针对有机水稻生产单元（基地）的土壤农药残留和重金属、大气中有毒有害气体、生产用水3方面可能存在的产地环境风险因子进行描述。有机水稻产地环境应符合有机产品国家标准 GB/T 19630.1—2011 中的相关要求，并且有效防控因客观生产条件发生变化、平行生产、土壤培肥和病虫草害防治过程中投入品使用、禁用物质误用甚至滥用化学投入品等所带来的产地环境风险。

有机水稻生产需要在符合国家统一规定的环境条件下进行。根据有机产品国家标准 GB/T 19630.1—2011 中"产地环境要求"的相关描述，有机水稻生产基地应远离城区、工矿区、交通主干线、工业污染源、生活垃圾场等，基地的土壤环境质量应符合 GB 15618 中的二级标准、灌溉用水水质符合 GB 5084 中水作的规定、环境空气质量符合 GB 3095 中二级标准和 GB 9137 的规定。与其他安全食品的基地认证需要对每一个基地都实施全面环境检测不同，有机水稻生产基地虽然也要求所在地有比较好的产地环境质量，但并没有提出过高的指标，原则上要求产地环境的检测合格，两年内有效。基地远离城区等要求也是相对的，主要是应判断基地周围有无明显的污染源，了解污染源的类型、当地的主风向、水源走向情况等是否会对基地造成土、水、气等方面的产地环境影响。

有机水稻产地环境中土壤农药残留风险主要源于3个方面：一是在有机水稻生产过程中为防治有害生物（如病虫害、杂草、其他外来有害生物）而使用化学农药和除草剂后所造成的土壤农药残留污染，或者是有机水稻生产基地周边施用化学农药的常规地块中灌溉用水渗透或漫入有机地块后导致土壤农药残留污染；二是常规水稻生产中使用过化学农药的生产工具，在用于有机水稻生产前未彻底清洁而导致土壤农药残留污染；三是当地（主要是我国东北稻区）水稻生产中，存在飞机或大型喷雾机械喷洒化学农药防治有害生物的作业，会给有机水稻生产基地带来土壤农药残留漂移污染。

有机水稻产地环境中土壤重金属含量超标风险主要源于：生产过程中矿物质投入品使用不当、有机肥过度施用、农家肥未充分腐熟和未经过无害化处理，以及所用肥料的来源地污染（如是否受到重金属超标的灌溉水或城市污水污泥污染，以及有机生产过程中其他禁用物质的污染）。尤其要尽可能控制投入矿物肥料中的重金属含量。

长期使用矿物肥料，必须考虑重金属积累的问题，这也就是有机生产不鼓励以矿物肥作为营养循环的主要来源的理由之一。凡施用矿物肥的有机水稻生产基地，应提供肥料说明书或相关数据，以确保其中的重金属含量不超过国家标准。长期施用来自集约化养殖场的鸡粪和猪粪等有机肥的土壤中，重金属含量会明显升高，这一问题已成为了现时有机农业中的重点研究课题之一。随着我国工业化发展和人们生活方式的变化，城市污水污泥中的成分越来越复杂，污染物种类也越来越多，使用城市污水污泥的污染风险很大，因此有机生产中规定不能使用城市污水污泥。而有些地方还存在利用城市污水污泥作为商品化有机肥的主要原料的问题，这是重要的污染风险之一，生产者应尽最大可能地减少这些污染影响。

〰〰〰〰〰〰〰〰〰〰〰〰〰〰〰〰〰〰〰〰〰〰〰〰〰〰〰〰〰〰〰〰〰

【标准条款】

> **4.1.2　有毒有害气体**
> **4.1.2.1**　当地存在有毒有害气体污染时对有机水稻生产区域大气环境所带来的污染。
> **4.1.2.2**　当地采取燃烧的方式处理作物秸秆或田边杂草灌木所带来的污染。

【理解与应用】

本节指出有机水稻产地环境中有毒有害气体污染的风险主要源于两方面：一是当地存在有毒有害气体污染时对有机水稻生产区域的大气环境所带来的污染；二是有机水稻生产过程中采取燃烧方式处理作物秸秆或田边杂草灌木。如果有机水稻生产基地存在有毒有害气体污染的风险，应采取足以使危险降至可接受水平和防止长时间持续负面环境影响的有效措施。

当前我国农村焚烧秸秆的现象非常普遍，有的地方可以说是到了非常严重的程度，既浪费秸秆资源，又污染大气环境，而且还存在着火灾等安全隐患。虽然秸秆还田是一项提升土壤有机质的重要手段，国家也提倡多种方式的秸秆还田，如粉碎后直接还田、饲喂牲畜后过腹还田、用作农村沼气生产原料后沼渣还田等，并积极支持研发秸秆资源综合利用的相关技术，有的省份（如江苏省）还通过立法的形式要求秸秆还田和综合利用，但至今焚烧秸秆的情况一直都没有得到很好的解决，而且有愈演愈烈之势。一方面我国在国际上承诺减少温室气体排放，而且也确实做了很多的工作，努力减少工业废气的排放，而另一方面却又由于增加了农业源温室气体的排放，在一定程度上抵消了所作的努力。有机生产既强调对人类健康的保护，又强调充分利用资源、保护生态环境。因此，有机水稻生产禁止随意焚烧秸秆，如果由于水稻病虫害严重，需要对秸秆采取焚烧处理，则必须事先征得认证机构的同意并备案。至于农膜等焚烧后会产生有害污染物质的农用材料则更不能任意焚烧，而要求予以回收利用或有效处置。

【标准条款】

4.1.3 生产用水

4.1.3.1 有机水稻生产单元中没有相对独立的排灌分设系统，或灌溉水源上游及周边农田灌溉用水受到水体污染时对有机地块生产用水所带来的污染。

4.1.3.2 生活污水、工业废水流经有机水稻生产单元周边时渗透或漫入，对有机地块生产用水所带来的污染。

【理解与应用】

本节指出有机水稻生产用水存在的风险主要在于5个方面：一是有机水稻生产基地的灌溉水源上游或周边农田灌溉用水受到水体污染时，对有机地块生产用水所带来的污染；二是生活污水、工业废水流经有机水稻生产基地周边时，对有机地块生产用水所带来的污染；三是有机水稻生产体系中不具备相对独立的排灌系统、未采取有效措施保证所用的灌溉水不受禁用物质的污染；四是有机水稻生产过程中未采取有效措施防止常规生产地块的水渗透或漫入有机地块；五是有机水稻生产过程中未能控制投入使用的人粪尿和畜禽粪便等农家肥对地面水、地下水造成的水体面源污染。

【标准条款】

4.2 生产过程

4.2.1 水稻种子（品种）

4.2.1.1 误用经辐照技术或基因工程技术选育的水稻品种（种子）。

4.2.1.2 误用 GB/T 19630 标准不允许的种子处理方法或禁用物质。

4.2.1.3 本生产单元已具备有机水稻品种（种子）的繁种能力，而仍然使用非有机水稻品种（种子）。

4.2.2 培肥与施肥

4.2.2.1 误用带化学成分的肥料或城市污水污泥造成的污染。

4.2.2.2 误用不符合 NY/T 525、NY/T 884、NY/T 798 及附录 A 要求的有机肥料、生物有机肥、复合微生物肥料及其他肥料。

4.2.2.3 本生产单元已具备系统内循环培肥条件，而仍然以施用系统外的有机肥或商品肥为主要肥料。

4.2.3 病虫草害防治

4.2.3.1 误用带有化学成分的农药（含化学除草剂）。

4.2.3.2 误用不符合 GB/T 19630.1 中表 A.2 及本规范附录 B 要求的病虫草害防治物质。

4.2.4 生长调节剂及基因工程生物

误用化学的植物生长调节物质及含基因工程生物/转基因生物及其衍生物的农业投入物质。

4.2.5 平行生产、平行收获

生产单元存在平行生产、平行收获对有机稻谷产品造成混杂。

4.2.6 晾晒（堆放）方式及场所

晾晒（堆放）方式及场所使用不当，对有机稻谷产品造成交叉污染。

4.2.7 生产工具、运输工具、包装物

生产工具、运输工具、包装物含有毒有害物质、常规产品残留，对有机稻谷产品造成污染、混杂。

4.2.8 废弃物处理

在使用保护性的建筑覆盖物、塑料薄膜、防虫网时，使用了聚氯类产品，并在使用后未从土壤中清除，且采取焚烧办法处理。

【理解与应用】

本节对生产过程质量控制关键点进行了具体描述。根据 GB/T 19630.1 的要求及有机水稻生产实践经验总结，有机水稻生产过程中存在的风险是最普遍关注的问题。其关系到有机水稻生产的规范性和符合性，更关系到有机水稻生产的成败。因此，避免相关风险的发生就成了生产过程中质量控制的关键点。本节就生产过程中质量控制的关键点按其技术环节先后分为 8 个方面展开描述。

1. 水稻品种

首先是转基因及辐照品种（种子）。转基因技术对生态系统和人类的影响是当前国际上一个争论的焦点，人们普遍怀疑转基因食品的安全性。以目前的认知水平无法说清和预测转基因技术对人类健康、食品安全和环境的长远影响究竟会如何。科学家不能完全预知对生物进行转基因改造有可能导致何种突变，而对环境和人造成危害。转基因技术至少存在 3 方面的不确定性：一是转基因对生命结构改变后的连锁反应不确定；二是转基因导致食物链"潜在风险"不确定；三是转基因污染、增殖、扩散及其清除途径不确定。

中国是水稻生产和消费的大国，也是水稻的发源地。具有灿烂的稻文化，悠久的稻作历史伴随着中华民族几千年的农耕文明共同发展，每年水稻种植面积 4.2 亿~4.5 亿亩，年产稻谷 1.8 亿~2.0 亿吨，占我国粮食总产量的近 40%，占世界稻谷产量的 37% 左右。全国近 8 亿人口以稻米为主食，水稻在我国农业生产和确保我国粮食安全方面具有不可替代的重要作用，一旦转基因水稻商业化种植，释放到环境和进入食物链所产生的影响还难定论。2014 年 8 月，我国相关媒体披露了相关省的研究机构种子繁育部门、部分稻农违反国家有关规定，使用未经主管部门批准，进行转基因水稻品种的大田生产。因此，在有机水稻生产中有些地区会有可能误用经基因工程技术选育的水稻品种（种子）。

其次是辐照技术。在食品工业中主要用以杀虫、杀菌、保鲜，在农业领域则主要用于育种。辐照育种，是在人工控制的条件下，利用中子、质子或者 γ 射线等物理辐射诱发作物基因突变，获得有价值的新突变体，并进一步培育出新品种的一种育种技术。辐照技术会引起生物基因及分子结构改变，导致不可预期的辐照产物及未知影响。因此，辐照技术在有机农业生产中是被禁止的。

本标准（规范）拒绝转基因技术及其产品、辐照技术，符合 GB/T 19630.1 中的 4.3.1"不应在有机生产体系中引入或在有机产品上使用基因工程生物/转基因生物及其衍生物，包括植物、动物、微生物、种子、花粉、精子、卵子、其他繁殖材料及肥料、土壤改良物质、植物保护产品、植物生长调节剂、饲料、动物生长调节剂、兽药、渔药等农业投入品"，以及 GB/T 19630.1 中的 4.4"不应在有机生产中使用辐照技术"，也符合有机农业关于关爱的原则。

再次是用禁用物质处理种子。一种是在生产过程中施用禁用物质处理水稻种子，凡是本标准不允许施用的物质同样适用于水稻种子的处理；另一种就是目前生产上应用广泛的包衣种子。包衣种子将杀菌剂、杀虫剂、肥料、植物生长调节剂、着色剂或填充剂等包裹在种子外面，以达到防治苗期病虫害、促进生长发育、提高作物产量的目的。如果包衣物质没有达到 GB/T 19630.1 关于投入品中不得含有化学物质的要求，就不能在有机水稻生产中使用。

最后是有机水稻种子来源控制。有机农业生产的种子和种苗方面的标准一直是有机界讨论或争议的焦点之一。鉴于我国有机农业起步较晚，严格实施有机种子的规定还需要有相当一段时间。对水稻来讲，目前我国还没有专门从事有机水稻种子生产的单位，也没有专门通过有机认证的水稻种子产品名目。而水稻的生态类型复杂，品种繁多，一些品种如杂交稻又必须年年换种，受限于目前我国有机农场的规模、技术、知识产权等因素，靠农场自己制种繁种也不现实。这些因素造成实施有机水稻种子的规定还有些难度。尽管如此，本标准（规范）要求有机生产者要尽力争取使用在本有机生产单元中自繁自育的有机水稻种子，如一些常规水稻种子，经有机农场种植，通过有机转换，提纯复壮后即可成为有机水稻种子，这是比较现实的。本标准（规范）附录 E 也给出了有机水稻种子生产的技术要求，供生产有机水稻种子时参考。

我国有机农业发展到一定程度时，将会要求全部使用有机种子。有机水稻种植者必须有长远的眼光，越早使用有机种子就越早处于领先地位，越早与国际接轨，也就越能占领国内外的有机产业市场。

2. 培肥与施肥

所有有机标准对有机农业生产中的培肥与施肥都有明确规定，但实际生产中还是存在许多风险，也是培肥与施肥的质量控制关键点。

（1）带化学成分的肥料。此类肥料种类繁多，很易误用。外购的商品有机肥，有很多是添加了化学物质，应注意当 N+P+K 含量超过 8% 时，就要了解其是否是掺了化肥的复合肥。天然的矿物肥料是标准允许有限度使用的，但常规水稻生产中常用的磷钾肥（如过磷酸钙、钙镁磷肥、硫酸钾、氯化钾等）是由天然矿石经过化学处理后改变了性质，提高了溶解性，发生了化学变化，就成了化肥，也就成为有机农业不允许使用的物质。叶面肥、微肥往往也是含有化学成分，使用前必须要搞清其配方成分及来源。

（2）有害物质超标及在土壤中积累。矿物肥料中都含重金属，长期使用矿物肥料，必须考虑重金属积累的问题。已有很多研究证明，长期施用集约化养殖场的鸡粪和猪粪等作为有机肥，土壤中重金属的含量明显会增高或超标，因此，在有机水稻生产中施用有机肥（此种有机肥如是商品有机肥，则需要被有机认证机构评估认可，或被认证为有机生产资料）也需要适度。城市污水污泥中的成分复杂，污染物种类繁多，使用城市污水污泥的污染风险很大，有机农业要求尽最大可能地减少污染影响，因此规定不能使用城市污水污泥。有些厂家还利用城市污水污泥作为商品化有机肥的主要原料，有机农业生产者要对此有所了解，并加以防范。

（3）培肥方法不符合有机农业原则。有机农业崇尚自然，有机生产系统应以自身的物质和能量循环为主，尽量减少外部的输入，更不应全部依赖外部物质。有机水稻土壤培肥应采用与绿肥及豆科植物轮作、秸秆还田、土地休闲等措施进行土壤肥力的恢复和培育。不少自身有机肥源少的生产单元依靠大量购进商品有机肥来满足有机水稻生产需要，这显然是不符合有机农业原则的。同时，在有机水稻生产的培肥方法上，有些生产者往往比较盲目，不了解稻田的土壤肥力本底指标，不懂得测土配方施肥，过多过量地施用商品有机肥等，都会给生产带来风险因素。

3. 病虫草害防治

病虫草害防治是有机水稻生产中的一个关键环节，任何失误都会造成不符合标准要求而认证不被通过等不可挽回的后果，在这方面主要需控制以下因素。

（1）误用带化学成分的农药、除草剂。目前，由于我国已停止农用生产资料的有机认证，而市售的许多生物农药、植物农药可能会含有化学成分，有机生产者在选用此类药剂时一定要选择正规渠道经营的登记产品并经有关方面进一步评估确认后方可使用。

（2）使用不符合 GB/T 19630.1 附录 A、附录 B 及本标准（规范）附录 A、附录 B 表 B.1 要求的病虫草害防治物质。有机水稻生产中要施用 GB/T 19630.1 附录 A、附录 B 及本标准（规范）附录 A、附录 B 表 B.1 以外的病虫草害防治物质［包括本标准（规范）附录 B 表 B.2］，需经风险评估并经认证机构的许可。

4. 生长调节剂及基因工程产物

植物生长调节剂是用于调节植物生长、发育的一类物质，又可称为植物外源激素，一般通过人工合成或微生物发酵等方式生产。常规水稻生产常用的植物生长调节剂有多效唑、烯效唑、芸苔素、赤霉素、三十烷醇、复硝酚钠、胺鲜酯等。凡是化学合成的植物生长调节剂在有机水稻生产中都是禁止使用的。但生产实际中，有些生产者对此不甚了解，也有可能会被误用。

基因工程生物除了品种外，在水稻生产中还有两类高风险物质：一类是作有机肥施用的转基因大豆、油菜、玉米等相关农产品的副产品。另一类是可能含转基因成分的生物肥料及农药（如转 *Bt* 病毒、转基因捕食螨等）。因此，在使用上述两类物质时需要注意避免存在转基因问题。当前在我国的现实情况是：部分转基因产品的豆饼、秸秆辅料等作有机肥的现象较多，在有机水稻生产中也会遇到。有关方面尚未引起高度重视，这也是风险意识淡薄的重要原因。

5. 平行生产、平行收获

对平行生产的要求是有机农业生产方式与其他农业生产方式一个显著不同特点。有机产品国家标准 GB/T 19630.1 中 3.5 条款平行生产的定义为：在同一生产单元中，同时生产相同或难以区分的有机、有机转换或常规产品的情况。5.2.2 条款规定：在同一生产单元内，一年生植物不应存在平行生产。就水稻而言，在同一生产单元内不能存在既生产有机水稻又生产常规水稻的情况。因为在这种情况下要防止常规地块施用的禁用物质漂移、灌溉水渗透及收获后稻谷混杂等交叉污染是很困难的，而这一生产过程的风险往往会被忽略。

6. 晾晒（堆放）方式及场所

目前我国水稻生产的集约化、机械化水平不高，特别是机械烘干普及率较低，许多地方也缺乏专用晒场，公路、道路、房前屋后还是稻谷的主晒场，稻谷遭受污染的情况也屡见不鲜。有机稻谷生产应有专用的晾晒工具及堆放场所，防止在晾晒及堆放过程中遭受禁用物质的污染。因此，这也是有机水稻生产过程的风险之一。

7. 生产工具、运输工具、包装物

有机水稻生产中应防止使用含有毒有害物质的生产工具、运输工具、包装物，生产工具、运输工具等要专用，不能做到专用的，在用于有机操作前要彻底清洁，防止常规产品残留对有机稻谷产品造成污染、混杂等风险。

8. 废弃物处理

有机农业不是简单的回归传统农业，它允许甚至鼓励使用先进的、符合有机标准要求的技术和设施，如温室大棚、地膜覆盖、滴灌、防虫网、杀虫灯等措施和设施，这些都是以前的传统农业所没有的。但是，在使用这些现代化的设施时，除了要防止设施材料对有机生产带来的污染外，还必须注意对环境的保护。因此，有机农业生产禁止使用有毒有害的材料，尤其是聚氯类产品，也不允许因为使用了这些设施及材料而对环境造成不利的影响。有时操作者确实没有使用过禁用物质，田块四周也没有污染源，但是最后的采样检测却发现有农药残留或者重金属超标，这很可能就是使用了聚氯类产品等（农膜、农用设备或者设施）带来的。另外，如使用了聚氯类产品后，在土壤中未做有效清除，甚至采取直接焚烧处理，这些都会造成产品质量安全或有机生产过程等方面的风险。

【标准条款】

> **4.3 生产单元**
>
> **4.3.1** 有机生产单元范围存在边界不清晰、直接从事生产的种植者或农户与地块不对应、地块随意更换、地块权属不明确。
>
> **4.3.2** 在生产单元中种植者或农户与实际不符，并随意更换。
>
> **4.3.3** 有机生产单元地块与常规地块之间设置的缓冲带或物理屏障界定不明确，以及随意改变缓冲带或物理屏障。
>
> **4.3.4** 存在超出生产者对有机生产方式实施的管理能力、技术控制、财力保障条件而随意确定有机生产单元区域规模。
>
> **4.3.5** 有机生产单元在转换期内，未能按照 GB/T 19630.1 的要求进行管理。
>
> **4.3.6** 有机水稻生产管理者未对直接从事生产的种植者或农户进行相应的有机标准知识培训指导和有机水稻生产技术应用的督导，以及未开展有机生产管理体系追踪。

4.3.7 有机水稻生产管理者未对其生产单元开展整个生产过程的内部检查与有机管理体系审核，或在开展内部检查与审核后，未完成不符合项的整改。

4.3.8 有机水稻生产管理者未制定产地环境受到污染和生产中病虫害暴发等情况的应对预案与应急处理措施。

【理解与应用】

本节是有机水稻生产的三大质量控制关键点之一。根据对有机水稻生产的实际，生产单元会有 8 个方面的质量控制风险内容会被轻视。这也是 2011 版《有机产品》国家标准和《有机产品认证实施规则》所要求的，但在申报有机稻谷、有机大米产品认证中，往往会出现不符合项整改，甚至最终难以获得通过的常见性问题。

（1）有机水稻的生产单元范围应该在本年度内是固定的，这是有机产品生产与认证的基本原则。这个固定应在于：一是产地位置、面积和四至边界需清晰固定；二是在本生产单元范围直接从事生产的种植者或农户与相应种植的地块在本年度内需固定；三是在本生产单元范围内已明确面积所列入的地块需固定；四是从事有机水稻生产的生产单元主体资质与地块权属关系需明确固定。如出现有机水稻生产单元范围存在不清晰、直接从事生产的种植者或农户与地块不对应、地块随意更换、地块权属不明确的情况，均属生产单元的质量控制管理风险问题。

（2）在我国水稻种植以茬计算，有一年种一茬的，也有种两茬或三茬的。有机水稻生产，在生产单元种植的当茬内，原则上种植者或农户应是相对稳定的人员，因为其经相应培训，懂有机生产标准要求和质量管理操作规定，以保障有机水稻生产的相关技术应用和全程的可追溯。如出现随意更换未经培训、不具规范生产操作知识和能力的种植者或农户，这将给整个生产单元带来质量控制管理的极大风险，不利于生产者对有机水稻生产的全程负责。

（3）有机水稻生产单元的地块除了应边界清晰外，还应与周边的常规水稻地块、其他作物生产地块、养殖区等之间应设置缓冲带或利用物理屏障实行相应的隔离，以防止常规生产方式的化学投入品等对有机水稻生产单元地块产生漂移污染风险。缓冲带或物理屏障界定不明确，或年度间有机水稻生产单元地块随意改变的情况，均属生产单元的质量管理风险问题。

（4）有机水稻的生产需要按照相关标准要求，实施规范化操作。其生产过程是一项系统工程，必须具备组织管理能力、技术人才团队、技术应用和风险控制能力及相应的财力投入条件等保障。其生产单元的区域规模、产地面积应量力而行，应与其能力条件相匹配。如超越了自己能力条件范围而随意确定生产规模，甚至一搞就是几千亩、几万亩的面积，这样，实施后将会力不从心，带来的生产单元质量控制管理风险必将严重。

（5）按照 GB/T 19630.1 的相关规定，从事有机植物生产必须有转换期，有机水稻属一年生植物，转换期至少为播种前的 24 个月。在转换期内应按照有机生产的标准要求进行管理。因此，有机水稻生产者应对自身的有机生产单元建立完整的有机生产管理制度，并落实相应的人员，实施规范的、有效的操作。如在有机转换期内，未能按照有机生产的标准要求进行管理，均属生产单元的质量控制管理风险问题。

（6）从对有机水稻实施有效的管理体系角度讲，有机水稻生产单元的管理者，包括法定代表人、管理者代表、有机项目负责人等管理层人员，有责任实施以下 3 项重要的质量管理：一是组织开展对直接从事生产的种植者或农户，以及相关岗位的人员等进行相应有机标准知识培训，包括自身生产单元的生产技术操作规程的培训指导，使相关人员对这些有机生产要求都做到应知应会；二是组织开展对有机水稻生产过程中已确定的相关技术应用的督导和评估；三是组织开展对自身生产单元管理体系运作情况和效果进行追踪或检查，并形成相应的记录。如本生产单元的管理者未开展或未完整开展这些工作，均属生产单元的质量控制管理风险问题。

（7）有机水稻生产单元的管理者，应在整个生产过程中督促或安排内部检查员开展定期的相关运行环节的内部检查，并组织对自身生产单元的管理体系实施效果进行内部审核，开展对存在相关不符合项问题或不足的整改与完善，使其得以关闭，这是 GB/T 19630.4 中对管理体系落实的两项标志性工作。如管理者未组织开展，也均属生产单元的质量控制管理风险问题。

（8）从事有机水稻的生产，在整个生长季节，均有可能遇到因自然因素而带来的产地环境受到污染、周边常规生产使用化学物质的漂移污染、自身使用农用投入品不当的污染，以及自身生产单元病虫害暴发或周边病虫害暴发而波及等情况。从严密实施管理体系的要求出发，有机水稻生产单元管理者对此应有预见，并有应对预案与应急措施，做到胸有成竹、处事不惊。如对此未予制定应急方案并提前做好相应的准备工作，将是管理上的一种缺失，均会形成生产单元质量控制管理的风险问题。

第五部分 ▊▊▊

《有机水稻生产质量控制技术规范》
"质量控制的技术与方法"的理解与应用

本部分主要针对有机水稻生产的质量控制，具体叙述了应采用的技术与方法。本部分是本标准（规范）的核心内容。与前部分叙述的"质量控制关键点"3个方面内容相对应，是"提出风险问题"与"解决风险问题"的对应，努力使有机水稻生产者既了解生产中的风险事项，又明确采取什么技术与方法去化解它，真正起到对有机水稻生产的指导和把关作用。

【标准条款】

---

5 质量控制的技术与方法

5.1 产地环境监测评价

5.1.1 有机水稻生产者应对本生产单元的土壤环境质量、灌溉用水水质、环境空气质量开展监测，并对监测结果进行风险分析评价。

5.1.2 有机水稻生产单元的土壤环境质量应持续符合 GB 15618 中的二级标准；灌溉用水水质应持续符合 GB 5084 的规定；环境空气质量应持续符合 GB 3095 中的二级标准和 GB 9137 中的相关规定。

5.1.3 当存在环境质量被全部或局部污染风险时，应采取足以使风险降至可接受水平和防止长时间持续负面影响环境质量要求的有效措施。

【理解与应用】

本节针对有机水稻生产的产地环境监测评价的3个方面要求作了描述。

有机水稻生产质量控制的好坏与成败，关键在技术与方法的应用是否得当，以及管理措施是否到位，而基础却在于对产地环境的持续监测与风险评价。

有机水稻生产者应对近3年内本生产基地的土壤环境质量、灌溉用水质量、环境空气质量等要素进行监测评价，判断是否符合有机产品国家标准 GB/T 19630.1—2011 的有关规定和国家相关标准的具体要求。有机水稻产地环境应达到如下标准。

有机水稻生产基地土壤环境质量应持续符合 GB 15618 中的二级标准。

灌溉用水的水质要求是持续符合 GB 5084 的规定，应选择优质水源灌溉，即便是已达标排放的生活污水、工业废水，也不得使用。

环境空气质量要求是应持续符合 GB 3095 中的二级标准，且周围不得有大气污染源，二氧化硫、氟化物等有毒有害气体污染物最高允许浓度不得超过 GB 9137 中的相关规定。

有机水稻生产基地如果存在土壤污染、水体污染和（或）有毒有害气体污染的风险，应采取足以使产地环境污染风险降至可接受水平和防止长时间持续负面影响的有效措施。

有机产品国家标准 GB/T 19630.1—2011 的规范性引用文件中列出了 4 个有关水稻产地环境质量的国家强制性标准，即 GB 15618《土壤环境质量标准》、GB 5084《农田灌溉水质标准》、GB 3095《环境空气质量标准》、GB 9137《保护农作物的大气污染物最高允许浓度》，它们是有机水稻产地环境监测评价时必须遵照的技术性法规。

对这些标准的各项检测指标和相关要求进行详述很有必要，目的是使有机水稻生产者在产地选择和基地环境监测评价时参考。

第一，GB 5084—2005《农田灌溉水质标准》规定了农田灌溉水质要求、监测和分析规范，全部技术内容均为强制性的。

该标准监测控制项目指标共 27 项（表 5-1 和表 5-2），其中，农田灌溉用水水质基本控制项目指标 16 项（表 5-1），适用于全国以地表水、地下水、处理后的养殖业废水和以农产品为原料加工的工业废水为水源的农田灌溉用水；选择性控制项目指标 11 项（表 5-2），是由县级以上人民政府环境保护和农业行政主管部门根据本地区农业水源水质特点和环境、农产品生产管理的需要进行选择，作为基本控制项目的补充指标。有机水稻生产基地灌溉用水水质应符合该标准中关于水作部分的相关规定，若存在引入向农田灌溉渠道排放处理后的养殖业废水和加工农产品原料的工业废水作为灌溉水源的，应保证其下游最近灌溉取水点的水质符合该标准，并特别注意要严格控制因水质变化所带来的污染风险。

表 5-1　农田灌溉用水水质基本控制项目标准值

序　号	项目类别		作物种类		
			水　作	旱　作	蔬　菜
1	五日生化需氧量（毫克/升）	≤	60	100	40[a]，15[b]
2	化学需氧量（毫克/升）	≤	150	200	100[a]，60[b]
3	悬浮物（毫克/升）	≤	80	100	60[a]，15[b]
4	阴离子表面活性剂（毫克/升）	≤	5	8	5
5	水温℃	≤		35	
6	pH 值			5.5~8.5	
7	全盐量（毫克/升）	≤	1 000[c]（非盐碱土地区），2 000[c]（盐碱土地区）		
8	氯化物（毫克/升）	≤		350	
9	硫化物（毫克/升）	≤		1	
10	总汞（毫克/升）	≤		0.001	
11	镉（毫克/升）	≤		0.01	
12	总砷（毫克/升）	≤	0.05	0.1	0.05
13	铬（六价）（毫克/升）	≤		0.1	
14	铅（毫克/升）	≤		0.2	
15	粪大肠菌群数（个/100 毫升）	≤	4 000	4 000	2 000[a]，1 000[b]
16	蛔虫卵数（个/升）	≤		2	2[a]，1[b]

a　加工、烹调及去皮蔬菜；
b　生食类蔬菜、瓜类和草本水果；
c　具有一定的水利排灌设施，能保证一定的排水和地下水径流条件的地区，或有一定淡水资源能满足冲洗土体中盐分的地区，农田灌溉水质全盐量指标可以适当放宽

表 5 - 2　农田灌溉用水水质选择性控制项目标准值

序　号	项目类别		作物种类		
			水　作	旱　作	蔬　菜
1	铜（毫克/升）	≤	0.5	1	
2	锌（毫克/升）	≤	2		
3	硒（毫克/升）	≤	0.02		
4	氟化物（毫克/升）	≤	2（一般地区），3（高氟区）		
5	氰化物（毫克/升）	≤	0.5		
6	石油类（毫克/升）	≤	5	10	1
7	挥发酚（毫克/升）	≤	1		
8	苯（毫克/升）	≤	2.5		
9	三氯乙醛（毫克/升）	≤	1	0.5	0.5
10	丙烯醛（毫克/升）	≤	0.5		
11	硼（毫克/升）	≤	1[a]（对硼敏感作物），2[b]（对硼耐受性较强的作物），3[c]（对硼耐受性强的作物）		

a　对硼敏感作物，如黄瓜、豆类、马铃薯、笋瓜、韭菜、洋葱、柑橘等；
b　对硼耐受性较强的作物，如小麦、玉米、青椒、小白菜、葱等；
c　对硼耐受性强的作物，如水稻、萝卜、油菜、甘蓝等

第二，GB 15618《土壤环境质量标准》规定了土壤中污染物的最高允许浓度指标值及其相应的监测方法。

该标准适用于农田、蔬菜地、茶园、果园、牧场、林地、自然保护区等地的土壤，主要是根据土壤应用功能、保护目标和土壤主要性质来划分为三类、三级标准（见表 5 - 3）。有机水稻生产基地的土壤环境质量执行二级标准，土壤监测方法参照《环境监测分析方法》（城乡建设环境保护部环境保护局，1993）和国家相关标准进行。

表 5 - 3　土壤环境质量标准值　　　　　　　　（单位：毫克/千克）

项　目		级　别	一　级	二　级			三　级
		土壤 pH 值	自然背景	<6.5	6.5～7.5	>7.5	>6.5
镉		≤	0.20	0.30	0.30	0.60	1.0
汞		≤	0.15	0.30	0.50	1.0	1.5
砷	水田	≤	15	30	25	20	30
	旱地	≤	15	40	30	25	40
铜	农田等	≤	35	50	100	100	400
	果园	≤	—	150	200	200	400
铅		≤	35	250	300	350	500
铬	水田	≤	90	250	300	350	400
	旱地	≤	90	150	200	250	300
锌		≤	100	200	250	300	500

（续表）

项 目	级 别	一 级		二 级		三 级
	土壤 pH 值	自然背景	<6.5	6.5~7.5	>7.5	>6.5
镍	≤	40	40	50	60	200
六六六	≤	0.05		0.50		1.0
滴滴涕	≤	0.05		0.50		1.0

注：① 重金属（铬主要是三价）和砷均按元素量计，适用于阳离子交换量>5 厘摩正电荷/千克的土壤，若阳离子交换量≤5 厘摩正电荷/千克，其标准值为表内数值的半数；
② 六六六为 4 种异构体总量，滴滴涕为 4 种衍生物总量；
③ 水旱轮作地的土壤环境质量标准，砷采用水田值，铬采用旱地值

第三，GB 3095—1996《环境空气质量标准》规定了环境空气质量功能区划分、标准分级、污染物项目、取值时间和浓度限值，以及采样与分析方法及数据统计的有效性规定。

该标准适用于全国范围的环境空气质量评价。GB 9137—1988《保护农作物的大气污染物最高允许浓度》是 GB 3095—1996 的补充，根据各种作物、蔬菜、果树、桑茶和牧草对二氧化硫、氟化物的耐受能力进行农作物敏感性的分类，并以各项大气污染物对作物生产力、经济性状和叶片伤害的综合考虑为依据，分别制定了浓度限值，其中水稻属于中等敏感作物。这两项标准现已修订整合为 GB 3095—2012《环境空气质量标准》，作为强制性标准将自 2016 年 1 月 1 日起在全国实施，GB 3095—1996 及其修改单（环发〔2000〕1 号）、GB 9137—1988 同时废止。

GB 3095—2012《环境空气质量标准》提出了环境空气功能区分类、标准分级、污染物项目、平均时间及浓度限值、监测方法、数据统计的有效性规定及实施与监督等内容，适用于环境空气质量评价与管理，提出了环境空气污染物 6 项基本项目浓度限值（表 5 - 4）和 4 项其他项目浓度限值（表 5 - 5），有机水稻生产基地环境空气质量要求执行二级标准。其中，基本项目在全国范围内实施，其他项目由国务院环境保护行政主管部门或省级人民政府根据实际情况确定具体实施方式，各省级人民政府还可以根据当地环境保护的需要，针对环境污染特点，对环境空气中镉、汞、砷、铬和氟化物等制定参考浓度限值（表 5 - 6）。环境空气质量监测方法参照《环境空气质量监测规范（试行）》（国家环境保护总局，2007）和国家相关标准进行。

表 5 - 4 　环境空气污染物基本项目浓度限值　　　　（单位：微克/立方米）

序 号	污染物项目	平均时间	浓度限值	
			一 级	二 级
1	二氧化硫（SO_2）	年平均	20	60
		24 小时平均	50	150
		1 小时平均	150	500
2	二氧化氮（NO_2）	年平均	40	40
		24 小时平均	80	80
		1 小时平均	200	200

（续表）

序 号	污染物项目	平均时间	浓度限值	
			一 级	二 级
3	一氧化碳（CO）	24 小时平均	4	4
		1 小时平均	10	10
4	臭氧（O₃）	日最大 8 小时平均	100	160
		1 小时平均	160	200
5	颗粒物（粒径≤10 微米）	年平均	40	70
		24 小时平均	50	150
6	颗粒物（粒径≤2.5 微米）	年平均	15	35
		24 小时平均	35	75

表 5-5 环境空气污染物其他项目浓度限值 （单位：微克/立方米）

序 号	污染物项目	平均时间	浓度限值	
			一 级	二 级
1	总悬浮颗粒物（TSP）	年平均	80	200
		24 小时平均	120	300
2	氮氧化物（NOₓ）	年平均	50	50
		24 小时平均	100	100
		1 小时平均	250	250
3	铅（Pb）	年平均	0.5	0.5
		季平均	1	1
4	苯并[a]芘（BaP）	年平均	0.001	0.001
		24 小时平均	0.002 5	0.002 5

表 5-6 环境空气中镉、汞、砷、六价铬和氟化物参考浓度限值

序 号	污染物项目	平均时间	浓度限值		单 位
			一 级	二 级	
1	镉（Cd）	年平均	0.005	0.005	微克/立方米
2	汞（Hg）	年平均	0.05	0.05	
3	砷（As）	年平均	0.006	0.006	
4	六价铬[Cr（Ⅵ）]	年平均	0.000 025	0.000 025	
5	氟化物（F）	1 小时平均	20[①]	20[①]	微克/（平方米·天）
		24 小时平均	7[①]	7[①]	
		月平均	1.8[②]	3.0[③]	
		植物生长季平均	1.2[②]	2.0[③]	

注：①适用于城市地区；
　　②适用于牧业区和以牧业为主的半农半牧区，蚕桑区；
　　③适用于农业和林业区

在有机产品国家标准 GB/T 19630.1—2011 的 "5.11 污染控制"中明确要求,应采取措施防止常规农田的水渗透或漫入有机地块;避免因施用外部来源的肥料造成禁用物质对有机生产的污染;常规农业系统中的设备在用于有机生产前,应采取清洁措施,避免常规产品混杂和禁用物质污染;在使用保护性的建筑覆盖物、塑料薄膜、防虫网时,不应使用聚氯类产品,宜选择聚乙烯、聚丙烯或聚碳酸酯类产品,并且使用后应从土壤中清除,不应焚烧。这些主要是强调对有机种植地块的污染风险应采取有效的控制措施,从而使污染风险降至可接受水平和防止长时间持续负面的环境影响,确保产地环境能持续符合相关标准的要求。

产地环境监测评价时,有机水稻生产者需明白无误地做好以下几点方法的运用。

首先,要明确对有机地块可能造成污染的因素有哪些,如与周边的常规地块之间的缓冲带和隔离带、风向、灌溉水以及地块的投入品等。关于缓冲带的要求在本标准相关部分已有详细说明,前文所说的"应采取措施防止常规农田的水渗透或漫入有机地块",是指有机地块与常规地块的排灌系统应具有有效的隔离措施,这不属于缓冲带的问题,针对的是避免造成有机水稻生产基地生产用水污染风险以及土壤农药残留污染风险。如果排灌系统不能得到合理安排的话,即使有机地块与常规地块之间有很大距离,也难以防止常规农田的水通过排灌系统给有机地块带来污染风险。

其次,特别是要重视"避免因施用外部来源的肥料造成禁用物质对有机生产的污染"。有机水稻生产鼓励实现农田内部物质循环,优先使用有机农业生产体系内部提供的秸秆、动物粪便等材料作为培肥地力的物质,但是在内部肥料不足以维持或者提高土壤肥力的情况下,也可适当使用符合国家标准要求的外源有机肥料。外源肥料由于其原料来源和加工工艺等方面的一些问题,往往会出现重金属含量过高、农药残留、未充分腐熟等情况,从而会造成对有机种植地块的污染风险。因此,在使用外部来源的有机肥时,有机水稻生产者必须事先向认证机构提出申请,并且要求肥料供应商提供肥料配方、加工工艺等材料,以便认证机构进行规范评估,得到认可之后方能使用。如果生产过程中使用有转基因风险的产品,如发酵菌种或者豆饼、油菜粕等,还应该提供这些产品的非转基因证明。在提供所有上述材料的基础上,为了防止带入重金属或者农药残留的污染,最好对购买的肥料进行检测,确保产地环境免受因施用外源肥料而带来的污染风险。

最后,需要注意"常规农业系统中的设备用于有机生产前,应采取清洁措施,避免常规产品混杂和禁用物质污染"。有机水稻生产中要求所使用的生产工具应实现有机专用,然而实际操作时,由于一些有机水稻生产者往往会借用或者租用他人的农用设备进行播种、耕田、收获等,通常是一台机器或车辆在进行常规生产后,立刻开始转入有机生产。在这种情况下,需要防止通过农用设备将常规农田的污染带到有机地块中来的污染风险。因此,国家相关标准强调在有机地块使用这些设备前必须对设备进行清理和清洗。而有机水稻生产者往往不重视这一要求,一方面是还没有形成彻底清理清洗设备的习惯,另一方面即便是清洗了,也没有记录的习惯。但有机产品国家标准和认证实施规则中不仅要求清洗,而且还要求实施记录并且保存。

对于产地环境质量有已被污染的风险并形成危害时,生产者必须采取有效措施予以控制。必要时按照本标准(规范)第6章相关要求采取对应的应急措施。

【标准条款】

> 5.2　生产过程技术应用

【理解与应用】

　　本节从 7 个方面描述有机水稻生产中的关键技术控制及应用，目标是以选择并应用适当的技术与方法，使质量控制有成效。有机农业与常规农业是两种完全不同的生产方式，有机水稻非"绿色食品水稻"，也非"无公害水稻"。有机水稻生产者必须树立有机农业生产理念，围绕建立"健康土壤、健壮水稻群体"和"清洁生产"为中心的有机水稻生产技术集成应用模式，组合选用相关生产技术，摒弃以"施什么化肥、用什么农药"为中心的常规水稻生产技术套路。

【标准条款】

> 5.2.1　品种选择
>
> 5.2.1.1　应选用经有机生产单元培育的或从市场获得的有机水稻种子。在有机生产单元生产有机水稻种子，应符合附录 E 的要求。
>
> 5.2.1.2　如果得不到有机水稻种子，可使用未经禁用物质处理的常规水稻种子，但必须制订和实施获得有机水稻种子的计划。
>
> 5.2.2.3　应考虑品种的遗传多样性，宜选择品质优良、适应当地生态环境、抗病虫能力强，经国家或地方审定的水稻品种。
>
> 5.2.2.4　不应使用经辐照技术、转基因技术选育的水稻品种。

【理解与应用】

　　本节针对有机水稻生产中品种选择的 4 个方面要求进行了描述。

　　对任何农业生产而言，选择一个好品种都是非常重要的，需要考虑的因素也很多。有机水稻品种的选择更是如此，其不仅要遵循有机农业的基本原则，更要适合有机农业的生产方式。

　　选择有机水稻种子是有机水稻生产对种子的一个基本要求，有机水稻种子可在有机农场生产单元内自行培育或从市场获得，本标准（规范）对有机生产单元生产有机水稻种子专门规定了相关技术要求附录 E，填补了有机种子生产技术要求的空白，有利于生产操作。

　　培育"健壮水稻群体"是有机水稻种植过程的核心，俗话说"苗壮稻一半"。因此，适应当地土壤和气候条件、有较强抗病虫能力应是选择品种首先应考虑的因素，但从兼顾市场消费及经济效益考量，品种品质及产量也应是要重视的因素。

　　在品种（种子）选择上的另一个问题是：选择经国家或地方审定的水稻品种（种子），还是选择未经审定的品种（种子），生产者应非常慎重。本标准（规范）中提倡选择经审定的品种（种子），目的在于，一旦在出现质量问题时，能获得国家相关法律的保护。

本标准（规范）要求有机水稻生产者要尽力争取选用有机水稻种子，这与 GB/T 19630.1 中要求是一致的。在得不到有机水稻种子的情况下可使用未经禁用物质处理的常规水稻种子，但必须制订和实施获得有机水稻种子的计划。这是有机水稻生产实现全程"有机链"的需要，也是迫使有机水稻生产者努力去实现这一要求的措施之一。

当前转基因的抗性作物正在不断地研制出来，也研究推出了少量水稻转基因品种，2009 年，我国有两个转基因水稻品系（华恢 1 号和 Bt 汕优 63）获得转基因生物安全证书，但仅仅是田间种植试验许可的安全证书，而并未获得商业化种植的批准。有机农业从业者应对目前国际上和国内已经批准生产的转基因作物品种及产品有较清楚的了解，避免引入转基因品种。如果同一个农场内既种植有机水稻又种植不同品种的转基因作物，就有可能会通过花粉的传播而对有机水稻产生基因污染，因此也应避免有机生产中出现这种情况。

若自己无法判断是否是转基因品种时，可请认证机构或相关专家进行判断。现在国内已经有了对转基因产品的转基因成分实施定性和定量测试鉴定的机构，因此也可以委托相关实验室进行检测。

我国自 20 世纪 50 年代后期开始进行植物辐射诱变育种技术的研究，从 70 年代后期开始，许多品种在农业生产中得到大面积推广应用，比较具有代表性的水稻品种是"浙辐 802"，曾获得国家科技进步一等奖。目前，有部分辐射诱变水稻品种在生产上种植，这类品种名称大多带"辐"字，如"浙辐""杨辐"，但也有例外，有机生产者应注意辨别。凡是经辐照技术、转基因技术选育的水稻品种，本标准（规范）规定了"不应使用"。

∿∿∿

【标准条款】

> **5.2.2　种植茬数**
>
> **5.2.2.1**　有机生产单元内一年种植一茬水稻或二茬以上作物的，应在稻田生产体系中因地制宜安排休耕或种植绿肥、豆科等作物。
>
> **5.2.2.2**　在农业措施不足以维持土壤肥力和不利于作物健康生长条件下，不宜在同一有机生产单元一年种植三茬水稻。

【理解与应用】

本节针对有机水稻生产中种植的茬数规定作了描述。

我国耕地的复种指数很高，平均达 155% 左右，长江以南在 200% 以上（美国和欧盟为 88%）。复种可以充分利用单位面积的土地和光能利用率，提高作物产量。热量条件是复种的主要限制因子。无霜期 >180 天、≥10℃ 积温在 3 600℃ 以上地区，可以实行一年两熟水稻；无霜期 >230 天、≥10℃ 积温在 5 000℃ 以上地区，可以种双季和实行稻田三熟。但复种指数过高不利于土壤肥力的恢复，大量使用化学肥料又会导致土壤板结退化，导致土地质量的下降，不利于农业的可持续发展。

水稻是一种需肥量较大的作物，每生产 100 千克稻谷需要吸收氮素 2.0 ~ 2.4 千克，五氧化二磷 0.9 ~ 1.4 千克，氧化钾 2.5 ~ 2.9 千克。一年种植两茬以上水稻会消耗大量土壤养分，导致土壤肥力的下降，这样，就需施用大量外源肥料才能保持土壤养分平衡，这不符合有机农业原则。因此，本标准（规范）5.2.2.1 要求对于一年可种植两茬以上作物的有机水稻生产单元内应安排休耕或种植绿肥、豆科等作物，以保持土壤养分平衡，促进稻田的可持续发展。同时，本标准（规范）5.2.2.2 中更不提倡在同一有机生产单元一年种植三茬水稻。

【标准条款】

> **5.2.3　轮作方式**
>
> **5.2.3.1**　有机水稻生产单元应按 GB/T 19630.1 中的要求建立有利于提高土壤肥力、减少病虫草害的稻田轮作（含间套作）体系。轮作作物应按有机生产方式进行管理。
>
> **5.2.3.2**　一年种植二茬水稻的有机生产单元可以采取两种及以上作物的轮作栽培；冬季休耕的有机水稻生产单元可不进行轮作。

【理解与应用】

本节对有机水稻的轮作方式及要求进行了描述。

轮作是指在某地块上轮换种植几种一年生作物或在几个生长季内顺序种植几种作物的操作方式。通过轮作来恶化病虫的生存条件，免除和减少单一植物特有的病虫草害，同时，也可以满足不同作物对养分的需求。利用时空差异合理轮作、间（混）作和套种，可改变农田生态、改善土壤理化特性、增加生物多样性。因此，本标准（规范）要求有机水稻生产者必须进行轮作。GB/T 19630.1 中 5.6.1 要求"一年生植物应进行三种以上作物轮作，一年种植多季水稻的地区可以采取两种作物轮作，冬季休耕的地区可不进行轮作。轮作植物包括但不限于种植豆科植物、绿肥、覆盖植物等"。因此，在本标准（规范）中也强调了这一要求。

在有机水稻生产单元可采用如下轮作方法：一是在同一地块选种不同作物品种的季节性交叉种植；二是同另一作物品种在不同地块的轮换种植；三是冬季休耕。但不论采用何种方法轮作，都应按有机生产方式管理并有相应记录。

【参考提示】

鉴于我国稻区熟制及种植制度的多样性，一些现代高效的种植制度非常适宜和有利于有机水稻的生产发展。因此，一年种植多茬作物的有机水稻生产单元应当因地制宜，按有机农业生产方式，建立有利于提高土壤肥力和有机质含量、减少病虫草害的稻田轮作（含间套作）体系。

以下是有利于提高土壤肥力和有机质含量，减少病虫草害的稻田轮作制度。

单季（一茬）稻区：绿肥—水稻；蔬菜—水稻；油菜—水稻；牧草—水稻等。

双季（二茬）稻区：绿肥—水稻—水稻；油菜—水稻—水稻；蔬菜—水稻—水稻；绿肥、油菜、蔬菜、玉米—水稻；大麦、小麦、豆类、蔬菜、水果—水稻等。

【标准条款】

5.2.4 栽培措施

5.2.4.1 播种：应根据当地的气候因素和种植制度，确定适宜的播种期，趋利避害，使水稻的抽穗、开花、灌浆能处在最适宜的生长季节。

5.2.4.2 育秧（苗）：按照 GB/T 19630.1 的要求进行育秧，使用物质应符合附录 A 和附录 B 的要求。

5.2.4.3 移栽：采用适宜的移栽方式，并考虑合理的种植密度、行株距。

【理解与应用】

本节对有机水稻生产的栽培措施进行了描述。

我国水稻生产生态类型复杂，技术种类繁多，很难用一二句话概括。有机水稻栽培技术应因地制宜，充分利用当地的生态环境、自然资源、成熟技术，依据有关标准要求，围绕控制减轻病虫草害的危害、提高品质、稳定产量等目标来配套相关栽培技术。

在有机水稻生产的栽培措施上，本标准（规范）提出了 3 个方面的要求。

一是应根据当地的气候因素和病虫害发生规律，确定适宜的播种期，趋利避害，使水稻的抽穗、开花、灌浆期处在最适宜的气候时段。

二是按照有机农业生产要求进行育秧，不使用化学合成物质。种子处理可采用：温汤浸种，用 55℃温汤浸种 30 分钟；石灰水浸种，用 0.5%～1% 生石灰水浸种 2～3 天，可基本达到灭菌效果。育秧（苗）方式：可因地制宜，根据当地的气候条件，选择合适的时间，进行有土育秧、无土育秧；大田育秧、大棚育秧等。

三是移栽种植方式以宽行窄株或宽窄行种植为宜，适当稀植以利于水稻的健康生长，减轻病虫草害的发生。要根据品种的分蘖能力、生育期长短和土壤肥力确定基本苗。有机水稻栽培应适当增加基本苗，其也可增加主茎成穗，提高有效穗数，确保产量。现在，值得有机水稻生产者关注的是，在有机水稻育苗的环节上，种子消毒处理、浸种催芽、苗床育秧等操作中，有的使用商品种子处理剂、催芽剂、育秧土等物质，这些都将带来化学物质掺入的风险。

【参考提示】

有机水稻育秧（苗）技术要点如下。

1. 品种选择

水稻有机栽培依据规定必须使用有机种子和适生性强的优质米品种。有机稻种的选择除考虑抗病虫害、优质、高产、抗逆性等因素外，应保证做到其原种来源也是常规杂交及自然变异株已稳定经繁后的有机稻种。一般应保证种子的纯度和净度在 98% 以上，且种子发芽率达到 95% 以上。

2. 种子处理

有机稻种子的处理主要是为了预防病虫害。稻种选出后，在阳光下充分晾晒 4～5 天，用阳光中的紫外线进行杀菌。在播种前用盐水选种，去除秕粒，并再一次杀灭细菌，用 0.5%～1% 的生石灰水浸种 2～3 天，杀死种子表面的病原微生物。

3. 育苗

①种子处理：经过晒种，盐水选种，用0.5%～1%生石灰水浸种消毒，避免把病菌带入田间。②整地作床：床面耕翻10厘米以上，达到床面平整、细碎、无坷垃、无根茬，床宽1.8～2.2米，长度根据具体情况而定。③苗床施基肥：增施优质腐熟农家肥，培肥土壤，每平方米施7.5～10.0千克腐熟优质农家肥，混拌在5～10厘米厚的苗床土壤中。④播种期的确定：气温达到要求并稳定后即可播种育苗。⑤播种量的确定：要与播种要求均匀一致。

【标准条款】

5.2.4.4 土肥管理：按5.2.3的要求，主要通过有机生产单元系统内回收、再生和补充获得土壤养分。当上述的措施无法满足水稻生长需求时，可施用有机肥、农家肥作为补充，但应满足以下条件：

　　a）优先使用本单元或其他有机生产单元的有机肥、农家肥。

　　b）农家堆肥的原料选用、沤制方法、有毒有害物质应符合附录C的要求。

　　c）外购商品有机肥、天然矿物肥、生物肥应符合GB/T 19630.1规定。

　　d）生产中使用的土壤培肥和改良物质应符合附录A的要求。

　　e）不宜过度施用有机肥、农家肥，以免对环境造成污染。

【理解与应用】

　　本节针对有机水稻生产中的土肥管理进行了较系统的描述，并例举了相关的案例，以示理解。

　　土壤是农业生态系统的核心，有了健康的土壤才会有健康的植物。有机水稻生产中的土肥管理理念与常规水稻生产有根本区别。常规水稻是通过使用易溶的化学肥料直接提供养分，而有机水稻生产是通过土壤生物分解有机质间接地给水稻提供养分。因此，有机水稻生产要求首先采取农艺措施来维持和提高土壤肥力，比如通过种植绿肥、豆科作物或土地休耕进行土壤肥力的恢复。因此，实施与绿肥、豆科作物等的轮作是有机水稻生产补充氮源的重要手段。

　　本标准（规范）中强调，可以通过有机生产单元系统内回收、再生和补充获得土壤养分。有机农业生产以生态学理论为基础，根据有机生产为"一个相对封闭的养分循环系统"的原理，采用生态系统内部的物质循环来满足作物对养分的需求；在上述措施无法满足作物的养分需求时，可以使用一些外购商品有机肥。对于这一点一定要注意其先后顺序。

　　有机水稻生产除了应该实施轮作、间套作等措施外，如果施用有机肥料，一方面应尽可能地来自本有机生产单元，还应当积极开拓自己的有机肥源，如发展体系内养殖业等，促进农场内部养分的循环利用。要尽可能地将系统内的所有有机物质归还土壤，如果不是来自本有机生产单元的，也应优先选择来自其他有机生产单元的有机肥，或本标准（规范）附录A表A.1所列出的有机水稻生产中允许使用的土壤培肥和改良物质。

　　若有机水稻生产者选择自制农家堆肥，本标准（规范）中也作出了相应规定。农家堆肥的原料选用、沤制方法、有毒有害物质应符合附录 C 的要求。外购的商品肥，天然矿物肥、生物肥应符合 GB/T 19630.1 标准规定或通过有机认证或经认证机构评估许可。有机肥的施用要掌握好施肥量，避免造成重金属积累及环境污染。

有机水稻生产在用肥上存在的误区较多：一是当前各种名目繁多的商品有机肥、生物肥较多，内含成分复杂，隐性化学物资被掺入，生产商、销售商缺乏诚信，导致生产者选用时，无所适从。二是自制农家堆肥，选用的原料来源复杂，堆制方法过于简单，有毒有害物质残留严重，内含肥力效果差等，生产者依赖性强。三是生产中盲用肥料，存在过量、过多、过度施用有机肥、农家肥等行为，生产者缺乏科学用肥。

【参考提示】

1. 有机水稻土肥管理技术要点

土壤改良和土壤培肥是有机农业的根本。进行土壤培肥的目的在于解决土壤、肥料、植物根系和微生物四者之间的关系。施肥的理论是肥沃土壤，土壤微生物借助于土壤养分而繁育生活，而微生物则是供给植物营养的主体。所以说有机农业土壤培肥的主体是土壤微生物而不是常规农业的化学肥料。

所有培肥措施都应立足于土壤健康和肥力的保持与提高，尽可能地使用系统内的肥料资源的原则，采取稻肥轮作、扩种绿肥（紫云英），各季水稻本田稻草还田，使用沤制的菜籽饼肥和人畜粪尿，全面实施稻鸭共育技术、以鸭粪肥田，补施有机叶面肥和有机菌肥等措施。

有机水稻的肥源和培肥方法可概括为种、沤、堆、购、追、养 6 个字。

（1）种，即种植绿肥。有机水稻田在秋冬季休耕时种植豆科、绿肥，以达到培肥土壤的目的，当绿肥长至鲜草量最大时，进行耕翻沤制；或在有机水稻前茬种植绿肥紫云英、苕子等，当长至初花期，耕翻灌水沤制。

（2）沤，即在专门的沤肥池内沤制秸秆、牲畜粪便等肥源。密封粪池，经过一段时间的厌氧发酵后使用。常见的沤肥形式有沼气和田间沤肥。

沼渣、沼液肥是优质的有机肥料。因此，利用沼气工程生产的沼渣和沼液来培肥土壤是一举多得的事情。一方面通过沼气工程改变了农村燃料结构，使得农村环境得到净化。另一方面可变农业废弃物为宝，把厩肥、作物秸秆通过沼气发酵，生产优质的有机肥料，满足有机稻生产的需要，沼气发酵肥料生产的沼渣和沼液分别占总肥量的 86.8% 和 13.2%。沼渣可以用作基肥，沼液可以做基肥和追肥。沼渣和沼液混合，做基肥一般用量是 24 吨/公顷（亩施 1 600 千克），做追肥用量为 18 吨/公顷（亩施 1 200 千克）。发酵液做追肥时，用量为 1 125 千克/公顷，可以使水稻增产 10% 左右。做喷肥时，使用前应放置 2～3 天或过滤，以免堵塞喷雾器。因此，沼气建设是农业生态工程的重要内容，在有机农业生产中具有重大的意义。

研究结果表明，水稻用沼液浸种，在苗期效果最为明显，表现在株高、叶面颜色、根系发达程度等性状。在三叶一心时开始表现，移栽前较为明显，用沼液浸种的秧苗株高比对照高 1 厘米，次生根数多 3 条。到五叶一心时，沼液浸种秧苗株高比对照高 2 厘米，次生根数多 9 条。

沼液浸种不仅反映在株高、根系上，对水稻的分蘖、抗病性也有很大的影响。用沼液浸种的水稻秧苗的分蘖数明显高于不用沼液浸种的稻苗；没有沼液浸种水稻，苗期稻瘟病、青枯病的发病率明显高于用沼液浸种的，这说明种子通过沼液浸泡后，沼液的养分通过种皮进入种子内部，促进了发芽，并及时提供了有效养分，增强了水稻生长能力和抗病能力。

以亩施 1 500 千克沼液为基肥，采取沼液浸种、移栽缓苗后多次喷施沼液、水稻拔节前浇沼液、追施沼液等综合施用措施，可明显提高水稻的产量和品质。因此，水稻增施沼液切实可行，同时有利于减少环境污染，改善土壤有机结构，促进农村生态农业的发展，技术简单使用，成本低廉。

（3）堆，是指利用秸秆、牲畜粪尿和适量的矿物质、草木灰等物质进行堆制、腐熟而成的肥料。一般作为基肥使用。为了加快堆肥的速度，缩短发酵时间，可加入适当的催化剂，如 EM 菌、酵母菌及植物酸等。

农家肥能够提供各种养分元素。现在农村有大量的农业废弃物通过堆肥制造有机肥料，通过高温堆肥使得有机物完全熟化，在水稻整地前作基肥施到土壤里，施用后立即整地。为了满足水稻生长的需要，一般在堆肥时可以适当加入饼肥。一般每公顷施 15 ~ 30 吨。加入饼肥时，需注意其是否有转基因成分。

堆肥的原料来源广泛，没有污染的农业生产的废弃物都可以作为堆肥的材料，堆肥过程满足国家有机肥腐熟无害化标准，所有投入的物质满足有机生产的要求。

（4）购，即在有机农场自身肥源不足的情况下，从其他的有机农场或有机肥料厂购买有机肥，常作为基肥使用。在购买时一定要注意只有经过有机认证（目前没列入有机产品目录）或事先得到认证机构评估许可的肥料才能使用。

（5）追，即在使用以上 4 类肥料后，仍不能满足水稻生长时，须进行必要的叶面喷肥。常用的叶面肥有植物氨基酸、微生物菌肥、硅肥和植物酸等，但须防止商品叶面肥中掺入化学成分。

研究资料表明，大米品质的优劣是与谷氨酸和天冬氨酸这两种氨基酸含量多寡有关的，有机肥料在土壤微生物的作用下，逐渐分解释放（有速效性与缓效性肥料的区别）被水稻吸收，在植物体内合成氨基酸类物质。另外，通过水稻根外补充富含植物氨基酸的叶面肥，植物可直接吸收需要的氨基酸，直接转化合成蛋白质。

微生物菌肥（包括微生物菌剂）主要是通过喷施有益的微生物，调节水稻植物体微生态环境，构建合理健康的微生物结构，促进营养的转化和提高水稻病虫害的控制能力。

（6）养，即在有机稻田中养殖鸭子、蟹、鱼、泥鳅、田螺，以及放殖浮萍等。实施种养结合，使生物产生的排泄物肥田，浮萍变成有机肥，满足有机水稻生长的部分需肥量。

2. 有机稻田绿肥种植技术要点

绿肥是用作肥料的绿色植物体。绿肥作为有机肥料能为土壤提供丰富的养分，各种绿肥的幼嫩茎叶，含有丰富的养分，一旦在土壤中腐解，能大量地增加土壤中的有机质和氮、磷、钾、钙、镁和各种微量元素。每吨鲜绿肥，一般可供氮素 6.3 千克，磷素 1.3 千克，钾素 5 千克，相当于 13.7 千克尿素，6 千克过磷酸钙和 10 千克硫酸钾。绿肥翻入土壤后，在微生物的作用下，分解释放出大量有效养分，还形成腐殖质使土壤胶体结成团粒结构，使土壤疏松、透气，提高保水保肥能力，有利于作物生长。我国绿肥植物类型繁多、品种丰富，种植绿肥是有机水稻生产中培肥土壤的最佳途径之一。

（1）稻田绿肥的主要品种有紫云英、苕子、豌豆、蚕豆、大豆、苜蓿、油菜、田菁、绿萍、水浮莲等。

（2）稻田绿肥的种植方式如下。轮作：一年可种植两季以上作物的有机水稻生产单元，可与水稻轮作单独种植一季绿肥作物。如冬季种植紫云英、苜蓿、油菜；春秋季种植蚕豆、大豆等。

套种：在水稻收获前或生长期间将绿肥套种在稻田间。如在晚稻收获前播种紫云英或苕子，可使绿肥充分利用生长季节，提高绿肥产量。又如在水稻种植后套种绿萍，既可作有机肥料，又可抑制稻田杂草生长。

混种：在同一块地里，同时混合播种两种以上的绿肥作物。如紫云英或苕子与油菜混播、紫云英与蚕豆混播等。蔓生与直立绿肥混种，能互相调节养分，蔓生茎可攀缘直立绿肥，使田间通风透光。所以混种产量较高，改良土壤效果较好。

插种：在水稻栽插前或收获后，利用短暂的空余生长季节种植一次短期绿肥作物。一般选用生长期短、生长迅速的绿肥品种，如绿萍等，能充分利用土地及生长季节，多收一季绿肥，解决有机肥料来源问题。

（3）稻田绿肥的合理施用方法如下。适时收割或翻压：绿肥过早翻压产量低，翻压过迟，绿肥植株老化，养分多转移到种子中去了，茎叶养分含量较低，而且茎叶碳氮比大，在土壤中不易分解，降低肥效。一般紫云英等豆科绿肥植株适宜的翻压时间为盛花至谢花期；油菜等十字花科绿肥植株最好在上花下荚期。间种、套种绿肥作物的翻压时期，应与后茬水稻生长需肥规律相吻合。

控制合理施用量：一般亩施 1 000～1 500 千克鲜绿肥基本能满足水稻生长需要。施用量过大，可能造成水稻后期贪青迟熟。

绿肥的综合利用：绿肥作物营养丰富，可作为家畜良好的饲料，如紫云英的地上部分可用来喂猪、养鹅、养鸭以增加收入，再利用粪便作有机肥料，是一举两得且经济有效的利用绿肥好方法。

在长江流域及南方广大稻区，冬季种植紫云英是获得绿肥的主要途径，有机水稻生产单元种植紫云英的技术要点是：①因地制宜选用高产良种。目前，高产良种有浙紫 5 号、湘肥 3 号、余江大叶、闽紫一号、粤肥二号等。②适时播种，提高播种质量。适时保质保量地播好绿肥，是保证全苗的关键，全苗又是高产的基础。水稻后期要分厢开沟晒好田，做到不陷泥。为保证发芽整齐，播前要进行晒种、选种、擦种、浸种。如种子净度、发芽率在 90％以上时，播种时间以 10 月中、下旬为好，每亩用种可在 2～3 千克，否则，要适当加大播种量，以保证足够的成苗越冬。③肥料拌种，适当混播。用有机菌肥、磷矿肥拌种，能促进幼苗生长，起到早施肥、集中施肥、以小肥养大肥的效果。以紫云英为主，适当混播一些油菜或蚕豆，可形成高低搭配，协调养分供应，提高绿肥产量。④开好三沟，及时培管。水稻收割后，及时开好三沟（围沟、主沟、厢沟）。要求沟底平，沟沟相通，连接排水渠道，做到雨停沟内不积水。⑤水稻收割时留高桩，桩高 30～40 厘米，有利于绿肥的越冬生长，提高产量。⑥适时翻压、控制用量。紫云英在盛花期或水稻种植前 15 天左右翻犁压青，亩用鲜草量控制在 1 000～1 500 千克左右。产量过高的可割一部分用作饲料或用到其他田块。

【标准条款】

5.2.4.5 灌溉：应充分利用灌排水来调节稻田的水、肥、气、热，创造水稻各生育阶段生长的适宜条件。

【理解与应用】

本节对有机水稻生产中的灌溉排水进行了描述。

水稻的生产离不开水，因此，水稻生长过程中需水时必须及时给水，不需水时，必须及时排水。有机水稻生产合理的灌溉方法是防治水稻病虫草害、节约水源、减少养分流失的有效措施之一。合理灌排水可调节稻田的水、肥、气、热，创造适宜水稻各生育阶段生长的田间小气候。所以，本标准（规范）对有机水稻生产中的灌溉作出了明确的要求。

【参考提示】

中国水稻研究所通过不同类型水稻品种在不同灌溉模式下开展系统全面的水稻水分生理生态特性的比较试验研究，提出并形成了一套"寸水插秧，寸水施肥除草，寸水孕穗开花，湿润水分蘖，湿润水幼穗分化，湿润水灌浆结实，够苗排水干田控蘖"的"三水三湿一干"为特色的水稻好气灌溉技术。其具有增产、节水、减轻病虫草害的良好作用，非常适合应用于有机水稻生产。该技术要点如下。

（1）移栽分蘖期：寸水插秧，即旱耕水平，整地后田面平整，深浅一致。返青后寸水灌溉。分蘖期以湿润灌溉为主。

（2）排水搁田期：由于分蘖期湿润灌溉土壤易沉实，排水易干。因此，好气灌溉排水控苗效果好。当苗数达到穗数80%时开始轻搁田，采用多次轻搁田，控制最高蘖数为穗数苗的1.3～1.4倍。

（3）穗形成期：搁田结束，开始复水，水分管理按湿润管理。

（4）孕穗开花期：寸水孕穗开花，该期是水稻需水临界期，田间要保持1寸[①]左右水层。

（5）灌浆结实期：湿润灌浆结实，指从灌浆结实开始以后，要以湿润灌溉为主。当脚踩到田里1寸左右深，灌一次浅水，让其自然落干后再灌上浅水，这样一干一湿到水稻黄熟。

〰〰〰〰〰〰〰〰〰〰〰〰〰〰〰〰〰〰〰〰〰〰〰〰〰〰〰〰〰〰〰〰〰〰〰

【标准条款】

5.2.4.6 种养结合：提倡稻—鸭、稻—鱼、稻—蟹等种养结合的生产模式，形成良性物质循环体系，提高有机生产单元的物质循环效率，增加稻田系统的生物多样性。

---

① 1寸≈0.033米，全书同

【理解与应用】

本节针对有机水稻生产中采用种养结合的要求进行了描述。

稻—鸭、稻—鱼、稻—蟹等种养结合的生产模式，已被证明是有机水稻生产中非常成功的配套技术。目前，在我国已形成了相应知名度的应用"品牌"。如稻鸭共育以江苏省镇江市、浙江省绍兴市为应用典型；稻鱼共育以浙江省青田县、广西①桂平市为应用典型；稻蟹共育以辽宁省盘锦市、宁夏永宁县为应用典型。因此，本标准（规范）中提倡有机水稻的生产需推进这些种养结合的生产模式应用。这些年来，尤其是稻鸭共育技术更是被广泛应用，实施稻鸭共育技术对培肥土壤、防治病虫草害都具有很好效果。

【参考提示】

有不少有机水稻生产企业应用稻鸭共育技术生产有机水稻，总结出稻鸭共育技术的主要作用及技术要点。

1. 稻鸭共育技术的主要作用

（1）除草效果。稻鸭共育田中基本无杂草，除非有一些秧田带入大田的稗草。鸭子除草通过 3 种方式：嘴吃草，脚趴草，浑水作用抑制杂草种子发芽。鸭子到了中后期，田间只要保持一定的水层，草龄大些也能除掉。

（2）除虫防病效果。鸭子可以捕食稻田很多害虫，如稻飞虱类、稻椿象、稻象甲、水稻前中期的稻纵卷叶螟、稻苞虫等，除虫效果与使用杀虫剂有相同的效果，特别是防治稻飞虱效果优于人工化学防治。鸭子对水稻中后期的稻纵卷叶螟、三化螟、二化螟所造成的枯白穗效果要差些，一般防效在 50% 左右。对于三化螟、二化螟造成的枯白穗，可采取频振灯诱蛾杀虫，每 30 亩左右使用 1 盏灯，连续使用 3 年频振灯可收到较好的效果，在虫害高发年能把虫害的损失降低到每亩 25 千克稻谷以下。

据中国水稻研究所多年试验研究表明，采用"稻鸭共育"技术后，能有效控制稻瘟病发生，并对水稻纹枯病的防治效果也十分明显。通过鸭子的活动，能增加稻株间的通风透气，抑制病害发生，对纹枯病的防治具有明显效果。

（3）肥料效果。稻鸭共育时间内，1 只鸭排泄在稻田里的粪便约 10 千克，相当于 47 克氮，74 克磷，31 克钾。按每亩养鸭 18 只计算，鸭的粪便相当于 850 克氮，1 330 克磷，560 克钾，这些粪便足够作为水稻追肥。

（4）中耕浑水效果。鸭子在稻田里活动，产生中耕浑水作用，利用空气中的氧溶解于水，促进稻的生长，在稻鸭共作期间不需要搁田，田间浑水可以提高肥料利用率及抑制杂草的发芽。稻作生产中自古就有"浑水稻子好收成"的说法，而且浑水还可以堵塞田埂边上的一些渗漏。水稻中期不搁田，也起到了明显的节水作用，稻田的灌水次数也只有常规稻田的 3/4。

（5）对水稻的刺激效果。鸭在稻株间不停地活动，不断地在植株上寻找食物，能促进植株的开张和分蘖，促使水稻植株发育成矮而壮的扇形株型，增强抗倒伏能力。

2. 稻鸭共育的技术要点

（1）选好稻、鸭品种：选择优质、抗倒伏、抗稻瘟病水稻品种，育成中龄（20～25

---

① 广西壮族自治区，全书简称广西

天)，矮壮秧。选用绍兴麻鸭、湖南攸县麻鸭、福建金定麻鸭、湖北荆江鸭、贵州三穗鸭，以及江苏高邮鸭、四川建昌鸭、江西大余鸭和巢湖鸭等。掌握"谷浸种，蛋起孵"，孵化后饲养20~25天，就可放养至稻田间。

（2）放鸭前的准备：每3~5亩面积搭建一个鸭棚，供鸭子避风雨、遮太阳及休息用；架设防护网（塑料网）防鸭子外逃及天敌入侵，相对固定鸭子的活动范围。

（3）合理密植、掌握放鸭时机：水稻以宽行窄株、适当稀植为宜，这样有利鸭子活动。秧苗返青、扎根后就可以放鸭。鸭以每亩放养15~18只为宜，最好以50~100只为一群，圈定范围。

（4）稻、鸭管理：雏鸭放入稻田后，前期（20日内）每天喂2次；以后根据虫害草害发生情况、田间饵料多少适当喂食。鸭饲料最好用有机原料制作。施肥在移栽前一次施足，以腐熟长效有机肥为主，追肥以鸭排泄物和绿萍还田代替。稻田始终保持浅水层，以利鸭子活动；搁田可采用分片搁田法，或把鸭赶到田边的河、塘内过渡3~4天。

（5）生物防治病虫草害：防治害虫草害靠鸭捕食为主，如发生病害以生物农药防治。

（6）适时捕捉鸭群：水稻抽穗后就要将鸭群从稻田赶出，以免鸭吃稻穗。

【标准条款】

> **5.2.4.7** 秸秆还田：根据气候条件、土壤肥力及水稻生长实际需要，能保证足够量的本有机生产单元产出的秸秆还田。其中稻草还田应符合NY/T 1752—2009附录E的要求。

【理解与应用】

本节对有机水稻生产中秸秆还田的要求进行了描述。

有机农业鼓励和提倡农业生态系统实现内部循环，因而在进行土壤培肥管理时，应优先选择有机农业系统内部的材料，其中秸秆还田就是一个重要手段。稻草还田可增加土壤中有机质含量、培肥地力、形成良性耕作环境，是有机水稻生产单元保持和提高土壤肥力的重要措施。尤其在我国的南方稻区，气候条件等较符合秸秆还田腐化的需要。因此，本标准（规范）对秸秆还田，以及稻草还田提出了相应的要求。其中稻草还田应符合NY/T 1752—2009《稻米生产良好农业规范》附录E的要求，详见下列附录。

NY/T 1752—2009《稻米生产良好农业规范》
附 录 E
（资料性附录）
稻草还田技术

稻草还田可增加土壤中有机质含量、培肥地力、形成良性耕作环境，促进后季作物生长。具有节约成本、减轻劳动强度、增加产量，增加经济效益及净化环境等功效。

E.1 直接还田

E.1.1 水稻人工收割或机械收割后，将稻草全部或大部分粉碎，配套大型灭茬机深翻，覆盖。

E.1.2 稻草直接还田，要注意把握的要点：

——草应尽量切碎；

——提高机械耕、耙质量，保持适宜的土壤水分；

——适当掌握稻草还田量，在气候温暖多雨季节稻草还田作业与播插间隔期长的可多一些，反之则少一些；

——其他肥料配合施用，应适量施用豆饼肥、菜籽饼或腐熟人畜粪尿等调节碳氮比；

——病虫害严重的稻草不要还田；

——注意排水通气，土壤酸性过强时应适量施用石灰中和酸性。

E.2 腐熟还田

稻草在田头堆沤腐熟；或利用微生物堆腐剂在田间快速堆腐；或与猪粪等一起堆腐发酵，生成优质的有机肥料，再施入田中。

E.3 过腹还田

通过稻草碱化及青贮氨化等技术，将稻草转化为较易被畜禽吸收的物质；或以稻草为原料，制成复合型饲料。利用稻草作饲料，发展畜禽养殖，生产优质的有机肥料。

E.4 综合利用后还田

利用稻草为主料，根据不同季节，选用不同的食用菌种，生产食用菌。生产食用菌后的废料是一种优质有机肥，可全部还田；利用沼气能源，稻草等经发酵后还田。

【参考提示】

有机水稻等秸秆经人工收割或机械收割后，直接粉碎，配套大型灭茬机深翻，覆盖。直接还田需要注意如下事项。

（1）控制稻草数量：一般以每亩以 100～150 千克的干稻草或 350～500 千克的湿稻草为宜。

（2）保持充足水分：水分是保证微生物分解稻草的重要条件，稻草还田后因土壤更加疏松，需水量更大，要早浇水、浇足水，以利于稻草充分腐熟分解。

（3）增施氮素肥料：稻草的碳氮比为 80∶1 至 100∶1，而土壤微生物分解有机物需要的碳氮比为 25∶1 至 30∶1。稻草直接还田后需要补充大量的氮素肥料，否则，微生物分解稻草就会与水稻争夺土壤中的氮素与养分，不利水稻正常生长。因此，稻草还田后要及时施用豆饼肥、菜籽饼肥或腐熟有机肥等调节碳氮比。

【标准条款】

5.2.5 病虫草害防治

5.2.5.1 从自身农业生态系统出发，立足因地制宜，宜运用以下综合防治技术措施：

　　a）农业措施：

　　　1）选用抗病虫水稻品种；

　　　2）精选种子、清除病草种子，用石灰水等浸种杀灭种子携带病菌；

　　　3）冬季翻地灭茬，控制越冬害虫；结合整田，打捞菌核及残渣；种前翻耕整地、淹水灭草；

4）选择合理的茬口、播种时期，使水稻易感染生育期避开病虫的高发期；

5）采用培育壮秧、合理密植、好气灌溉等健身栽培措施，提高水稻群体抗病虫能力；

6）安排合理的耕作制度，采取水旱轮作等措施减轻病虫草害发生。

b）物理措施：

1）采用杀虫灯、黏虫板、防虫网、吸虫机、性诱剂等设施设备防治害虫；

2）采用具有驱避作用的植物提取物或植物油、楝素、天然除虫菊素等物质除虫；

3）采用机械中耕除草。

c）生物措施：

1）采用5.2.4.6规定的种养结合等方法来控制病虫草害；

2）利用青蛙、蜘蛛、赤眼蜂、瓢虫等天敌来控制虫害。

d）人工措施：

1）采用手工或专用农具耘田除草；

2）采用人工捕捉、扫落等措施灭虫。

【理解与应用】

本节针对有机水稻生产中病虫草害防治的4种技术措施进行了具体的描述，并例举了相关的案例。有机水稻生产中病虫草防治是控制质量风险的关键。

病虫草害的发生是水稻生产不可避免的事实，其也是水稻生产不可回避的重点质量风险。病虫草害防治也是有机水稻生产中极其重要的环节，其要求采取的主要技术措施与常规水稻有显著不同，主要表现在禁止使用人工合成的化学农药，对病虫害防治采取综合治理的措施。有害生物综合治理是在以整个水稻生态系统中生物群落为调节单元的基础上，通过构建、协调各种保护措施，改善和增强有益生物的利导因子，制约有害的生物因子，恢复生态系统的良性循环，促使益害生物种群达到某种生态平衡，从而可长期有效地压抑有害生物的暴发与危害。

有机水稻病虫草害防治必需贯彻"预防为主、综合防治"的工作方针，综合运用各种农艺措施（如选择优质抗病良种、合理的轮作制度、保健栽培措施等），培育一个健壮的、抗逆性强的水稻群体是问题的关键。

有机水稻病虫草害防治的基本原则：在最大的范围内，尽量能依靠作物轮作、抗虫品种、综合应用各种非化学手段，控制作物病虫草害的发生。以选用优质丰产抗病品种和肥料有机化为基础，运用农艺的、生物的、人工的、物理的方法，有效地防治病虫草害。

调节水稻播期，错开抽穗期与三化螟为害期，减轻螟害；水稻移栽前捞除水面漂浮物，减轻纹枯病为害；稻田放养鸭子除虫灭草；结合中耕，控制苗期草害；保护和利用天敌控制虫害。

本标准（规范）中，对有机水稻生产的病虫草害防治提出了"从自身农业生态系统出发，立足因地制宜"，选择应用4个方面的措施：一是农业措施，有6个要点；二是物理措施，有3个要点；三是生物措施，有2个方面；四是人工措施，有2个要点等。在有机水稻生产中，对于究竟采用什么措施，应因地制宜、因事而定。生产者可以综合采用，也可以单列采用，更可以多项采用这些措施，关键是力求实际有效。在这一条款上，有机水稻者应有如下的理解。

第一，农业措施是基础。本标准（规范）5.2.5.1，a）所列的 6 种方式均是我国传统水稻生产中农耕文化的精华做法，对有机水稻生产十分适用并有效。

第二，物理措施是助力。本标准（规范）5.2.5.1，b）所列的 3 种措施均对有机水稻生产中病虫草害的防控十分有效。其是现代科技的应用手段，是对病虫草害治理的辅助性方法，应值得推行。

第三，生物措施是重点。本标准（规范）5.2.5.1，c）所列的两方面防控有机水稻生产中病虫草害的方法，是当前有机水稻生产中常用的较受欢迎的有效方法。利用生物措施，也会给有机水稻生产者带来较好的生态效益、社会效益和经济效益。

第四，人工措施是补充。本标准（规范）5.2.5.1，d）所列的两种方法是对有机水稻生产中虫害和草害防治的补充性措施，也是被实践证明，最可行、最可调节的措施。

【参考提示】

1. 有机水稻病虫草害综合防治技术

有机水稻生产病虫草害综合防治首先要因地制宜制定病虫草害防治计划，准备好植保物资，做到有备无患；其次要建立病虫防治技术指导小组，加强技术培训和技术指导；再次要建立良好的预测预报制度，及时准确发出病虫发生预报；最后要综合运用好各种技术措施。

（1）选用抗病虫的水稻品种。

（2）建立合理的轮作体系（如水旱轮作：油菜—水稻、叶菜—水稻、大豆—水稻；浅根系和深根系轮作：玉米—水稻、根菜—水稻等），抑制土传病虫害及寄生性病虫害的发生。

（3）冬闲田采取冬季翻地灭茬，冻死越冬害虫，减少来年虫源。

（4）精选种子，淘汰病虫粒，用温水、盐水、石灰水浸种，杀灭种传病虫害。

（5）采用培育壮秧、合理稀植、好气灌溉等保健栽培措施，提高水稻群体的抗病虫害能力。

（6）创造适宜的生态环境、提供必要的栖息场所，保护和利用天敌（如青蛙、蜘蛛）来抑制病虫害。

（7）利用稻—鸭、稻—鱼、稻—蟹等种养结合的技术控制病虫草害。

（8）用物理的方法（如用防虫网、机动吸虫机）捕杀、驱除害虫，利用频振式杀虫灯和黑光灯可以诱杀鳞翅目、鞘翅目害虫；

（9）在确定以上方法达不到控制要求的情况下，可选用本标准（规范）附录允许使用或经评估许可使用的微生物制剂、生物农药和植物农药进行防治。

2. 有机水稻综合除草技术

有机水稻的杂草防治要采用综合方法，切断杂草种子的传播途径，减少杂草种子的生成，将杂草的危害程度降到最低限度。主要措施如下。

（1）种前翻地、耙地、整地、水淹，达到播前灭草的目的。

（2）种子精选，清除作物种子中夹杂的杂草种子，防止杂草种子的传播。

（3）通过腐熟发酵消灭有机粪肥中的杂草种子。

（4）利用鸭子等动物吃草、灭草。

（5）有条件的地区可采用无纺布、植物纤维膜、有机稻草等覆盖的方法来除草。

（6）在水稻返青后至封行前用机械或人工耘田 1～2 次，基本可控制草害。

3. 利用频振式杀虫灯防治虫害技术

频振式杀虫灯是利用害虫的趋光、趋波特性，选用对害虫有极强诱杀作用的光源与波长，引诱害虫扑灯，并通过高压电网杀死害虫的一种先进实用工具，具有投入少，见效快等特点，且无环境污染，不会引起人畜中毒，这种物理措施，在有机稻米生产上具有广泛的应用前景。

（1）频振式杀虫灯的使用方法：频振式杀虫灯安装简便，利用田边的电线杆、水泥柱或打一桩柱，用八号铁丝，将其固定安装在杆上，离地高度为 1.8 米，杀虫半径控制在 100 米左右。灯具有光控功能，管理操作方便。天黑以后自动开灯，天亮以后自动关灯，一天诱杀工作完成以后，由专人清理好，并将灯上的虫垢用毛刷清理干净。

（2）频振式杀虫灯的使用范围：杀虫谱广，诱杀虫数多，频振式杀虫灯能诱集各类昆虫达 1 287 种，对稻田害虫诱虫量大的主要有以下几种：二化螟、三化螟、稻飞虱、地老虎、蝼蛄等，平均每天每灯诱虫 0.5 千克。

4. 有机水稻的病害防治部分技术简介

有机水稻与常规水稻生产过程中的主要病害大致相同，主要有水稻稻瘟病、纹枯病、恶苗病等。有机水稻病害防治应以农业防治为主，药剂防治为辅，通过培育壮苗以达到抗病的目的。

恶苗病的防治从种子着手，晒种杀菌，进行必要的药剂浸种，使用植物酸 200 倍稀释液浸种可有效地防治恶苗病的发生。

水稻纹枯病主要通过改善水稻的生长环境、控水控肥、通风透光、选用抗病品种的方法进行防治。打捞菌核，减少菌源，要每季大面积打捞菌核并带出田外深埋。加强栽培管理，灌水做到分蘖浅水、够苗露田、晒田促根、肥田重晒、瘦田轻晒、长穗湿润、不早断水、防止早衰，要掌握"前浅、中晒、后湿润"的原则。

水稻稻瘟病是水稻生产过程中的一大难关，第一要选择好具抗性的水稻品种；第二要科学栽培，如云南农业大学最新发明一种防治稻瘟病简单可行的方法，即稻田内种植不同品种的水稻可有效地预防稻瘟病的发生。在预防为主的前提下，提倡给有机水稻喷保护药，即每隔 2 周喷 1 次 0.2 波美度的石硫合剂，连续喷 3～4 次，预防水稻病害的发生与蔓延。

水稻稻曲病又称青粉病、伪黑穗病，多发生在收成好的年份，故又名丰收果，属真菌病害。病原菌属半知菌亚门稻绿核菌［*Ustilaginoidea virens（Cooke）Tak*］。此病在我国各大稻区均有发生。随着一些矮秆紧穗型水稻品种的推广和氮肥施肥水平的提高，以及遇阴雨、暖湿交叉天气，在粳稻或粳籼杂交稻品种种植区，此病发生愈来愈严重。其病穗空秕粒显著增加，发病后一般可减产 5%～10%。稻曲病主要在水稻抽穗扬花期发生，为害穗上部分谷粒，少则每穗 1～2 粒，多则可达十多粒。菌丝在受害病粒内形成块状，逐渐膨大，先从内外颖壳缝隙处露出淡黄绿色孢子座，后包裹整个颖壳，形成比正常谷粒大 3～4 倍的菌块，颜色逐渐变为墨绿色，最后孢子座表面龟裂，散出墨绿色粉状物，有毒。孢子座表面可产生黑色、扁平、硬质的菌核。此病对产量损失是次要的，严重的是病原菌有毒，孢子污染稻谷，降低稻米品质。对稻曲病的预防目前尚无很有效的方法。有机水稻生产者可从选择抗性品种和合理安排种植茬期上入手，采取避免病田留种、搞好种子杀菌消毒、施足基肥、少施追肥和穗肥，以及浅水勤灌等措施预防。防治药剂可用枯草芽孢杆菌、微生物提取物或相关菌剂，以及申请评估使用井冈霉素、克瘟素或春雷霉素等。

5. 有机水稻的虫害防治部分技术简介

对有机水稻害虫的防治策略，应采取调控而不是消灭的"容忍哲学"，允许使用的药物也只有在应急条件下才可以使用，不能作为常规的预防措施。有机水稻的虫害南北方稻区有差异，但较普遍的主要有螟蛾类、飞虱类、水稻象甲类等。

（1）做好虫害的监测：诱蛾灯（黑光灯＋白炽灯＋性诱剂）即可杀死部分螟蛾，又可作为虫害发生规律的监测器。

（2）生物、物理防治：诱蛾灯可杀灭大部分的三化螟，控制三化螟的发生。在二化螟和大螟卵孵高峰前连续释放螟黄赤眼蜂 2~3 次，每次释放 15 万~30 万头/公顷，在卵孵高峰期，喷施 Bt 制剂（不要使用基因工程的产品），每公顷使用 750 克含量 8 000 国际单位 Bt 粉，可有效调控螟虫类害虫的为害。

稻飞虱的防治可通过稻田养鸭来控制，在飞虱迁飞降落开始就放鸭 45 头/公顷，连续放 1 周以上，既可除虫，又可除草。调查表明：养鸭对稻飞虱的防效十分显著。全生育期中稻飞虱虫量均控制在药剂防治指标以下，各次调查平均值，养鸭田比常规稻田虫量低90%，同期虫量减少 80%以上，稻鸭共育期同是稻飞虱大量发生期，依靠鸭子取食得以控制全生育期中的虫量，完全可以取代药剂防治。

6. 有机水稻的草害防治部分技术简介

有机水稻的草害防除主要通过人工来完成。稻田养鸭也可有效地控制部分草害的发生。科学轮作是经济有效的除草方法。

水稻除草是有机水稻生产过程中对产量影响最大的因素之一，解决难度相对较大，尤其是北方严寒地种植水稻，其杂草萌发时间不同，在水稻前期的 60 天内。同时，萌发的杂草品种也较多，直到水稻生长量大时才能控制住杂草，在这 60 天内需进行人工除草 2~3 次，主要方法如下。

（1）用水控制前期杂草，后期采用人工除草：大苗育秧的秧田期和大田抛栽立苗扎根活棵后均采用"水控"技术，灌深水 5 厘米左右，保水 20 天，待水稻苗产生分蘖形成较强生长势后，能抑制杂草。

（2）发展养蟹除草：以扣蟹为主，在移栽后 10~15 天放养，防止食苗。

（3）地膜覆盖除草：插秧前先用打孔器打孔，然后按孔移栽，在分蘖末期水稻生长量大时揭去地膜。另外，还要采取积极措施进行杂草预防，一是在距水源近的上游选地，供水方便有利防草；二是选择种稻时间较长、平整度好、杂草基数较少的老农田。

（4）稻鸭共育除草：鸭子的不断觅食和活动踩踏，起到了很好的除草功能。据调查，养鸭田的防除效果略高于化学除草田，尤其是稻田的恶性杂草，稻鸭共育不仅可以替代除草剂除草，且对除草剂防效差的恶性杂草也有较好的防除效果。

7. 浮萍控制杂草和作为有机肥的技术

浮萍结合米糠、有机肥控制杂草。插秧后在稻田撒施米糠和发酵肥料（如猪粪、牛粪等有机肥），能造成水田缺氧状态，也可以抑制杂草生长。但缺氧状态不会持续很久，当水田中氧气增加时，进入 6 月后稻田水面上会长满嫩草色的浮萍，繁茂的浮萍覆盖水面，形成密闭、遮光效果，也能起到抑制杂草、特别是迟生杂草生长的作用。控制灌水是发挥浮萍控制杂草作用的关键。

当稻田布满密集的浮萍时，结合晒田排干水，蔓延在水面上的浮萍随水位下降紧贴田面，因缺水，不久浮萍即变白死亡，分解成有机肥。晒田后再复水，部分未死亡的浮萍又随水位上升漂浮水面，快速繁殖密闭稻田水面，如此反复达到利用浮萍抑制杂草和作有机肥的目的。水干后再次灌水。由此可见，浮萍既是很好的有机肥又具有很强的异株相克作用。

【标准条款】

> **5.2.5.2** 当采用农业、物理、生物、人工措施不能有效控制病虫草害时，可采取以下应急补救措施：
>
>   a）优先使用表 B.1 中所列的病虫草害防治物质。
>
>   b）选择使用表 B.2 中所列的农用抗生素类物质或其他病虫草害防治物质，但使用前须按国家有关规定经评估和许可。

【理解与应用】

本节针对有机水稻生产中除允许使用的方法仍难以或不能有效控制相关病虫草害时，可采取的应急补救措施进行了描述与说明。

本标准（规范）附录 B 表 B.1 中控制病虫草害的物质都是辅助性的，前提是采用农业（农艺）、物理、生物和人工等方法不能有效控制病虫草害时才能选择使用，而不鼓励有机生产者无条件地大量使用。一些有机水稻生产企业，在防治病虫草害时，思想集中在选择什么农药，或认证机构可以推荐什么农药上，而不是主动地采用选用抗性品种、合理轮作、加强田间管理，在意念上残存着常规水稻生产的烙印，这在有机水稻生产中是不可取的。因此，必须转变观念，把人为的用药控制措施转变为培育健康的水稻生态系统来实现有机水稻的生产质量控制操作。

有机水稻生产者必需注意在本标准（规范）附录 B 表 B.1 中明确允许使用物质的使用条件。另外值得重点指出的是，如果使用附录 B 表 B.2 及未在附录 B 表列出的物质，必须按国家有关规定，经事前评估和经过认证机构前置申报许可。不是附录 B 表 B.2 所列的"农用抗生素"物质随意即可使用。

【标准条款】

> **5.2.6 收获处理**
>
> **5.2.6.1** 有机水稻收获应有单独收获的措施。除人工收获方式外，采用机械收获的，在收获前应对机械设备进行清理或清洁，不应对稻谷造成污染。对不易清理的机械设备可采取冲顶方法。使用机械设备时，应有防止使用燃料渗漏田间或污染稻谷的措施。
>
> **5.2.6.2** 在田间或晒场对水稻脱粒处理后产生的稻草及废弃物，应进行充分利用或处理，不应焚烧处理。

5.2.6.3 盛装稻谷的容器及包装材料，应可回收或循环使用，并符合 GB/T 19630.2 的要求。

5.2.6.4 对运输稻谷的工具或传输设施，应保证清洁，不应对稻谷造成污染。

5.2.6.5 收获的有机稻谷产品中不得检出国家相关标准规定的禁用物质残留。检测的质量安全项目可在风险评估的基础上按附录 F 要求执行。

【理解与应用】

本节对有机水稻的收获处理规定了 5 个方面的要求，以控制收获处理环节上的相关质量风险。

（1）有机水稻收获处理要求与对加工产品的要求一致，收获后处理所使用的设备应是有机专用的，如果不能满足有机专用的要求，也必须在处理有机产品前进行充分的清理和清洗，以免造成产品污染；对不易清理的机械设备可采取冲顶方法，要防止有机稻谷与常规稻谷混杂。

（2）有机农业强调的不仅是产品本身的有机完整性，还强调保护生态环境的目标。有机水稻生产也同样，应该避免农事活动对土壤或生态环境造成污染或破坏，收获处理后产生的稻草及废弃物，应进行充分利用或无害化处理。

（3）有机产品的包装提倡使用生态包装材料。生态包装材料是指在生命周期中，能与生态和谐共存、有利于保护环境、节约资源、有利于人体健康的包装材料，具体包括：①不破坏生态的包装材料。如木材来自于森林砍伐，而森林是大自然陆地生态系统的主体，因此我们要提倡发展代木包装。可采用瓦楞箱、蜂窝纸板箱等以纸代木；用周转箱、塑料托盘等以塑代木等。②发展可降解材料。可降解材料是能在大自然中自行消融而不污染环境的材料，如植物纤维材料（秸秆）、天然高分子材料（淀粉）、甲壳类物质（虾蟹蚌蛎），都是可以用于制作可降解性材料的；又如使用可降解塑料替代目前的常规塑料生产包装材料，是解决"白色污染"的有效方法。③发展能减量化、易再利用、可再生的包装材料。包装多次重复利用是提高资源利用率、保护环境、降低使用成本的一种运作方式。

许多有机水稻生产企业，用麻袋、箩筐等盛装稻谷就是很好的办法。而装过肥料、农药等的包装袋不能用于包装有机稻谷，以免污染有机稻谷。

（4）为了保证有机产品的有机完整性，需要严格防止产品受到外界的污染，为此，有机稻谷的运输工具应尽量做到有机专用来降低受污染的风险。如果没有条件使用有机专用的运输工具，允许与非有机产品共用运输工具，但必须在装载有机稻谷前对运输工具采取充分的清洁措施，而且兼用的运输工具在运输有机产品之外不允许运输化肥、化学农药及其他有毒有害或对有机产品具有污染风险的物质。盛装有机稻谷的容器和包装物上应有清晰牢固的有机标识及有关说明，尤其是在有机稻谷与常规稻谷一起运输的情况下，更必须确保有机稻谷的容器或包装能使有机稻谷与常规稻谷有效隔离，并能有效识别有机稻谷，有机稻谷与常规稻谷一起运输的情况在有机生产中是极不提倡的做法。

（5）根据 GB/T 19630.1 规定，通过有机生产方式生产的稻谷，应符合国家现行的食用安全标准，即不得检出国家规定禁用物质的残留，这类残留应包括农药残留、重金属及污染物残留和转基因成分等。因此，本标准（规范）以附录 F 的形式，规定了稻谷相关风险项目的评估与检测要求。

【标准条款】

> **5.2.7 贮存要求**
>
> **5.2.7.1** 有机稻谷的贮存场所应有保证其不受禁用物质污染或防止有机与非有机混合的措施。条件允许的情况下，应设单独场所或单独仓位贮存。
>
> **5.2.7.2** 对有机稻谷贮存场所的有害生物防治，应符合 GB/T 19630.2 的要求。
>
> **5.2.7.3** 对贮存 3 年及以上的有机稻谷，应符合 GB 2762、GB 2763、GB/T 20569 对食用安全指标的要求。

【理解与应用】

本节对有机稻谷的贮存提出的要求进行了描述。

有机稻谷的贮存场所的清洁卫生是确保有机稻谷完整性的又一方面。在有机稻谷贮藏中，为防止有害生物（主要有老鼠、蚊蝇等，以及米象等贮粮害虫）的发生，应优先采取以下措施。

（1）消除有害生物的滋生条件。要定期清理贮存设施和仓库，保持贮存区内外环境的清洁，消除有害生物生存的条件。

（2）通过对温度、湿度、光照、空气等环境因素的控制，防止有害生物的繁殖。温度、湿度、光照、空气等方面的控制措施也是防治有害生物发生、繁殖和危害的有效手段，如低温冷藏、干燥保存、真空或密闭贮存等。现代仓储业在这方面积累了丰富经验，应尽量多采取这些措施来控制有害生物。

（3）允许使用机械类、信息素类、气味类、黏着性的捕害工具，以及物理障碍、硅藻土、声光电器具等，作为防治有害生物的设施或材料。

（4）有机稻谷的贮存场所应尽量有机专用，即单独贮藏有机稻谷，以免与常规稻谷造成混杂，影响有机完整性。如果没有条件将有机稻谷单独贮藏，也必须在清洁的仓库中划出专门的有机贮藏区域，与常规稻谷能明显区分开，并采取有机区域挂牌、有机稻谷使用特殊包装或标签等措施，确保工作人员能明显识别有机和常规稻谷，避免混杂或污染的发生。

稻谷是有生命的有机体，在贮藏过程中要进行缓慢的新陈代谢，同时，受微生物及贮藏条件的影响，稻米本身会发生一系列的生理变化，酸度增高、黏性下降、品质变劣，即人们所关注的稻米陈化。一般稻谷在贮藏 1 年后即出现不同程度的陈化。在糯、粳、籼 3 类稻谷中，糯谷陈化最快，粳谷次之，籼谷最慢。本标准要求对贮存 3 年及以上有机稻谷怀疑存在食用安全风险时，应按现行国家标准 GB/T 20569《稻谷储存品质判定规则》中的要求和国家粮食主管部门的特殊规定，开展相应的指标检测，以判断其食用的安全性。这些检测指标如下：①农药残留项目，包括杀虫剂（甲胺磷、乙酰甲胺磷、乐果、三唑磷、毒死蜱、噻嗪酮、吡虫啉、三唑酮、稻瘟灵、三环唑），除草剂（丁草胺、杀草丹、灭草松、禾大壮）；②重金属项目，包括镉（以 Cd 计）、铅（以 Pb 计）；③其他卫生安全项目，即黄曲霉毒素 B_1。

【标准条款】

5.3　质量控制管理要求

5.3.1　资源配置要求

5.3.1.1　有机水稻生产者应具备以下与生产规模和技术需求相适应的资源要素：

　　a) 应配备有机生产管理者，并具备 GB/T 19630.4—2011 中 4.3.2 规定的条件。

　　b) 应配备内部检查员，并具备 GB/T 19630.4—2011 中 4.3.3 规定的条件。

　　c) 应有合法的土地使用权和生产经营证明文件。

5.3.1.2　有机水稻生产者应配备与生产单元范围及生产技术应用相适应的、具备熟悉有机标准要求的技术及管理人员和稳定的直接从事有机水稻生产的种植者或从业人员。

5.3.1.3　有机水稻生产者应配置用于生产中全程质量控制管理需要的保障资金。

【理解与应用】

　　本节主要就有机水稻生产单元的主体在质量控制的管理上具体事项与操作方法提出了相关的要求。与本标准（规范）4.3 生产单元所描述的质量控制关键点中的内容相对应，配套解答了提出问题与解决问题的路径和方法。

　　在"资源配置要求"方面规定了如下 3 项内容。

　　1. 有机水稻生产者应具备与生产规模和技术需要相适应的 3 个资源要素，即配备管理者（代表）、内部检查员和具有合法资质证明文件

　　(1) 配备的有机生产管理者应具备的条件：①本单位的主要负责人之一；②了解国家相关的法律、法规及相关要求；③了解《有机产品》国家标准，以及本标准（规范）的要求；④具备农业生产和水稻生产的技术知识或经验；⑤熟悉本单位的有机生产、加工、经营管理体系及有机水稻生产过程。

　　(2) 配备的生产单元内部检查员应具备的条件：①了解国家相关的法律、法规及相关要求；②相对独立于被检查对象；③了解《有机产品》国家标准，以及本标准（规范）的要求；④具备农业生产和水稻生产的技术知识或经验；⑤熟悉本单位的有机生产、加工、经营管理体系及有机水稻生产过程。

　　同时，该内部检查员的职责是：①按照本标准（规范）和《有机产品》国家标准的相关要求，对本企业的管理体系进行检查，并对违反的内容提出修改意见；②按照本标准（规范）和《有机产品》国家标准的相关要求，对本企业有机水稻生产过程实施定期或定项目的内部检查，并形成记录；③如已申报有机产品认证，应配合认证机构的检查和认证。

　　(3) 具有合法的资质证明文件包括：土地合法使用权证书或当地政府主管部门的证明文书；土转流转（承包、租赁、代耕、合伙等）合法证明文书；有机水稻种植合同；水稻生产特种许可（种子繁育、植物防疫）和稻谷经营、卫生、环保等合法证明文书；取地下水资源许可证书（适用时）；特殊工种人员上岗资质证书等。

　　2. 有机水稻生产的主体应配备相适应的 3 支熟悉有机标准要求的人员团队（组）

　　(1) 技术人员，特别是较内行的技术应用把关骨干。

　　(2) 管理人员，特别是管理生产计划、生产设备、投入品采供、质量记录及内部检查的人员。

（3）种植人员，特别是土地种植、植保水管、农机具操作等人员。

3. 有机水稻生产的主体应配置用于生产中全程质量控制管理需要的保障资金

这类资金包括如下几类。

（1）生产投入品采购经费。

（2）新技术引进、应用与示范的经费。

（3）生产相关人员的工资与培训经费。

（4）生产设备及农机具的维护经费。

（5）新品种与抗风险及突发灾害的预备经费。

（6）产品质量和环境检测的经费。

（7）申报有机认证及接受检查与监管的经费等。

【标准条款】

> **5.3.2 生产单元控制**
>
> **5.3.2.1** 产地条件：有机水稻生产单元及地块应远离污染源（城区、工矿区、交通主干线、工业污染源、生活垃圾场等）。有清洁的水源及保证灌溉水不受禁用物质污染的排灌分设田间设施条件。
>
> **5.3.2.2** 缓冲带控制：有机水稻生产单元应有清楚、明确的地块边界，并设置了缓冲带或物理屏障。有机地块与常规地块的缓冲带距离应不少于8m。缓冲带上宜种植能明确区分或界定的作物，所种作物应按有机方式生产，但收获的产品只能按非有机产品处理。
>
> **5.3.2.3** 转换期控制：有机水稻的转换期至少为播种前的24个月。转换期内应建立和实施有机生产管理体系，并按照GB/T 19630.1的要求进行管理。
>
> **5.3.2.4** 内部质量管理控制：有机水稻生产单元按GB/T 19630.4的要求建立，并实施生产单元内部质量管理体系。该体系所形成的文件应包括但不限于以下内容：
>
> a）有机水稻生产管理手册。
>
> b）生产操作规程。
>
> c）相关生产记录体系。
>
> d）内部检查制度。
>
> e）持续改进要求。
>
> **5.3.2.5** 平行生产控制：在同一个有机水稻生产单元内，不应存在平行生产。

【理解与应用】

本节主要针对有机水稻生产单元实施主体的质量控制提出了以下5个范围的要求。

1. 产地条件

产地条件应具有以下三大地理优势。这些产地条件要求的目的是保证有机水稻按标准清洁生产。

（1）远离污染源，即远离城区、工矿区、交通主干线（高速公路、铁路、国道）、工业污染源（金属、冶炼、化工、砖窑、造纸、印染、洗涤、煤电、农药等），以及居住密集区和生活垃圾场。

（2）有清洁的水源并处于自流水源的上游。

（3）有机水稻生产单元内地块具有排灌分设的田间设施条件。

2. 缓冲带控制

应坚持做到以下 4 个要求。

（1）有机水稻生产单元必须设置缓冲带或物理屏障，不应随意改变。

（2）设置的缓冲带距离原则上不少于 8 米。这是参照国际有机农业运动联盟和食品法典委员会编制的 CAC/GL 32—1999《有机食品的生产、加工、标识和销售指南》的相关要求，并参考水稻生产中病虫草害防治试验的相关结果，是防止常规地块使用禁用物质后向有机地块漂移污染的合理距离，有机水稻生产者应予以把握。

（3）在缓冲带上宜种植能明确区分或界定的作物。这些作物可以是其他的一年生同生长期的粮食作物、豆科作物、果蔬作物等，也可以是多年生的植物。

（4）在缓冲带不论种植宜于区分的何种作物或植物，必须按有机方式生产与管理，并有农事记录，其收获的产品，都应按非有机产品处理，还需做好凭据。

3. 转换期控制

有机水稻不论一年内种植几茬，均属一年生作物，其转换期的时间在 GB/T 19630.1（5.1.1）中已作了明确规定。转换期控制的关键在于如何实施管理，确保有效度过转换期。这里需要强调把握好以下 3 个重点。

（1）转换期内的有机水稻生产必须不折不扣地按有机生产标准要求操作，包括对产地环境状况的管理、对使用投入品的管理、对病虫草害防治的管理、对收获过程的管理、对生产人员的管理、对农事记录及内部检查的管理，等等。

（2）时刻关注并监测自身转换期地块受周边常规生产使用禁用物质污染的状况，如已受污染，则需延长转换期。

（3）自身处在转换期的地块，如果非主观原因，使用了有机生产的禁用物质，应重新开始转换。除非发生 GB/T 19630.1 中 5.1.4 描述的这类情况：当地块使用的禁用物质是当地政府机构为处理某种病害或虫害而强制使用时，可以缩短 5.1.1 规定的转换期，但应关注施用产品中禁用物质的降解情况，确保在转换期结束之前，土壤中或多年生作物体内的残留达到非显著水平，所收获产品不应作为有机产品或有机转换产品销售。如生产中确有这种情况发生，有机水稻生产单元需保留或提供必要的凭据和记录。

4. 内部质量管理控制

内部质量管理控制体现在以下 3 方面。

（1）建立有机生产单元的质量管理文件体系，需编制的文件如下。

编制《有机水稻生产管理手册》，其内容应包括但不限于这些内容：①有机产品生产者的简介；②有机产品生产者的管理方针和目标；③管理组织机构图及其相关岗位的责任和权限；④有机标识的管理；⑤可追溯体系与产品召回；⑥内部检查；⑦文件和记录管理；⑧客户投诉的处理；⑨持续改进体系。

编制《有机水稻生产操作规程》，其内容至少应包括：①水稻及轮作作物种植生产技术规程；②防止有机生产过程中受禁用物质污染所采取的预防措施；③防止有机产品与非有机产品混杂所采取的措施；④稻谷产品收获规程；⑤收获后运输、加工、贮藏等各道工序的操作规程；⑥运输工具、机械设备及仓储设施的维护、清理清洁规程；⑦稻谷干燥处理场所卫生管理与有害生物控制规程；⑧标签及生产批号的管理规程；⑨员工福利和劳动保护规程。

编制《有机水稻生产相关记录体系》，其内容应包括但不限于：①生产单元的历史记录及使用禁用物质的时间及使用量；②种子、秧苗等繁殖材料的种类、来源、数量等信息；③肥料生产过程记录；④土壤培肥施用肥料的类型、数量、使用时间和地块；⑤病虫草害控制物质的名称、成分、使用原因、使用量和使用时间等；⑥所有生产投入品的台账记录（来源、购买数量、使用去向与数量、库存数量等）及购买单据；⑦水稻收获记录，包括品种、数量、收获日期、收获方式、生产批号等；⑧稻谷加工记录，包括干燥、入库、加工过程、包装、标识、贮藏、出库、运输记录等；⑨加工场所有害生物防治记录和加工、贮存、运输设施清理清洁记录；⑩销售记录及有机标识的使用管理记录；⑪培训记录；⑫内部检查记录，等等。

编制《有机水稻生产单元内部检查制度》，其内容至少应包括：①内部检查的目的、方法、内容；②内部检查的人员；③内部检查的考核验收。

编制《有机水稻生产单元持续改进要求》，其内容至少应包括：①持续改进的预防性措施；②持续改进的完善性措施；③持续改进的考核验收要求。

（2）对已制订的这些质量管理体系文件的有效性需开展阶段性确认，并确保有机水稻生产的涉及人员在使用时可获得适用文件的有效版本。

（3）对制订的有效版本系列文件能切实地得到有效应用、实施和保持，而不是将其束之高阁，成为一纸空文。

5. 平行生产控制

有机水稻的平行生产是指在同一生产单元中，同时生产相同或难以区分的有机、有机转换或常规水稻，或其他作物生产的情况。这种情况一方面对使用的投入品难以风险控制，另一方面收获的稻谷也易混杂，存在极大的质量安全风险。因此，有机水稻生产者必须坚决杜绝平行生产，坚持做好管控工作。

〰〰

【标准条款】

5.3.3 技术措施保障

5.3.3.1 有机水稻生产的技术措施应建立在已有的国家标准、行业标准、地方标准要求的标准化实施基础上，保证所应用的技术措施符合 GB/T 19630.1—2011 的要求。

5.3.3.2 有机水稻生产中的质量控制技术方法应用，应符合 5.2 的要求。

5.3.3.3 有机水稻生产中投入品的使用应符合 GB/T 19630—2011 标准要求及本规范附录A、附录B、附录C 的规定。

5.3.3.4 针对有机水稻品种特性要求，需采取特殊生产技术控制的，而国家标准、行业标准、地方标准中又未作要求，其采取的技术控制方式在不违背有机生产禁用物质使用原则下，有机水稻生产者的企业标准有明确规定的，可按企业标准执行。没有企业标准的，应制定并实施。

【理解与应用】

本节重点强调了有机水稻生产单元实施主体，在生产中的质量控制管理对技术措施应用保障上的 4 项原则要求。

（1）技术措施建立并应用的基础是已有国家标准、行业标准、地方标准明确要求的，或已实施推行了有机水稻生产标准化的，并保证应用的技术措施符合 GB/T 19630.1—2011 的要求，关键是在"保证"两字上落实。

（2）有机水稻生产中对质量控制技术方法的应用，应符合本标准（规范）5.2 规定的要求。因"5.2 生产过程技术应用"包括了 7 个方面要求，涵盖了有机水稻生产的全过程。对"5.2 生产过程技术应用"的解读，已在其"理解与应用"中作了描述。

（3）有机水稻生产中的投入品使用不仅应符合 GB/T 19630.1—2011 标准中的要求，而且还应符合本标准（规范）附录 A、附录 B、附录 C 的规定。本标准（规范）附录 A、附录 B、附录 C 均是针对水稻特点及其生产的有机方式而所列的允许使用投入品方面的要求。对此，可详见本书第七部分与第八部分附录 A、附录 B、附录 C 的理解与应用内容。

（4）针对有机水稻品种特性要求需采取特殊生产技术控制的，如抗病、抗虫、抗旱、抗倒伏、耐寒、耐盐碱或相反的特性等，往往在相关的国家标准、行业标准、地方标准中又对此未作要求的，那么，其采取的特殊技术控制方式或方法应在不违背有机生产禁用物质使用原则下，有机水稻生产者如已制定企业标准的，可按企业标准执行，没有企业标准，应予以制定并实施。这强调的是对有机水稻生产需要特殊技术控制的配套性，生产质量控制管理体系标准化的完整性。

❧❧❧

【标准条款】

> **5.3.4 可追溯体系健全**
>
> **5.3.4.1 记录要求：**
>
> a）有机水稻生产者应按 GB/T 19630.4—2011 中 4.2.6 的要求，建立并保持从水稻生产到收获、贮存过程的台账记录，以利本生产单元可追溯体系的有效实施。
>
> b）相关记录的表式宜自行制作，也可以采用附录 D 的表式。
>
> c）有机水稻生产者应对各类记录表开展实时填写，并由内部检查员审核。
>
> d）各类记录应至少保存 5 年。
>
> **5.3.4.2** 有机水稻生产者应建立可追溯体系，以及可追踪的生产批次号系统。对稻谷产品的召回和客户投诉也应制订制度或程序文件。
>
> **5.3.4.3** 有机水稻生产者应保留生产中使用的各种物料原始凭证票据和记录文件，内部检查员应对此开展定期检查。
>
> **5.3.4.4** 有机水稻生产者应建立纠正措施程序、预防措施程序，并记录持续改进生产管理体系的有效性。

【理解与应用】

建立健全有机产品生产的可追溯体系，是检验生产者是否按国家相关标准要求规范组织生产的诚信体现标志，更是有机生产"真抓实干""口说有凭"的行为。本节规定了有机水稻生产单元健全可追溯体系的 4 个方面要求。

1. 记录要求

本标准（规范）对此提出了如下 4 种相辅相承的做法。

（1）有机水稻生产者应按 GB/T 19630.4—2011 中 4.2.6 要求的相关内容，建立并保持有机水稻生产全过程各个环节的台账记录。这个全过程各环节台账记录的范围，在对本标准（规范）"5.3.2 生产单元控制"的"相关生产记录体系"解读中已经描述。

（2）相关记录的表式宜由有机水稻生产者根据自身运作的实际情况，结合申报有机产品认证中"认证机构"对此的要求自行制作。目前在全国范围尚无统一格式规定。为了有利于生产者操作，本标准（规范）的附录 D 专门编制了《有机水稻生产质量管理相关记录表式》，包括共 10 个种类 15 个表式，以供借鉴采用。

（3）相关的生产记录表应实时填写，这里排除了对记录表的"事后记录""回忆记录""集中记录""凭空记录"等不规范的做法，并且要求内部检查员对此负责并在记录表上签名确认。

（4）规定了各类记录的保存时间应至少 5 年，这与 GB/T 19630.4—2011 的要求一致。

2. 对有机水稻生产者提出了不仅应建立完善的可追溯体系，而且还应建立可追踪的生产批次号系统的要求

可追踪的生产批次号系统应体现在如下方面。

（1）生产批次号需有管理规程。

（2）需有编号或编码设置规则，生产地块、种植者、收获日期、出入库日期等应在编号或编码中予以体现。

（3）生产批次号需在相关记录表上有分段体现，稻谷产品销售时在包装上要标示生产批次号。

同时，作为可追踪体系的范围，还提出了对稻谷产品的召回和客户投诉应制订制度或程序文件的要求，并切实做好有问题稻谷产品召回和客户投诉（不论合理与否）的回应处理工作，以约束自己的产后销售行为。

3. 对有机水稻生产者提出了保留相关凭据的要求

（1）保存生产中使用的各种物料的原始采购凭证票据，这里包括：水稻种子、肥料、农药等投入品，地膜、农机具、农用器材、农用工具、实施种养结合或稻田轮作的物资、稻谷产品的包装器具或材料，以及用于稻谷晾晒、烘干、仓贮等场所的运输设备和卫生设施与器材等的物料采购凭据原件或复印件。

（2）所有采购的物料数量、规格等应与出入库及使用消耗记录保持一致。

（3）内部检查员应对此开展生产期内至少 2 次或 2 次以上的定期检查，并有检查的相关记录。

4. 对有机水稻生产者提出了在可追踪体系中应建立纠正措施、预防措施两大程序文件的要求

（1）纠正措施是对自身在实施有机水稻生产单元的质量控制管理体系中已发现的存在一般不符合项问题（如生产中实时发生，或通过内部检查、内部审核、有机认证现场检查等环节发现），有针对性制订纠正措施，使这些问题得以立即整改，并使今后的全过程管理得到加强。

（2）预防措施是对自身在实施有机水稻生产单元的质量控制管理体系中尚未发生，但自我发现在某些环节的管理上存在缺项或不完善，或存在风险隐患，或见证过外单位经验

教训等，主动在事前加以制订预防措施，以预先堵住漏洞，防止这类问题的发生。其重要性在于确保有机生产单元质量管理体系实施的持续有效。

同时，本标准（规范）要求这些纠正措施、预防措施制订和程序的建立与实施应有记录，做到有案可查。

～～～～～～～～～～～～～～～～～～～～～～～～～～～～～～～～～～～～～

【标准条款】

5.3.5　建立预警机制

5.3.5.1　有机水稻生产者应建立有可能违背 GB/T 19630.1 要求的产地环境污染监控、病虫害测报与防治等事件或要素的风险预警防范机制，并在管理者中明确有专人从事此项工作。

5.3.5.2　应建立相关的措施，保证在本规范第 5 章及第 6 章中涉及的内容在发生变化时得到有效控制。

5.3.5.3　有机水稻生产者应通过适当的方式，对管理者、技术人员和种植者、农户或从业人员开展必要的生产风险预警与质量控制教育培训，降低质量风险存在可能，并做相关记录。

【理解与应用】

本节提出了在有机水稻生产单元的"质量控制管理要求"中建立预警机制的 3 项要求。这是因为有机水稻生产全程各个环节会存在较多的质量控制风险，有些风险控制的难度还较大，因此，建立预警机制十分必要。这也是本标准（规范）编制的明显特点之一。

（1）有机水稻生产者建立风险预警机制针对的重点是产地环境质量不可持续保证和水稻生产中病虫害防治不符合规范性要求等。因此，在产地环境质量污染的监控上要有风险控制防范机制。做到自身在生产上不违背 GB/T 19630.1—2011 标准的要求，不发生随意污染产地环境的行为；同时，应加强对周边有可能对产地环境质量造成侵害的污染源或漂移污染现象监测，以消除潜在污染风险。在有机水稻的生产中对病虫害的防治管理同样要有风险控制防范机制，要做到对生产单元地块相关生长季节的病虫害发生有测报、有监测，做好前期的预防措施；在发生病虫害进行防治时，做到采用相应的技术方法得当，必须使用药剂等物质防治的，药剂选择要对路，其使用时间、频次、浓度、比例等应有针对性；对技术方法的应用和药剂等物质的使用效果或带来的不利后果，应有跟踪评价或消除不利后果的措施等。同时，还规定在有机水稻生产单元的管理者中，要有专人分工管理从事风险预警机制的建立与实施工作，落实有机水稻生产单元质量控制过程中，保证有人对此担责。

（2）有机水稻生产者建立风险预警机制的目标是：建立与不断完善与风险预警机制配套的相关措施，这些措施应包括风险分析、预防、处置及管理、警示等，最终目的在于保证有机生产单元在本标准（规范）第 5 章和第 6 章涉及的内容发生变化时能有效地预防风险、控制风险、化解风险。

（3）有机水稻生产者（管理者）应对自身的相关人员（管理人员、技术人员、生产人员、辅助人员等）开展生产风险预警与质量控制的教育培训。这是因为：生产风险控制和质量管理控制的关键在人，需要生产一线人员实施落实。如只是强调建立机制和措施，对生产一线人员不宣贯，他们就不了解相关要求，谈何降低生产风险？谈何预警防范？谈何质量控制？另外，本标准（规范）还规定了有机水稻生产管理者对相关教育培训情况应作记录。

第六部分 ▊▍▍▍
《有机水稻生产质量控制技术规范》
"风险管理控制的应急措施"的
理解与应用

本部分主要对有机水稻生产过程出现的有些不可避免的、不可逃避的、不可逆转的风险、因素、风险事例，从质量管理控制的角度，提出了采取应急措施。

【标准条款】

> **6 应急措施**
>
> **6.1** 当有机水稻生产单元的全部或部分地块，因周边环境条件发生变化，如周边水系污染、禁用物质漂移等造成污染时，有机生产者应开展相关监测，采取防治污染的措施，产出的稻谷应作常规稻谷处理。
>
> **6.2** 因生产中生产者非主观故意使用了禁用物质，或使用的投入品中检出了有机生产中禁用物质的残留等，其产出的稻谷应作常规稻谷处理。
>
> **6.3** 在水稻生长季节，因遭遇自然灾害或稻田病虫害频发、高发，被当地政府机构强制使用禁用物质时，有机水稻生产者应按 GB/T 19630.1 规定做好各项善后处理。

【理解与应用】

本节针对有机水稻生产过程中，因其生长的特点，或产区环境条件的变化，或自然灾害发生，或病虫害严重暴发，或质量体系运行中非主观意愿而发生的 3 种特殊情况，规定了应急处理的措施。而采取的这些措施，均是以 GB/T 19630.1—2011 标准中 5.1 至 5.8 和 5.11 的相关条款提及的要求为基础而作出的规定。这一规定也是本标准（规范）的重要特点之一。

1. 因生产单元周边环境条件发生变化的应急处理

这个变化主要是：① 受到了灌溉水系的污染，当然也包括大气的污染和土壤的污染；② 禁用物质使用的漂移污染，包括使用化学投入品中的化学物质污染、含有转基因成分物质污染和重金属污染；③ 其他对产地环境条件发生变化有危害的相关物质使用等。对于这 3 种情况，通常其发生的表现有：第一种为产地条件及环境状况变化，主要是有机稻田灌溉水系上游受农田化学物质使用污染，或产地周边缓冲带以外常规生产地块大气受工业排放污染、土壤因倾倒工业废料与城市垃圾而污染等。第二种为有机水稻生产单元被周边喷洒化学肥料、化学农药，或飞机喷洒防病控虫化学物质，或工业排放带有重金属的粉尘，或大功率工厂烟囱排放等的漂移污染等。第三种为有机水稻生产单元周边焚烧秸秆，或建筑工地倾倒渣土废料等造成的污染等。作为有机水稻生产者对全部或部分地块均应开展相关的实时或定期监测，并采取有效防治或消除这些污染的必要措施。这些措施包括取证制止、取样化验、分析受污染的程度等。对于因受到污染所产出的稻谷，应该主动地作为常规稻谷处理，并有记录和凭据。

2. 因有机水稻生产单元的生产和从业人员非主观故意（需有相关的凭据或证明）而发生的应急处理

有机水稻生产者若发现在生产中非主观意愿使用了禁用物质，或已使用的生产投入品中经送检或抽检，有检出禁用物质残留（含化学农药残留，除草剂残留，转基因生物成分，具有致癌、致畸、致突变和神经毒性的物质作为助剂等）的状况时（凭合法的检测报告），有机水稻生产者不仅应对所产的稻谷作常规稻谷处理，而且还应将其纳入质量管理体系风险控制的纠正措施来管控。目前，随着我国对农产品质量安全的日益重视，国家对产品的检验监测体系的考核要求也越来越高，对有机产品中禁用物质残留的检测分析水平已与国际接轨，检测评判禁用物质残留已具较高水平。

3. 对遇自然灾害或控制病虫害暴发采取政府行为后的应急处理

在有机水稻生长的季节中，会遭遇强风、台风、暴雨、冰雹、雪霜、洪涝、干旱等自然灾害或相关区域性病虫害频发、高发等侵害。如在高温高湿季节，会暴发稻瘟病、稻曲病、纹枯病等；在台风、洪涝时会暴发稻飞虱、稻蝗虫等虫害。当区域性病虫害发生需控制时，当地政府机构为抗灾或处理某种病害和虫害而强制推行并统一使用相关禁用物质的情况时，为保障有机水稻生产单元仍有相应的收成，并控制危害的蔓延，有机水稻生产者则应按 GB/T 19630.1—2011 标准中 5.1.4 和 5.11 的规定做好各项善后处理工作。必须依照本标准（规范）的要求，坚持做到：①关注施用后在土壤、水稻植株或产品中禁用物质的降解和残留情况，是否达到非显著水平（应理解为相关国家标准规定的指标安全值以内）；②所收获的稻谷不应作为有机产品或有机转换产品销售。换言之，如已申请当年有机产品认证或再认证，就需在有机产品认证标准要求上重新转入转换期生产。

第七部分 ■■■

《有机水稻生产质量控制技术规范》
规范性附录的理解与应用

本部分"规范性附录A、附录B"是根据有机水稻生产特点以及对生产质量管理规范性要求而创新编制的，主要提出了适宜有机水稻生长特性需要、又符合GB/T 19630.1附录A要求而筛选的物质名称、组分和要求、适用与使用条件等。这两个规范性附录所纳入的物质，对有机水稻生产中的关系重大，因此，对此作出比较具体的解释非常重要。作为本标准（规范）的规范性附录，其在应用中带有一定的强制性。

【标准附录】

附 录 A

（规范性附录）

有机水稻生产中允许使用的土壤培肥和改良物质

有机水稻生产中允许使用的土壤培肥和改良物质见表A.1。

表A.1 允许使用的土壤培肥和改良物质

物质类别	物质名称、组分和要求	主要适用与使用条件
I. 植物和动物来源	植物材料（如作物秸秆、绿肥、稻壳及副产品）	补充土壤肥力 非转基因植物材料
	畜禽粪便及其堆肥（包括圈肥）	补充土壤肥力 集约化养殖场粪便慎用
	畜禽粪便和植物材料的厌氧发酵产品（沼肥）	补充土壤肥力
	海草或物理方法生产的海草产品	补充土壤肥力 仅直接通过下列途径获得：物理过程，包括脱水、冷冻和研磨；用水或酸和/或碱溶液提取；发酵
	来自未经化学处理木材的木料、树皮、锯屑、刨花、木灰、木炭及腐殖酸物质	补充土壤肥力 地面覆盖或堆制后作为有机肥源
	动物来源的副产品（如肉粉、骨粉、血粉、蹄粉、角粉、皮毛、羽毛和毛发粉、鱼粉、牛奶及奶制品等）	补充土壤肥力 未添加禁用物质，经过堆制或发酵处理
	不含合成添加剂的食品工业副产品	补充土壤肥力 经堆制并充分腐熟后

（续表）

物 质 类 别	物质名称、组分和要求	主要适用与使用条件
I. 植物和动物来源	蘑菇培养废料和蚯蚓培养基质的堆肥	补充土壤肥力 培养基的初始原料限于本附录中的产品，经堆制并充分腐熟后
	草木灰、稻草灰、木炭、泥炭	补充土壤肥力 作为薪柴燃烧后的产品，不得露天焚烧
	饼粕、饼粉	补充土壤肥力 不能使用经化学方法加工的 非转基因
	食品工业副产品	补充土壤肥力 经过堆制或发酵处理
II. 矿物来源	磷矿石	补充土壤肥力 天然来源，未经化学处理，五氧化二磷中镉含量小于等于90mg/kg
	钾矿粉	补充土壤肥力 天然来源，未经化学方法浓缩。氯的含量少于60%
	硼砂、石灰石、石膏和白垩、黏土（如珍珠岩、蛭石等）、硫黄、镁矿粉	补充土壤肥力 天然来源、未经化学处理、未添加化学合成物质
III. 微生物来源	可生物降解的微生物加工副产品，如酿酒和蒸馏酒行业的加工副产品	补充土壤肥力 未添加化学合成物质
	天然存在的微生物提取物	补充土壤肥力 未添加化学合成物质

【理解与应用】

本附录A是一种规范性的文件，带有一定的强制性，供有机产品生产者在选择土壤培肥和改良物质时参考使用。该附录根据有机水稻生产中有针对性的需要，选择了3种来源中的相关名称组分等，描述了对保持土壤肥力、维护稻田生态有作用的一些土壤培肥和改良土壤性能的物质要求及主要适用与使用条件，在有机水稻生产过程中应优先选择使用。这些物质的选用与GB/T 19630.1—2011附录A表A.1的规定相一致，有以下3方面要求应当把关。

（1）该物质来自植物、动物、微生物或矿物，并经过物理（机械、热）、酶、微生物（堆肥、消化）处理。经过化学处理是不允许的。

（2）经过可靠的试验数据证明该物质的使用应不会导致或产生对环境不能接受的影响或污染，包括对土壤微生物、土壤质地结构、生态环境和作物生长的影响。含有转基因成分的物质，对生态环境会产生影响，是不允许使用的，因此，采用非本有机生产系统获得的物质应特别给予关注，确保没有转基因成分、农兽药残留和其他污染物。

（3）该物质的使用不应对最终产品的质量和食用安全性产生不可接受的影响。因此，对植物源物质，要关注富集带来的重金属污染；对动物源物质，尤其是来自于集约化养殖场，要关注兽药使用带来的药物和重金属污染。

【附录条款】

> Ⅰ. 植物和动物来源：植物材料（如作物秸秆、绿肥、稻壳及副产品）

【理解与应用】

植物材料含有机质较高，不同产品含有营养成分不同，可提供一定量的作物生长所需要的养分，如豆科秸秆提供氮。植物材料还可以改善土壤的理化性能，保持水稻生长生态较好的物质。植物材料首选是来自于本有机生产系统的，秸秆及作物副产品可以是当季生产的，也可是轮作生产的，绿肥是轮作生产的。

秸秆及作物副产品一般是堆沤还田（堆肥、沤肥、沼肥）和直接还田，使用这些物质要考虑两方面问题：一是植物腐熟会产生一定量的酸，对作物生长有危害，考虑搭配一些碱性肥料进行调酸，或采用秸秆深耕还田技术等减少耕作层酸化带来的副作用；二是病虫害传染下一茬作物，要因地制宜，通过去除病虫害明显的秸秆和充分腐熟等手段达到控制效果。

我国绿肥作物主要有紫云英、苕子、紫花苜蓿、草木樨、蚕豆等 20 余种。绿肥作物有机质丰富，含有氮、磷、钾和多种微量元素等养分，它分解快，肥效迅速，也能改善土壤结构，提高土壤的保水保肥和供肥能力。绿肥的施用应视绿肥种类、气候特点、土壤肥力的情况和作物对养分的需要而定，一般亩施 1 000 ~ 1 500 千克鲜绿肥基本能满足作物的需要，施用量过大，可能造成作物后期贪青迟熟。

值得关注的是稻壳及副产品利用问题。来自于有机水稻生产体系内，则可以放心使用；来自于有机水稻生产体系外的有机稻壳或副产品也可以放心使用；来自于非有机生产体系的，则需慎用。尤其来自于重金属富集的水稻产区的，则应不允许使用为妥。

【附录条款】

> Ⅰ. 植物和动物来源：畜禽粪便及其堆肥（包括圈肥）；畜禽粪便和植物材料的厌氧发酵产品（沼肥）

【理解与应用】

畜禽粪便含量较高的氮、磷、钾等植物需要的营养成分，是首选的生物有机肥。畜禽粪便直接使用也存在两方面问题，一是 C/N 比值大，腐化过程对作物产生伤害；二是含有病原菌，尤其是人畜共患病。因此，要经过贮存、腐熟等无害化处理，方可作基肥、追肥使用。购买的商品畜禽类粪便，在经过微生物处理过，可按说明书使用。

畜禽粪便最好是经过堆（沤）肥后使用，肥力的效果会更好。堆（沤）肥是以秸秆、落叶、杂草等植物性物料，与畜禽粪便、细土堆（沤）制而成。堆肥按原料的不同，分高温堆肥和普通堆肥。高温堆肥以纤维含量较高的植物物质为主要原料，在通气条件下堆制发酵，产生大量热量，堆内温度高（50～60℃），因而腐熟快，堆制快，养分含量高。高温发酵过程中能杀死其中的病菌、虫卵和杂草种子。普通堆肥一般掺入较多泥土，发酵温度低，腐熟过程慢，堆制时间长。堆制中使养分化学组成改变，碳氮比值降低，能被植物直接吸收的矿质营养成分增多，并形成腐殖质。沤肥是作物茎秆、绿肥、杂草等植物性物质与河、塘泥及畜禽粪便同置于积水坑中，经微生物嫌气发酵而成的肥料。一般作基肥施入稻田。沤肥可分凼肥和草塘泥两类。凼肥可随时积制，草塘泥则在冬春季节积制。积制时要防止缺氧，应翻塘和添加绿肥及适量人粪尿、石灰等，以补充氧气、降低碳氮比值、改善微生物的营养状况，加速腐熟。

圈肥也称厩肥，是家畜粪尿和垫圈材料、饲料残茬混合堆积并经微生物作用而成的肥料。各种畜粪尿中，以羊粪的氮、磷、钾含量高，猪粪、马粪次之，牛粪最低；排泄量则牛粪最多，猪粪、马粪类次之，羊粪最少。垫圈材料有秸秆、杂草、落叶、泥炭和干土等。厩肥分圈内积制（将垫圈材料直接撒入圈舍内吸收粪尿）和圈外积制（将牲畜粪尿清出圈舍外与垫圈材料逐层堆积）。经嫌气分解腐熟。在积制期间，其化学组分受微生物的作用而发生变化。厩肥的作用：①提供植物养分。包括必需的大量元素氮、磷、钾、钙、镁、硫，以及微量元素铁、锰、硼、锌、钼、铜等无机养分；氨基酸、酰胺、核酸等有机养分和活性物质（如维生素 B_1、维生素 B_6 等），保持养分的相对平衡。②提高土壤养分的有效性。厩肥中含大量微生物及各种酶（蛋白酶、脲酶、磷酸化酶），促使有机态氮、磷变为无机态，供作物吸收，并能使土壤中钙、镁、铁、铝等形成稳定络合物，减少对磷的固定，提高有效磷含量。③改良土壤结构。腐殖质胶体促进土壤团粒结构形成，降低容重，提高土壤的通透性，协调水、气矛盾，还能提高土壤的缓冲性和改良矿毒田。④培肥地力，提高土壤的保肥、保水力。厩肥腐熟后主要作基肥用。新鲜厩肥的养分多为有机态，碳氮比（C/N）值大，不宜直接施用，尤其不能直接施入有机水稻田。

厌氧发酵的肥料，常见的是沼肥。将作物秸秆、青草和家畜粪尿等在密闭的沼气池中经微生物厌氧发酵制取沼气后所剩的残渣和肥液，富含有机质和必需的营养元素。沼气发酵慢，有机质消耗较少，氮、磷、钾损失少，氮素回收率达95%，钾回收率在90%以上。沼气水肥作旱地追肥；渣肥作水田基肥，若作旱地基肥施后应覆土。沼气肥出池后应堆放数日后再用。2014 年，农业部已发布了 NY/T 2596—2014《沼肥》标准。

【附录条款】

> Ⅰ. 植物和动物来源：海草或物理方法生产的海草产品

【理解与应用】

海草含有较丰富的有机物，曾被用于改良沙土的肥料。海藻肥料就是以这些海藻如海带、马尾藻、石莼、浒苔等作为主要原料。海藻肥的主要成分是从海藻中提取的有利于植物生长发育的天然生物活性物质和矿质营养元素，如海藻酸、藻朊酸钠、海藻多糖、赤霉素、醌基和多酚、甘露醇、甜菜碱、高度不饱和脂肪酸等多种具有较高生物活性的天然植物生长调节剂以及钾、钙、镁、锌、碘等40 余种矿物质元素和丰富的维生素。这些营养成分可刺激植物体内非特异性活性因子的产生，调节内源激素平衡，在不同作物及作物的不同阶段具有不同的调节作用。因此，在有机水稻生产上使用，会有良好的效果。

海藻酸可以降低水的表面张力，在植物表面形成一层薄膜，增大接触面积，使水溶性物质比较容易透过茎叶表面细胞膜进入植物细胞，使植物有效地吸收海藻提取液中的营养成分。

藻朊酸钠，又名海藻酸钠，是天然土壤调理剂。它能促进土壤团粒结构的形成，改善土壤内部孔隙空间，协调土壤中固、液、气三者比例，恢复由于土壤负担过重和化学污染而失去的天然胶质平衡，增加土壤生物活动，具有提高肥力和减轻农药、化肥等有害物质对土壤污染的作用，有利于根系生长，提高作物的抗逆性。

海藻多糖不仅能螯合重金属离子，而且能增加土壤透气能力，这种土壤空调作用使土壤不易被风、水等侵蚀流失，其独有的抗逆性大大减少了农药的施用量。

醌基和多酚结合腐殖酸盐参与农作物的氧化还原反应，显著提高糖转化酶活性及含磷有机化合物的合成，使瓜、果、菜等含糖量大幅度提高，还可延长花期 40 天左右，延长瓜果存放期 10～30 天。

甘露醇能大大增加农作物吸水保水能力和叶绿素含量，能使叶面积增加10%以上。调节细胞的渗透压，增强抗旱抗寒抗盐碱能力，保护植物体内的活性酶。

为了保护海草的活性成分，海草肥料不能采用堆沤肥的方法获得，主要采用提取和定向发酵的方法。如提取方法所用的试剂会带来环境污染，是有机生产不允许的。要求是采用无害方法获得，如脱水、冷冻干燥、研磨等物理方法处理，或用水、酸或碱溶液提取，或发酵。

【附录条款】

Ⅰ.植物和动物来源：来自未经化学处理木材的木料、树皮、锯屑、刨花、木灰、木炭及腐殖酸物质

【理解与应用】

为增强木材的抗降解能力、抗虫害和耐腐蚀性能，提高其阻燃性和尺寸稳定性，延长使用寿命，减少资源浪费，对木材进行化学处理是受到提倡和推广应用的。化学处理木材的方法很多，主要是处理纤维素、半纤维素和木素上的游离羟基键，形成醚键、酯键和缩醛联结。因此，所用的化学试剂对人体是有害的。为防止这些化学试剂向食物链迁移，经化学处理木料的副产品是禁止在有机生产上使用。从处理工艺看，一般先对木料进行处理成半成品后，才进行化学处理的。在购买时应先了解清楚这些材料的来源、生产商、处理所用的药剂等。

木料、树皮、锯屑、刨花等木材的下脚料也属于植物材料，在有机水稻生产上，主要是经过堆沤或发酵处理后，作为肥料使用。在轮作旱作作物时，可以用于地面覆盖，达到提高地温和抑制杂草生长的功效。

木灰、木炭主要作有是调理土壤、改善土壤结构和 pH 值，其含有大量的矿物元素，也是水稻生长的营养物质。

【附录条款】

> Ⅰ. 植物和动物来源：动物来源的副产品（如肉粉、骨粉、血粉、蹄粉、角粉、毛皮、羽毛和毛发粉、鱼粉、牛奶及奶制品等）

【理解与应用】

动物来源的副产品，含有丰富的氮、磷、钾，是有机肥的重要来源之一。动物来源副产品，有 3 种来源：一是屠宰场的下脚料；二是皮毛加工场的下脚料或废料；三是商品销售用于肥料。由于这些副产品的有机物含量高，植物难于直接吸收，应当进行堆沤后使用。堆（沤）制时，应当适当掺入一些秸秆等植物材料和细土，提高肥效。皮毛加工场下脚料或废料，一般是经过处理了，掺有皮毛处理剂，原则上是不能用于有机生产。商品销售用于肥料，应按说明书进行操作，如是否需要进一步堆沤，用量、使用方法等问题。此外，要了解生产原料的来源，如来源于皮革工业加工等，经过化学处理工艺的废料制成的，不能使用。

从产品安全角度，动物源副产品带来的病原微生物、抗生素、重金属，以及加工过程使用的添加剂，涉及有机水稻生产的禁用物质等，使用者应当尽可能了解产品信息。

【附录条款】

> Ⅰ. 植物和动物来源：不含合成添加剂的食品工业副产品

【理解与应用】

食品工业副产品，主要是动物源和植物源产品，经加工后剩下的下脚料、废料或残渣，这些产品含有大量的有机质、氮、磷、钾等，有利于作物生长。但 C/N 过高，要经过堆沤后方可使用。堆沤时，要了解产品的来源、主要成分等信息，如果植物源材料含量较高，应适当添加畜禽粪便进行堆（沤）制。食品添加剂在食品工业中广泛使用，从生物材料提取制备的添加剂，有机生产是允许使用的。合成添加剂是不允许使用的，甚至会有一些违规使用禁用的添加剂或工业原料，这些物质降解期长，会在稻田形成长期的污染。因此，含有合成添加剂的食品工业副产品是不允许在有机水稻生产中使用。

【附录条款】

> Ⅰ. 植物和动物来源：蘑菇培养废料和蚯蚓培养基质的堆肥

【理解与应用】

蘑菇培养基质，在这里泛指食用菌的培养基质，主要是植物材料，如棉籽壳、木屑、玉米芯、稻草、稻壳等，培养后的废料中含有食用菌的菌丝体、分泌物等，含有食用菌特有的蛋白质、多糖物质等，可改善土壤营养和稻田生态。

蚯蚓培养基质中主要是蚯蚓粪、土和蚯蚓没有吃完的腐殖质。植物营养元素丰富，全氮 0.95%~2.5%、全磷 1.1%~2.9%、全钾 0.96%~2.2%、有机质 25%~38%、腐殖质 21%~40%。一般畜禽粪便呈碱性，而大多数植物喜好的生长介质偏酸（pH 值 6~6.5），在蚯蚓消化过程中，使废弃物的 pH 值降低，趋于中性（pH 值 6.8~7.1）。蚓粪中富含细菌、放线菌和真菌（2 000 万~2 亿个/克），这些微生物不仅使复杂物质转化为植物易于吸收的有效物质，而且还合成一系列有生物活性的物质，如糖、氨基酸、维生素等，这些物质的产生使蚓粪具有许多特殊性质。

由于可用于食用菌和蚯蚓的培养基质较多，也可能含有农药残留，或合成添加剂、重金属等有害物质，实施时要对必要的信息进行了解。

【附录条款】

> Ⅰ. 植物和动物来源：草木灰、稻草灰、木炭、泥炭

【理解与应用】

因草木灰为植物燃烧后的灰烬，所以是凡植物所含的矿质元素，草木灰中几乎都含有。其中，含量最多的是钾元素，一般含钾 6%~12%，其中 90% 以上是水溶性，以碳酸盐形式存在；其次是磷，一般含 1.5%~3%；此外，还含有钙、镁、硅、硫和铁、锰、铜、锌、硼、钼等微量营养元素。不同植物的灰分，其养分含量不同，以向日葵秸秆的含钾量为最高，在等钾量施用草木灰时，肥效好于化学钾肥。所以，草木灰是一种来源广泛、成本低廉、养分齐全、肥效明显的无机农家肥。此外，草木灰还具有很强的杀灭病原菌及病毒的作用，其效果与常用的强效消毒药烧碱相似。稻草灰和木炭均是植物材料燃烧后的产物，成分和功效与草木灰相当。

泥炭，又称为草炭、泥炭土、黑土、泥煤，也是腐殖煤系列最原始的状态。泥炭中的有机质主要是纤维素、半纤维素、木质素、腐殖酸、沥青物质等。泥炭中腐殖酸含量常为 10%~30%，高者可达 70% 以上。泥炭中的无机物主要是黏土、石英和其他矿物杂质。泥炭在提高农业产品数量和质量方面越来越获得高度评价，以作为有机肥料在农业生产的效益和发展前景被充分肯定。

草木灰、稻草灰、木炭、泥炭等碳化或半碳化产品，改良土壤的功效大于提供肥料，除钾含量相对高些，其他营养成分较少。因此，在有机水稻生产中使用时要搭配一些畜禽粪便肥料。

【附录条款】

> Ⅰ. 植物和动物来源：饼粕、饼粉

【理解与应用】

饼粕、饼粉都是油料作物（花生、油菜籽、棉籽、茶花籽、大豆等）榨油或提取油后的副产品，蛋白质含量很高，多数转化为饲料，也有部分通过堆沤转化为肥料，其含氮、磷成分较高。

饼粕、饼粉肥料的使用，应注意安全性问题。一是转基因产品，尤其转基因大豆主要用于生产油料，豆粕含转基因成分风险很大。对于玉米，虽然我国没有批准转基因玉米进口，但也要防止其风险；二是压榨油的副产品可用于有机水稻生产，溶剂浸提工艺的副产品含有化学成分，不能用于有机水稻生产；三是花生、油菜对镉有一定的吸收积累能力，其饼粕、饼粉用于有机水稻生产应有相应的检测把关。

【附录条款】

> Ⅱ. 矿物来源：磷矿石

【理解与应用】

磷矿石多产于沉积岩，也有产于变质岩和火成岩，除个别情况外，矿物中的磷总是以正磷酸盐形态存在，磷的主要矿物为磷灰石。磷灰石根据所含化学成分的不同，常分为：碳氟磷灰石 $3Ca_3(PO_4) \cdot 2CaF_2$、氟磷灰石 $3Ca_3(PO_4) \cdot 2CaF_2$、氯磷灰石 $3Ca_3(PO_4) \cdot 2CaCl_2$、氢氧磷灰石 $Ca_5(PO4)_3OH$、碳磷灰石 $Ca_{10}(PO_4)_6(CO_3)$。此外，磷矿石根据来源不同，会伴生稀土、镉、铅等元素。

磷矿石主要用于增加土壤磷含量，用作磷肥。在有机水稻生产中可以作为土肥调节使用，但使用前应监测镉含量，并控制使用。

【附录条款】

> Ⅱ. 矿物来源：钾矿粉

【理解与应用】

固态钾矿分为水溶性钾矿（即钾盐矿以及光卤石、硬盐、钾盐镁矾等）和非水溶性钾矿。非水溶性钾矿包括明矾石矿、钾长石矿、含钾砂页岩、霞石矿、海绿石砂岩、伊利石黏土岩等，统称含钾岩石，均属硅酸盐类含钾矿物，如用制钾肥需将硅酸钾转变成水溶性钾，工艺过程复杂，生产成本高，故当前除明矾石矿正在综合开发利用外，其余含钾岩石尚未进行正规开发。

目前钾矿粉主要用长石制成，含有钙、钠、镁、铝等元素，可配合菌肥在有机水稻生产上调节使用，使钾从硅酸盐中解脱，提高肥效。钾矿伴生铝，如轮作小麦时要控制使用。

【附录条款】

Ⅱ. 矿物来源：硼砂、石灰石、石膏和白垩、黏土（如珍珠岩、蛭石等）、硫黄、镁矿粉

【理解与应用】

硼砂、石灰石、石膏和白垩、黏土（如珍珠岩、蛭石等）、硫黄、镁矿粉等矿物氮、磷、钾含量较低，不提供植物营养，主要作用是改良土壤质地、土壤消毒、杀虫和杀杂草种子。因此，使用前要了解用途、用量、方法，如使用不当会对水稻生长有害，损坏稻田土壤生态。天然矿石会伴生一些重金属，不宜长期使用。

硼砂是含有 10 个水分子的四硼酸钠，可以灭菌、消毒，也可用于除草剂，在非耕作区灭生性除草。

石灰石和白垩主要成分是碳酸钙，化学式是 $CaCO_3$，它基本上并不溶于水。石灰岩是以碳酸钙为主要成分的矿物，质硬，包括白善土（俗称白土子）、霰石、方解石、白垩、石灰岩等。农田土壤中施用熟石灰可中和土壤酸性、改善土壤结构、供给植物所需的钙素。用石灰浆刷树干，可保护树木。

石膏是天然二水石膏（$CaSO_4 \cdot 2H_2O$），主要成分常有黏土、有机质等混入物。有时含 SiO_2、Al_2O_3、Fe_2O_3、MgO、CO_2、Cl 等杂质。石膏的主要用途是作为土壤改良剂，用于改良碱土。土壤溶液中含有碳酸钠和重碳酸钠，土壤胶体上含有交换性钠，都会使土壤呈强碱性反应，pH 值可达 9 以上，土壤黏重，通透性差，严重影响作物生长。石膏改良碱性土的原理在于，石膏的主要成分为硫酸钙，可与土壤溶液中的碳酸钠和重碳酸钠作用，生成易溶于水的硫酸钠，可通过灌溉洗盐，随水淋洗掉，从而消除耕层土壤的碱性，达到改良土壤的目的。

黏土，是颗粒非常小的可塑的硅酸铝盐。除了铝外，黏土还包含少量镁、铁、钠、钾和钙，是一种重要的矿物原料，由多种水合硅酸盐和一定量的氧化铝、碱金属氧化物、碱土金属氧化物组成，并含有石英、长石、云母、硫酸盐、硫化物、碳酸盐等杂质。黏土的保水性能较好，用于改良沙性土壤，与肥料混合可以减缓肥料的释放速度。

硫黄主要含单质硫 S_8，尚有少量钙、铁、铝、镁和微量硒、碲等元素，硫在农业上用作杀虫剂，如石硫合剂。硫黄具有杀虫、杀螨和杀菌作用，它对白粉菌科的真菌孢子具有选择毒性，因此多年来用做该科病害的保护性杀菌剂。硫黄对螨类也有选择毒性，所以也常用于杀螨。

镁矿主要是白云岩、菱镁矿、水镁石和橄榄石，主要成分分别是 $CaMg(CO_3)_2$、$MgCO_3$、$Mg(OH)_2$ 和 Mg_2SiO_4。菱镁矿和水镁矿主要用于提取镁、制造玻璃等工业用途。橄榄石主要是用作装饰品。白云石可以用作土壤酸度的中和剂，亦可中和因使用尿素一类肥料而造成的酸性，使农作物增产。白云岩主要用作酸性土壤的中和剂，使用它能补偿由于农作物吸收而带来的土壤中钙和镁的损失，施用白云岩可使农作物增产 15% ~ 40%。方解石质白云石经处理后制成农用石灰，可作为农药来防治害虫。

【附录条款】

Ⅲ. 微生物来源：可生物降解的微生物加工副产品，如酿酒和蒸馏酒行业的加工副产品

【理解与应用】

微生物加工产品广泛存在，在食品中主要用于酿造、酱腌。在工业上也有广泛的用途，如化工、净化等。可生物降解的微生物加工，是指原料为动植物材料的食品加工。微生物工业副产品含有有害物质以及一些难于降解的化学物质，会对作物和农田生态环境产生长期影响，不宜在农业上使用。

食品微生物加工副产品，含有大量的蛋白质和益生菌，对提高土壤的作物承载非常有帮助，但其营养成分不全，应配合其他有机肥使用。食品工业会使用一些添加剂，在有机水稻生产中使用时要了解产品的来源及相关生产信息，必须是可生物降解的产品，不能有添加化学合成物质。

【附录条款】

Ⅲ. 微生物来源：天然存在的微生物提取物

【理解与应用】

微生物的提取物，也就是代谢产物，又称农用抗生素，一般列为农药范畴依法登记生产，作普通农药使用。在土壤上主要用于杀菌、灭虫、除草。杀菌剂的有春雷霉素、多氧霉素、井冈霉素、农霉素、链霉素等；杀虫剂有阿维菌素、杀螨素等；除草剂有双丙氨膦等。

有机水稻生产者使用时，一要注意生产商是否违法添加其他化学合成药剂；二要按本标准（规范）附录 B 表 B.2 的要求操作。

【标准附录】

附　录　B

（规范性附录）

有机水稻生产中病虫草害防治允许使用的物质

B.1 有机水稻生产中病虫草害防治允许使用的物质

见表 B.1。

表 B.1　病虫草害防治中允许使用的物质

物质类别	物质名称、组分要求	主要适用或使用条件
I. 植物和动物来源	楝素（苦楝、印楝等提取物）	杀虫剂。防治螟虫（二化螟、三化螟）
	天然除虫菊（除虫菊科植物提取液）	杀虫剂。防治稻飞虱、白背飞虱等虫害

（续表）

物质类别	物质名称、组分要求	主要适用或使用条件
I. 植物和动物来源	苦楝碱及氧化苦参碱（苦参等提取液）	广谱杀虫剂。防治螟虫、飞虱、蚜虫等虫害
	鱼藤酮类（如毛鱼藤）	杀虫剂。防治稻蓟马、蚜虫等虫害
	蛇床子素（蛇床子提取物）	杀虫剂、杀真菌剂。防治稻曲病、白叶枯病、细菌性条斑病
	天然酸（如食醋、木醋和竹醋等）	杀菌剂。防治水稻细菌性病害。因地制宜
	水解蛋白质	引诱剂，只在批准使用的条件下，并与本附录的适当产品结合使用。具杀虫效果。因地制宜
	具有驱避作用的植物提取物（大蒜、薄荷、辣椒、花椒、熏衣草、柴胡、艾草的提取物）	驱避剂。水稻主要病虫害防治。因地制宜
	昆虫天敌（如赤眼蜂、瓢虫、草蛉等）	赤眼蜂防治各类螟虫，瓢虫防治蚜虫、稻飞虱，草蛉防治蚜虫、介壳虫、螟虫等
II. 矿物来源	氢氧化钙（石灰水）	杀真菌剂、杀虫剂。3%~5%石灰水防治稻曲病、穗腐病、黑穗病等
	硫黄	杀真菌剂、杀螨剂、驱避剂。大棚育秧薰蒸用。因地制宜
	硅藻土	杀虫剂。仓库虫害。因地制宜
III. 微生物来源	真菌及真菌提取物剂（如白僵菌、轮枝菌、木霉菌等）	杀虫剂、杀菌剂、除草剂。水稻主要病虫草害综合防治。因地制宜
	细菌及细菌提取物（如苏云金芽孢杆菌、枯草芽孢杆菌、蜡质芽孢杆菌、地衣芽孢杆菌、荧光假单孢杆菌等）	杀虫剂、杀菌剂、除草剂。水稻主要病虫草害综合防治。因地制宜
	病毒及病毒提取物（如核型多角体病毒、颗粒体病毒等）	杀虫剂。水稻主要虫害防治。因地制宜
IV. 其他	二氧化碳	杀虫剂，用于贮存设施。因地制宜
	乙醇	杀菌剂。防治水稻真菌性病害。因地制宜
	海盐和盐水	杀菌剂，仅用于水稻种子处理
	昆虫性诱剂	仅用于诱捕器和散发皿内。水稻虫害防治
	磷酸氢二铵	引诱剂，只限用于诱捕器中使用
V. 诱捕器、屏障	物理措施（如色彩诱器、机械诱捕器等）	水稻主要虫害防治
	覆盖物（网）	水稻主要虫害防治

　　本标准（规范）附录 B 表 B.1《病虫草害防治允许使用的物质》主要参考 GB/T 19630.1—2011《有机产品　第 1 部分：生产》附录 A 表 A.2 并根据有机水稻生产的实际情况进行了调整，选择了有机水稻生产中常用的 3 种来源的病虫草害防治物质，增加了使用条件说明。本标准（规范）的附录 B 是规范性附录，原则上具有强制性，不得随意变

更使用。

按照 GB/T 19630.1—2011 附录 A 表 A.1 的规定，符合以下 4 方面要求的物质可以用于控制植物病虫草害。

（1）该物质是防治有害生物或特殊病害所必需的，而且除此物质外没有其他生物的、物理的方法或植物育种替代方法和（或）有效管理技术可用于防治这类有害生物或特殊病害。

（2）该物质（活性成分）源自植物、动物、微生物或矿物，并可经过物理、微生物及酶处理。

（3）有可靠的试验结果证明该物质的使用应不会导致或产生对环境的不能接受的影响或污染。

（4）如果某物质的天然形态数量不足，可以考虑使用与该天然物质性质相同的化学合成物质，如化学合成的外激素（性诱剂），但前提是其使用不会直接或间接造成环境或产品污染。

【附录条款】

Ⅰ. 植物和动物来源：楝素（苦楝、印楝等提取物）

【理解与应用】

楝素，存在于苦楝、印楝的果实、种子、种核、枝条、树叶、树皮中，其主要成分为苦楝子素、苦楝三醇和印楝素等，有拒食、干扰产卵、干扰昆虫变异，使其无法蜕变为成虫，驱避幼虫及抑制其生长的作用而达到杀虫目的。这些提取物是世界公认的广谱、高效、低毒、易降解、无残留的植物源杀虫剂，对人畜毒性较低，对天敌安全，在环境中易分解，不污染环境。楝素对害虫主要有拒食、胃毒及抑制害虫生长发育的作用，对多种鳞翅目幼虫有很好的防效，但药效速度较慢，一般 24 小时后开始生效。

在有机水稻生产上使用，主要可防治二化螟、三化螟等鳞翅目害虫。

【附录条款】

Ⅰ. 植物和动物来源：天然除虫菊（除虫菊科植物提取液）

【理解与应用】

天然除虫菊素是由除虫菊花中分离萃取的具有杀虫效果的活性成分，它包括除虫菊素Ⅰ、除虫菊素Ⅱ、瓜菊素Ⅰ、瓜菊素Ⅱ、茉莉菊素Ⅰ、茉莉菊素Ⅱ。天然除菊素见光慢慢分解成水和 CO，因此，用其配制的农药或卫生杀虫剂等使用后无残留，对人畜无副作用，是国际公认的最安全的天然杀虫剂。由于除虫菊素是由除虫菊花中萃取的具有杀虫活性的 6 种物质组成，因此杀虫效果好，昆虫不易产生抗药性，可用于制造杀灭抗性很强的害虫的农药。

除虫菊素具有杀虫和环保两大功能，是任何化学杀虫剂无法相比的。其特征和优势如下。

（1）对哺乳动物低毒：除虫菊素是现有的杀虫剂中毒性最低的产品之一，即使偶然吞咽也会很快代谢。

（2）高效广谱性：由于除虫菊素中含有一组结构相近的杀虫成分，所以对杀虫有高效广谱性。

（3）触杀作用极强，致死率极高，且使用浓度低。

（4）作用快速：除虫菊素具有快速击倒、堵死气门致死的触杀作用。

除虫菊素是典型的神经毒，直接作用于可兴奋膜，干扰膜的离子传导，主要影响神经膜的钠通道，使兴奋时钠传导增加的消失过程延缓，致使跨膜钠离子流延长，引起感觉神经纤维和运动神经轴反复活动，短暂的神经细胞去极化和持续的肌肉收缩。高浓度时则抑制神经膜的离子传导，阻断兴奋。

在有机水稻生产上使用，主要用于防治稻飞虱、白背飞虱、叶蝉叶甲、椿象、蚜虫等害虫。

【附录条款】

> Ⅰ.植物和动物来源：苦楝碱及氧化苦参碱（苦参等提取液）

【理解与应用】

苦参碱是由苦参、百部、苦楝子、土荆芥等药用植物通过有机溶剂提取配伍而成的生物碱。目前国内农业常用的苦参碱制剂多为苦参总碱，其主要是由苦参碱、氧化苦参碱、槐果碱、氧化槐果碱、槐定碱等生物碱成分构成。由于苦参碱的成分复杂，直接作用于虫体的多元有机体，因而能够破坏害虫的抗药性系统。其主要对害虫有触杀和胃毒作用。害虫接触到后，即麻痹其神经中枢，继而使虫体蛋白质凝固，堵死虫体气孔，使害虫窒息而死。

在有机水稻生产上使用，主要可防治二化螟、三化螟、稻飞虱、稻叶蝉等多种害虫。市售商品主要有0.5%苦参碱（百草一号）等。

【附录条款】

> Ⅰ.植物和动物来源：鱼藤酮类（如毛鱼藤）

【理解与应用】

鱼藤，属于豆科藤本植物，攀援灌木，全体秃净。单数羽状复叶。总状花序腋生或侧生于老枝上；花柄聚生，稍长于萼；萼钟形；花冠蝶形，粉红色。荚果扁平而薄，斜卵形或矩圆形。其根部含杀虫活性物质——鱼藤酮及类似物。鱼藤酮杀虫广谱，可防治800多种害虫，是三大传统杀虫植物之一。

鱼藤酮在毒理学上是一种专属性很强的物质，对昆虫及鱼，尤其是菜粉蝶幼虫、小菜蛾和蚜虫具有强烈的触杀和胃毒两种作用，而对哺乳动物则毒性很轻。其特点如下。

（1）专属性强，杀虫迅速：对昆虫，尤其是蚜虫、蓟马和跳甲有很强的杀除作用，对菜粉蝶幼虫、小菜蛾幼虫等有强烈的触杀和胃毒作用。

（2）持效期长：鱼藤酮的杀虫持效期长，在10天左右。

（3）见光易分解，残留极少：在叶子外表的药液见光极易分解，不会污染环境，施药间隔期3天。

（4）对环境、人畜安全：鱼藤酮除对水生动物有害外，对其他人畜安全，不会污染环境。

在有机水稻上使用，主要可防治蚜虫、飞虱、跳甲、蓟马、夜蛾等害虫。

【附录条款】

> Ⅰ. 植物和动物来源：蛇床子素（蛇床子提取物）

【理解与应用】

蛇床子素是蛇床子提取的混合物，其主要有效成分含蒎烯、莰烯、异戊酸龙脑酯、异龙脑、甲氧基欧芹酚、蛇床明素、蛇床定、异虎耳草素等。

蛇床子素为植物源杀虫剂，其作用方式以触杀作用为主，胃毒作用为辅，药液通过体表吸收进入昆虫体内，作用于害虫神经系统，导致害虫肌肉非功能性收缩，最终衰竭而死。

蛇床子素对水稻纹枯病菌、水稻稻曲病菌，以及谷蠹、米象、赤拟谷盗、嗜卷书虱等储粮害虫有较好的防治效果，提倡在有机水稻生产中使用。目前市售商品主要有0.4%蛇床子素乳油（天惠虫清）等。

【附录条款】

> Ⅰ. 植物和动物来源：天然酸（如食醋、木醋和竹醋等）

【理解与实施】

食醋是我国历史悠久的发酵调味品，食醋的生产方法可分为固态发酵与液态发酵两种。食醋的生产原料，在南方多用糯米、大米，而北方则多用高粱、小米和小麦等。食醋中除了含有醋酸以外，还含有一些营养成分，如乳酸、葡萄糖酸、琥珀酸、氨基酸、糖、钙、磷、铁、维生素 B_2 等。

木醋及竹醋是竹木材热解得到的液体产物，它是一种组成成分相当复杂的液体混合物，其主要成分是水、有机酸、酚类、酮类、醇类、矿物质等物质。

天然酸（如食醋、木醋和竹醋等）中都含有有机酸，具有一定的杀菌抑菌能力，在水稻上主要用于土壤调酸，可以预防秧苗的立枯病，用作土壤消毒剂，能有效抑制有碍植物生长的微生物类繁殖，并能杀死根瘤线虫等害虫。另外，用作植物生长调节剂对促进水稻生长、驱除虫害也有一定的作用。因此，在有机水稻生产中鼓励使用。

【附录条款】

> I. 植物和动物来源：水解蛋白质

【理解与应用】

蛋白质是生命的物质基础，没有蛋白质就没有生命，它是与生命及与各种形式的生命活动紧密联系在一起的物质。机体中的每一个细胞和所有重要组成部分都有蛋白质参与。组成蛋白质的基本单位是氨基酸，氨基酸通过脱水缩合形成肽链。

水解蛋白质是蛋白质水解后的混合物，蛋白质在酸性、碱性、酶等条件下发生水解，蛋白质的水解中间过程，可以生成多肽，但水解的最终产物都是氨基酸，蛋白质水解生成氨基酸大约有 20 余种。

这里所指的水解蛋白质主要可以用于有机水稻生产中的昆虫性诱剂。

【附录条款】

> I. 植物和动物来源：具有驱避作用的植物提取物（大蒜、薄荷、辣椒、花椒、熏衣草、柴胡、艾草的提取物）

【理解与应用】

具有驱避作用的植物提取物又称昆虫驱避剂，是由植物产生或人工合成的，具有驱避昆虫作用的活性化学物质。其本身无杀虫活性，依挥发出的气味驱避昆虫。

驱避剂是可使害虫逃离的药剂。这些药剂本身虽无毒杀害虫的作用，但由于其具有某种特殊的气味，能使害虫忌避，或能驱散害虫。在有机水稻生产中可以选用。

单纯的驱避作用仅是一种消极的防治方法，驱避剂对环境会造成暂时性气味污染，但一般不会长期危害环境或破坏生态平衡。

【附录条款】

> I. 植物和动物来源：昆虫天敌（如赤眼蜂、瓢虫、草蛉等）

【理解与应用】

在自然界中，昆虫常因其他生物的捕食或寄生而引起死亡，使种群的发展受到抑制，昆虫的这些生物性自然敌害，通称为昆虫天敌。

昆虫天敌的种类很多，大体可归纳为三大类。

（1）昆虫病原微生物，包括病原细菌（如芽孢杆菌等）、真菌（如白僵菌等）、病毒（如细胞核和细胞质多角体病毒等）、线虫（如索线虫等）。

（2）食虫昆虫，包括捕食性昆虫（如蝉郎、瓢虫、草岭、食蚜蝇、猎蝽、虎甲、步甲等）和寄生性昆虫（如寄生于卵的赤眼蜂、平腹小蜂，以及寄生于若虫或成虫的甥茧蜂、螯蜂等）。

（3）其他食虫动物：包括蛛形纲的蜘蛛、肉食螨；脊椎动物中两栖类的青蛙、蟾蜍；爬行类的蜥蜴、壁虎；鸟类中的啄木鸟、燕子、杜鹃、山雀；兽类中的蝙蝠、刺猬；家禽中的鸡、鸭等。

利用天敌昆虫防治害虫是一项特殊的防治方法，可以减少环境污染，维持生态平衡。我国天敌昆虫的扩繁与利用取得了显著的成效，已成功地人工饲养赤眼蜂、平腹小蜂、草岭、七星瓢虫、丽蚜小蜂、食蚜瘿蚊、小花蝽、智利小植绥螨、西方盲走螨、侧沟茧蜂等捕食或寄生性天敌昆虫，在有机水稻生产上的具有良好效果。

稻田中的害虫天敌很多，主要有青蛙、蜘蛛、寄生蜂、寄生蝇、寄生菌、黑肩绿盲蝽、线虫、步行虫、瓢虫、隐翅虫等。因此，有机农业生产者，要善于保护和利用这些害虫天敌。

【附录条款】

Ⅱ. 矿物来源：氢氧化钙（石灰水）

【理解与应用】

氢氧化钙是一种白色粉末状固体。化学式 $Ca(OH)_2$，俗称熟石灰、消石灰，水溶液称作澄清石灰水。氢氧化钙具有碱的通性，是一种强碱。氢氧化钙是二元强碱，但微溶于水。氢氧化钙在工农业中有广泛的应用。

氢氧化钙水溶液具有杀菌、杀虫作用，水稻上可用作种子消毒剂，防治稻曲病、穗腐病、黑穗病等。将适量的熟石灰加入土壤可改变土壤的酸碱性，有利于农作物生长，有机水稻生产中可有针对性地选用。

【附录条款】

Ⅱ. 矿物来源：硫黄

【理解与应用】

硫黄外观为淡黄色脆性结晶或粉末，有特殊臭味。硫黄不溶于水，微溶于乙醇、醚，易溶于二硫化碳。作为易燃固体，硫主要用于制造染料、农药、火柴、火药、橡胶、人造丝等。

硫黄具有杀虫、杀螨和杀菌作用。它对白粉菌科的真菌孢子具有选择毒性，因此多年来用做该科病害的保护性杀菌剂。硫黄对螨类也有选择毒性，所以也常用于杀螨。

有机水稻生产上主要用于大棚育秧薰蒸。

【附录条款】

Ⅱ. 矿物来源：硅藻土

【理解与应用】

硅藻土是一种生物成因的硅质沉积岩，它主要由古代硅藻的遗骸所组成。其化学成分以 SiO_2 为主，并含有少量 Fe_2O_3、CaO、MgO、Al_2O_3 及有机杂质。我国硅藻土储量 3.2 亿吨，主要集中在华东及东北地区。工业上常用来作为保温材料、过滤材料、填料、研磨材料、水玻璃原料、脱色剂，以及硅藻土助滤剂、催化剂载体等。农药中用作可湿性粉剂、旱地除草剂、水田除草剂以及各种生物农药的填料。

硅藻土具有 pH 值中性、无毒、悬浮性能好、吸附性能强、容重轻、混合均匀性好等特点。硅藻土能够杀虫，原因在其粉末的每一细微颗粒都带有非常锐利的边缘，与害虫接触时，可刺透害虫体表，甚至进入害虫体内，不仅能引起害虫呼吸、消化、生殖、运动等系统出现紊乱，而且能吸收 3~4 倍于自身重量的水分，致使害虫体液锐减，在失去 10% 以上的体液后死亡。

在有机水稻生产上主要用于防治谷蠹、米象、谷盗等仓贮害虫。

【附录条款】

Ⅲ. 微生物来源：真菌及真菌提取物剂（如白僵菌、轮枝菌、木霉菌等）

【理解与应用】

微生物来源的真菌及真菌提取物剂，一般称作微生物农药，包括农用抗生素和活体微生物农药。这类农药具有选择性强，对人、畜、农作物和自然环境安全，不伤害天敌，不易产生抗性等特点。这些微生物农药包括细菌、真菌、病毒或其代谢物，例如苏云金杆菌、白僵菌、核多角体病毒等。随着人们对环境保护越来越高的要求，微生物农药是今后农药产品结构调整的发展方向之一。

1. 白僵菌

白僵菌是一种半知菌类的虫生真菌，具有营养器官——菌丝，以及繁殖器官——分生孢子，菌丝有横隔有分枝。白僵菌的分布范围很广，从海拔几米的平原至海拔 2 000 多米的高山均发现过白僵菌的存在，白僵菌可以侵入 6 个目 15 个科 200 多种昆虫、螨类的虫体内大量繁殖，同时不断产生白僵素（大环脂类毒素）和草酸钙结晶，这些物质可引起昆虫中毒，使体液机能发生变化，打乱新陈代谢以致死亡。

白僵菌能够在自然条件通过体壁接触感染杀死害虫，白僵菌可寄生 15 个目 149 个科的 700 余种昆虫，对人畜和环境比较安全，害虫一般不易产生抗药性，可与某些化学农药（杀虫剂、杀螨剂、杀菌剂）同时使用，白僵菌有以下特点。

（1）无农残。在农产品频频因农药残留超标被拒之门外的今天，即使施用白僵菌后立刻收获产品也不会造成任何农药残留。

（2）无抗性。害虫对化学农药的抗性使得其杀虫效果逐年减退。白僵菌通过在自然条件下与害虫的体壁接触感染致死，害虫不会对其产生任何抗性。连年使用，效果反而越来越高。

（3）再生长性。白僵菌新型生物农药含有活体真菌及孢子。施入田间后，借助适宜的温度、湿度，可以继续繁殖生长，增强杀虫效果。

（4）高选择性。不同于化学农药不分敌我地将益虫、害虫尽数毒杀，白僵菌专一性强，对非靶标生物（如瓢虫、草蛉和食蚜虻等益虫）影响较小，从而整体田间防治效果更好。

在有机水稻生产上主要用于防治飞虱、叶蝉、蚜虫、二化螟、三化螟等。

2. 轮枝菌

轮枝菌属于半知菌亚门轮枝菌属真菌，是一种地理分布和寄主范围均比较广泛的昆虫病原真菌，能寄生于多种昆虫，最常见的有同翅目的蚜虫、粉虱、介壳虫，缨翅目的蓟马，直翅目的蝗虫，半翅目的椿象，双翅目的潜叶蝇和伊蚊等。

目前应用较多的是蜡蚧轮枝菌，是丛梗孢目丛梗孢科轮枝菌属的一种真菌，是一种地理分布和寄主范围均比较广泛的昆虫病原真菌，寄生性和致病力强，且容易培养，防治害虫效果好，对人畜无毒害，可与一些杀虫剂、杀菌剂、杀螨剂同时使用，是一种有应用价值的虫生真菌。

在有机水稻生产上主要用于防治白粉虱、稻蓟马、稻椿象、稻潜叶蝇等。

3. 木霉菌

木霉菌是一类普遍存在的真菌，广泛分布于土壤、空气、枯枝落叶及各种发酵物上，从植物根圈、叶片及种子、球茎表面经常可以分离到，是目前生产与应用最普遍的生物防治的真菌菌种。农业生产中主要把木霉菌作为一种能够抑制植物土壤传播病原菌和一部分地上病害的生物防治真菌。

木霉菌生物农药系新型生物杀菌剂。通过产生抗生素、营养竞争、微寄生、细胞壁分解酵素，以及诱导植物产生抗性等机制，对于多种植物病原菌具有拮抗作用，具有保护和治疗双重功效，可有效防治土传性真菌病害，在苗床使用木霉菌剂，可提高育苗与移植的成活率，保持秧苗健壮生长，也可用于防治灰霉病。

木霉菌生物农药特效期长，作用位点多，不产生抗药性，突破常规杀菌剂受限条件，不怕高湿，而且湿度越大防治效果越好。木霉菌生物农药杀菌广谱，无残留毒性，对作物没有任何不良影响。

木霉菌可抑制多种植物真菌病，研究最多的真菌是根腐病、立枯病、猝倒病、枯萎病等土传病害，以及灰霉菌、腐霉菌、丝核菌、炭疽菌、镰刀菌、菌核病。木霉菌使用于拌土、拌种、注射及喷洒，经实验能减少土壤中病原真菌的密度，并降低病害的发生。

木霉菌依不同作物种类与作物不同时期有不同的使用方式，主要是要让木霉菌均匀分布于植物根部、表面与土壤中，可有效减少土壤传播性病害发生，多用有益无害。

在有机水稻生产上主要用于防治立枯病、稻瘟病、疫霉病、恶苗病、小球菌核病等。

【附录条款】

Ⅲ. 微生物来源：细菌及细菌提取物（如苏云金芽孢杆菌、枯草芽孢杆菌、蜡质芽孢杆菌、地衣芽孢杆菌、荧光假单孢杆菌等）

【理解与应用】

1. 苏云金芽孢杆菌

苏云金芽孢杆菌（简称 Bt）是一种革兰氏阳性细菌，它是一个多样性丰富的种群，按照其鞭毛抗原的差异，可将现有分离得到的 Bt 分成 71 个血清型，共 83 个亚种，即使在同一个血清型或亚种中，不同菌株的特性会有很大的差异。Bt 能产生胞内或胞外的多种生物活性成分，如蛋白质、核苷类、氨基多元醇等，主要对鳞翅目、双翅目和鞘翅目昆虫有杀虫活性，此外对节肢动物门、扁形动物门、线形动物门以及原生动物门中的 600 多种有害种类有杀虫活性，有的菌株对癌细胞有杀灭活性，而且还产生抗病原细菌活性物质。

苏云金杆菌是一种微生物源低毒杀虫剂，以胃毒作用为主。该菌可产生两大类毒素，即内毒素（伴孢晶体）和外毒素，使害虫停止取食，最后害虫因饥饿而死亡。外毒素作用缓慢，在蜕皮和变态时作用明显，这两个时期是 RNA 合成的高峰期，外毒素能抑制依赖于 DNA 的 RNA 聚合酶。该药作用缓慢，害虫取食后 2 天左右才能见效，持效期约 1 天，因此使用时应比常规化学药剂提前 2~3 天，且在害虫低龄期使用效果较好。对鱼类、蜜蜂安全，但对家蚕高毒。苏云金杆菌是目前产量最大、使用最广的生物杀虫剂。它的主要活性成分是一种或数种杀虫晶体蛋白，又称 δ—内毒素，对鳞翅目、鞘翅目、双翅目、膜翅目、同翅目等昆虫，以及动植物线虫、蜱螨等节肢动物都有特异性的毒杀活性，而对非目标生物安全。因此，Bt 杀虫剂具有专一、高效和对人畜安全等优点。目前，苏云金杆菌商品制剂已达 100 多种，是世界上应用最为广泛、用量最大、效果最好的微生物杀虫剂，因而备受人们关注。

苏云金杆菌适用作物非常广泛，广泛应用于十字花科蔬菜、茄果类蔬菜、瓜类蔬菜等多类植物；水稻上主要用于防治稻纵卷叶螟、二化螟、三化螟等。

枯草芽孢杆菌（简称 Bs），是芽孢杆菌属的一种。单个细胞（0.7~0.8）微米×（2~3）微米，着色均匀。无荚膜，周生鞭毛，能运动。革兰氏阳性菌，芽孢（0.6~0.9）×（1.0~1.5）微米，椭圆到柱状，位于菌体中央或稍偏，芽孢形成后菌体不膨大。广泛分布在土壤及腐败的有机物中，易在枯草浸汁中繁殖，故名枯草芽孢杆菌。

枯草芽孢杆菌，能稳定地在土壤和植物表面定殖、产生抗生素、分泌刺激植物生长的激素，并能诱导寄主产生抗病性，是一种理想的微生物杀菌剂，有广阔的应用前景。用 Bs 处理多种作物种子，能明显减轻根病，提高产量；用 Bs 及其分泌物防治西红柿立枯病、小麦赤霉病、西瓜枯萎病、棉花枯萎病都获得良好防效。

在有机水稻生产上主要用于防治稻曲病、水稻纹枯病，效果良好。

2. 蜡质芽孢杆菌

蜡质芽孢杆菌在细菌分类学上属于芽孢杆菌属，是革兰氏阳性菌，杆状，能够导致食物源性疾病，是种机会致病菌，和人类的健康和食物安全有很大的关系。

蜡质芽孢杆菌属低毒生物农药，对人、畜和天敌安全，不污染环境。蜡质芽孢杆菌能通过体内的 SOD 酶，调节作物细胞微生境，维持细胞正常的生理代谢和生化反应，提高抗逆性，加速生长，提高产量和品质。

在有机水稻生产上可用以种子拌种防治立枯病，可用于防治稻曲病、稻瘟病、纹枯病等。

3. 地衣芽孢杆菌

地衣芽孢杆菌是一种在土壤中常见的革兰氏阳性嗜热细菌。它能以孢子形式存在，从而抵抗恶劣的环境；在良好环境下，则可以生长态存在。地衣芽孢杆菌细胞形态和排列呈杆状、单生，可调整菌群失调达到治疗目的，可促使机体产生抗菌活性物质、杀灭致病菌。能产生抗活性物质，并具有独特的生物夺氧作用机制，能抑制致病菌的生长繁殖。主要用于水产养殖、饲料添加、制药等。有研究表明，其对防治水稻稻瘟病有较好效果。

4. 荧光假单胞菌

荧光假单胞菌，分类学上属于细菌域、变形菌门、γ—变形菌纲、假单胞菌目、假单胞菌科的假单胞菌属。细胞为直的杆菌，大小为（0.7~0.8）微米 ×（2.3~2.8）微米，不产芽孢，革兰氏染色阴性。生长温度范围 4~37℃，最适生长温度是 25~30℃。广泛分布于自然界，如土壤、水、植物及动物活动环境中。该菌生化能力活跃，可降解许多人工合成化合物，常被用于环境保护。

荧光假单胞菌还是一种重要的植物根际促生细菌，是已知植物根际有益微生物中种群数量较多的细菌种类之一。该菌营养需要相对简单，能够利用根系分泌物中大部分营养迅速在植物根围定殖。其中，一些菌株具有促进植物生长和防治病害的作用，因而可用于植物病害的生物防治。

由荧光假单胞菌分泌的一种抗菌素生物杀菌剂，有高效、低毒、广谱、对环境友好的特点，能有效防治水稻纹枯病、稻曲病、稻瘟病、菌核病等真菌引起的病害。因此，提倡在有机水稻生产中使用。

゚゚

【附录条款】

Ⅲ. 微生物来源：病毒及病毒提取物（如核型多角体病毒、颗粒体病毒等）

【理解与应用】

核型多角体病毒呈十二面体、四角体、五角体、六角体等，直径 0.5~15 微米，包埋多个病毒粒子，由蛋白质组成，不溶于水、乙醇、乙醚、氯仿、苯、丙酮、1 摩尔/升盐酸，溶于氢氧化钠、氢氧化钾、氨及硫酸的水溶液和乙酸。多在寄主的血、脂肪、氯管、皮肤等细胞的细胞核内发育，故称核型多角体病毒。核型多角体病毒寄主范围较广，主要寄生鳞翅目昆虫。经口或伤口感染。经口进入虫体的病毒被胃液消化，游离出杆状病毒粒子，通过中肠上皮细胞进入体腔，侵入细胞，在细胞核内增殖，之后再侵入健康细胞，直到昆虫死亡。病虫粪便和死虫再传染其他昆虫，使病毒病在害虫种群中流行，从而控制害虫为害。病毒也可通过卵传到昆虫子代。专化性强，一种病毒只能寄生一种昆虫或其邻近种群。只能在活的寄主细胞内增殖。比较稳定，在无阳光直射的自然条件下可保存数年不失活。粉纹夜蛾核型多角体病毒在土壤中可维持感染力达 5 年左右。未见害虫产生抗药性。对人畜、鸟类、益虫、鱼等安全。不耐高温。易被紫外线杀灭，阳光照射会失活。能被消毒剂杀死。

主要用于防治农业和林业害虫。棉铃虫核型多角体病毒已在约 20 个国家用于防治棉花、高粱、玉米、烟草、番茄的棉铃虫。世界上成功地大面积应用过的还有松黄叶蜂、松叶蜂、维基尼亚松叶蜂、舞毒蛾、毒蛾、天幕毛虫、苜蓿粉蝶、粉纹夜蛾、实夜蛾、斜纹夜蛾、金合欢树蓑蛾等害虫的核型多角体病毒。中国自己分离培养，大面积田间治虫取得良好效果的有棉铃虫、桑毛虫、斜纹夜蛾、舞毒蛾的核型多角体病毒。

在有机水稻生产上主要用以防治二化螟、三化螟、稻纵卷叶螟等。

颗粒体病毒是一种寄生在昆虫中的一种杆状病毒，以蛋白质包涵体的形式存在，即蛋白质包含着一个病毒颗粒。核酸为双链 DNA。颗粒体病毒包含体呈圆形、椭圆形颗粒状。如云杉卷叶颗粒体病毒、菜粉蝶颗粒体病毒等。包含体内只含有病毒颗粒，偶有两个。颗粒体长约 200～500 纳米，宽 100～350 纳米。幼虫被感染后，会出现食欲减退、体弱无力、行动迟缓、腹部肿胀变色，随即发生表皮破裂、流出腥臭、混浊、乳白色脓液等症状。我国已研制成菜粉蝶颗粒体病毒剂用于生物防治。对此，在有机水稻生产中也可适当选用。

&&&&&&&&&&&&&&&&&&&&&&&&&&&&&&&&&&&&&&&&&&&&&&&&

【附录条款】

> Ⅳ. 其他：二氧化碳

【理解与应用】

二氧化碳是空气中常见的化合物，碳与氧反应生成其化学式为 CO_2，一个二氧化碳分子由两个氧原子与一个碳原子通过共价键构成，常温下是一种无色无味气体，密度比空气大，能溶于水，与水反应生成碳酸，不支持燃烧。固态二氧化碳压缩后俗称为干冰。二氧化碳被认为是加剧温室效应的主要来源。在自然界中二氧化碳含量丰富，为大气组成的一部分。二氧化碳也包含在某些天然气或油田伴生气中以及碳酸盐形成的矿石中。大气二氧化碳含量为 0.03%～0.04%（体积比），总量约 2.75×10^{12} 吨，主要由含碳物质燃烧和动物的新陈代谢产生。

二氧化碳密度较空气大，当二氧化碳少时对人体无危害，但其超过一定量时会影响人（其他生物也是）的呼吸，原因是血液中的碳酸浓度增大，酸性增强，并产生酸中毒。空气中二氧化碳的体积分数为1%时，感到气闷，头昏，心悸；4%~5%时感到眩晕；6%以上时使人神志不清、呼吸逐渐停止以致死亡。

农业上二氧化碳可用作气体肥料，用作水果蔬菜的存贮保鲜剂。水稻上主要用于杀灭仓贮害虫。即用二氧化碳气调贮粮，就是在密闭性能良好的仓房内充入二氧化碳气体以改变粮仓内气体成分的组成，破坏害虫及霉菌的生态环境，抑制粮食生理呼吸，起到防虫、杀虫、抑菌、延缓粮食品质陈化的作用，从而达到非药剂储粮的目的。它对粮食贮藏具有如下的作用和意义。

（1）杀虫作用：高浓度二氧化碳气体对害虫有明显毒杀作用，并且能有效防止害虫抗药性的发生和发展。

（2）抑菌作用：高浓度二氧化碳气体能抑制真菌的生长，同时霉菌毒素的产生也明显受到抑制。

（3）延缓水稻陈化：气调贮藏能延缓水稻陈化。

（4）环保：二氧化碳是无污染气体，不会造成环境污染，也有效解决了稻谷贮藏中施用有毒药剂的残毒问题。

〰〰〰〰〰〰〰〰〰〰〰〰〰〰〰〰〰〰〰〰〰〰〰〰〰〰〰〰〰

【附录条款】

> Ⅳ. 其他：乙醇

【理解与应用】

乙醇，俗称酒精，其分子式为 C_2H_5OH（C_2H_6O），在常温、常压下是一种易燃、易挥发的无色透明液体，它的水溶液具有特殊的、令人愉快的香味，并略带刺激性，沸点78.4℃。乙醇的用途很广，可用乙醇来制造醋酸、饮料、香精、染料、燃料等。医疗上也常用70%~75%的乙醇作消毒剂等。

一般使用95%的乙醇精用于器械消毒；70%~75%的乙醇用于杀菌，例如75%的酒精在常温（25℃）下1分钟内可以杀死大肠杆菌、金黄色葡萄球菌、白色念珠菌、白色念球菌、铜绿假单胞菌等。但是研究表明，乙醇不能杀死细菌芽孢，也不能杀死肝炎病毒。故乙醇只能用于一般消毒。有机水稻生产上可适当选用。

〰〰〰〰〰〰〰〰〰〰〰〰〰〰〰〰〰〰〰〰〰〰〰〰〰〰〰〰〰

【附录条款】

> Ⅳ. 其他：海盐和盐水

【理解与应用】

海盐是将海水蒸发后所得的结晶体，主要成分为氯化钠。盐水常指海水或普通盐溶液。盐是对人类生存最重要的物质之一，也是烹饪中最常用的调味料。盐的主要化学成分氯化钠（化学式 NaCl），在食盐中含量为99%，通常情况下海水中溶解的盐含量为35克/升

（3.5%）。盐水可以消毒，人生病输液时所用的也是盐水，叫生理盐水，密度为 1.03×10^3 千克/立方米。

盐（盐水）在有机水稻生产上主要可用于种子消毒杀菌。

【附录条款】

> Ⅳ. 其他：昆虫性诱剂

【理解与应用】

昆虫性诱剂是模拟自然界的昆虫性信息素，通过释放器释放到田间来诱杀异性害虫的仿生高科技产品。该技术诱杀害虫不接触植物和农产品，没有农药残留之忧，是现代农业生态防治害虫的首选方法之一，其主要特点如下。

（1）无毒、无害、无污染：不污染环境，对人、畜、天敌和作物无毒。

（2）专一性强、选择性高：只对同种异性昆虫发生作用，不伤天敌。

（3）活性强、灵敏度高：一个诱芯能引诱几十米、几百米远的雄蛾。

（4）用法简单、价格低廉：用量少，每亩每代用诱芯 1~2 个，诱捕器可自行制做。

（5）长期使用不产生抗药性。

在有机水稻生产上应用较广的主要有螟虫（二化螟、三化螟、大螟）性诱剂。

【附录条款】

> Ⅳ. 其他：磷酸氢二铵

【理解与实施】

磷酸氢二铵是一种无机化合物，无色透明单斜晶体或白色粉末，广泛用于印刷制版、医药、防火、电子管等，是一种广泛适用于蔬菜、水果、水稻和小麦的高效肥料，工业上用作饲料添加剂、阻燃剂和灭火剂的配料等。

在有机水稻生产上只用作引诱剂，只限用于诱捕器中使用。

【附录条款】

> Ⅴ. 诱捕器、屏障：物理措施（如色彩诱器、机械诱捕器等）

【理解与应用】

物理措施：即利用温度、光谱、颜色、声音、气味、电流器械等物理因素对作物病虫害进行诱杀、驱赶或杀灭的方法。具体简述如下。

（1）温：利用高温杀灭种子表面的病菌。如温汤浸种，用 55℃ 左右的温水处理水稻种子 10～15 分钟，即可杀死病菌。

（2）光：利用不同的光谱、光波诱杀或杀灭病虫，常用的有黑光灯、频振式杀虫灯、紫外线等。即利用一些昆虫特有的趋光性，在田间设置一定数量的灯具来诱杀害虫。如用频振式杀虫灯可诱杀稻瘿蚊、二化螟、三化螟、稻飞虱、黑尾叶蝉、中华稻蝗等多种稻田害虫。

（3）电：主要是在仓库、田间用低压电网触杀鼠类、蝇、蚊等有害生物，但要慎用，以防伤害人畜。

（4）声：摹仿一些天敌的声音在一定时间录放以驱赶麻雀、鼠类等。

（5）色：利用一些害虫对不同颜色的感应进行诱集或驱赶。例如：用银灰色的薄膜可驱赶有翅蚜虫；用黄色的塑料板涂上黏性的油类，可诱杀对黄色有趋性白粉虱、黄条跳甲、潜叶蝇、蚜虫、斑潜蝇、黑翅粉虱、小绿叶蝉及多种双翅目害虫等；蓝色板可诱杀稻蓟马等虫害。

以上这些物理措施及方法，应在有机水稻生产中大力提倡应用。

【附录条款】

Ⅴ. 诱捕器、屏障：覆盖物（网）

【理解与应用】

农业上用物理屏障防止害虫应用最广的是防虫网。防虫网覆盖栽培是一项增产实用的环保型农业新技术。其通过覆盖在棚架上构建人工隔离屏障，将害虫拒之网外，切断害虫（成虫）繁殖途径，有效控制各类害虫。

防虫网是一种采用添加防老化、抗紫外线等化学助剂的聚乙烯为主要原料，经拉丝制造而成的网状织物，具有拉力强度大、抗热、耐水、耐腐蚀、耐老化、无毒无味、废弃物易处理等优点，能够预防常见的害虫。常规使用收藏轻便，寿命可达 3～5 年。

在有机水稻面积较小的稻田覆盖防虫网可有效阻止稻飞虱、稻纵卷叶螟、二化螟、三化螟等大多数害虫的入侵，尤其是有机水稻种子繁育和提纯复壮地块。

【标准附录】

B.2　病虫草害防治中有条件使用的农用抗生素类物质

见表 B.2。

表 B.2　病虫草害防治中有条件使用的农用抗生素类物质

物质名称、组分要求	主要适用及使用条件
井冈霉素	杀菌剂。防治水稻纹枯病、稻曲病。因地制宜
春雷霉素	杀菌剂。防治水稻稻瘟病。因地制宜

（续表）

物质名称、组分要求	主要适用及使用条件
灭瘟素	杀菌剂。防治水稻稻瘟病、稻胡麻叶斑病、菌核干腐病
中生菌素、农抗 120	杀菌剂。防治水稻纹枯病、白叶枯病、恶苗病。因地制宜
多氧霉素	杀菌剂。防治水稻纹枯病、稻曲病。因地制宜
阿维菌素、甲胺基阿维菌素、伊维菌素	杀虫剂、杀螨剂。防治水稻主要虫害。因地制宜
浏阳霉素	杀虫剂、杀螨剂。防治水稻蓟马、蚜虫、螨虫。因地制宜
杀蝶素	杀虫剂。防治水稻鳞翅目虫害。因地制宜
双丙氨磷、真菌除草剂	微生物类除草剂。防治禾本科杂草、莎草科杂草、阔叶杂草。因地制宜

注：表中的物质使用前须按《有机产品生产、加工投入品评估程序》进行评估，并经认监委批准，或被列入《有机产品生产、加工投入品临时补充列表》后方可使用。

【理解与应用】

本标准（规范）附录 B 表 B.2《病虫草害防治中有条件使用的农用抗生素类物质》是推荐的有条件使用的一些农用抗生素类物质。这是基于当前有机水稻生产中对病虫草害防治实际以及借鉴国外做法等客观情况而筛选并编制的。

1. 国内外农用抗生素的研究与发展概况

农用抗生素作为重要的生物农药，是由微生物（放线菌、真菌、细菌等）发酵产生、具有农药功能、用于防治病虫草鼠等有害生物的次生代谢产物。目前，农业生产中广泛使用的许多重要农用抗生素都是从链霉菌属中分离得到的放线菌所产生的，包括相关的生物杀菌剂、杀虫剂、杀螨剂、除草剂和植物生长调节剂等。由于农用抗生素的生物活性高、用量小、选择性好，对人畜安全，易被生物或自然因素所分解，不易在环境中积累或残留，已被推广应用于无公害农产品、绿色食品尤其是有机农业生产中。

农用抗生素的研究始于日、美、英等国的科学家采用医用抗生素（如链霉素、土霉素、灰黄霉素等）来防治植物病害。随后，Dekker 等相继报道了一批农用抗生素，如放线菌酮、抗霉素 A 及一些多烯类农用抗生素。这一时期的农用抗生素发展比较缓慢。1958年，日本的 Takeuchi 等成功研制出杀稻瘟菌素 S，并于 1961 年大面积应用于稻瘟病的防治，基本上取代了有机汞制剂在防治稻瘟病上的应用。杀稻瘟菌素 S 的发现和产业化，使农用抗生素的开发进入了新时期。之后，日本又先后开发了春日霉素、多氧霉素、有效霉素等一系列高效低毒的抗生素，并在世界范围内推广使用。国际上最有影响的农用抗生素研究与开发机构主要集中在日本（如明治制药、北里研究所和理化学研究所）和美国（如默克公司和诺华公司），尤以日本发展最快，在农用抗生素防治植物病害领域居于世界领先地位。

我国是农用抗生素生产和应用大国，早在 20 世纪 50 年代就开展农用抗生素的研究，因当时经济条件限制进展比较缓慢，到 70 年代以后逐渐取得了较大突破，到 90 年代我国抗生素研究开发又进入一个蓬勃发展时期，科研水平处于世界先进行列，至今已取得了很大的成果，研制成功并在生产上推广应用的抗生素主要有井冈霉素、阿维菌素、春雷霉素、多抗霉素、庆丰霉素、农抗 120、公主岭霉素、中生菌素、武夷菌素、科生霉素等。其中井冈霉素、春雷霉素、阿维菌素等已成为我国农药杀菌剂和杀虫剂销售和使用量名列前茅的品种。

经过半个多世纪的发展，我国目前从事农用抗生素研发的单位已有 40 多家，原药生产企业达到 50 多家，复配生产企业达到 120 多家。我国登记注册的农用抗生素有 23 种约170 个产品（下表），其中杀菌 15 种、杀虫杀螨 5 种、杀鼠 1 种、除草 1 种、植物生长调节剂 1 种。我国农用抗生素年产制剂量已超过 8 万吨。从产值来看，实现大规模生产的最大品种是阿维菌素，其次是井冈霉素和赤霉素，其他品种有硫酸链霉素、农抗 120、多抗霉素、中生菌素、宁南霉素等。从应用面积看，最大品种是井冈霉素，其次是阿维菌素和赤霉素。井冈霉素年应用约 200 万公顷·次，阿维菌素年应用超过 100 万公顷·次，赤霉素年应用 70 万公顷·次，其他几个品种累计年应用超过 70 万公顷·次。

表 中国获准登记注册的农用抗生素

中英文通用名称	其他名称	功 效	年 份
链霉素 streptomycin	农用链霉素	杀菌	
土霉素 terramycin	农用土霉素	杀菌	
春雷霉素 kasugamycin	春日霉素、加收米	杀菌	1963
井冈霉素 jinggangmycin		杀菌	1973
多抗霉素 polyoxin	多氧霉素、多效霉素、保利霉素、宝丽安	杀菌	1964
抗霉菌素	抗霉菌素 120、农抗 120、120 农用抗菌素	杀菌	
中生菌素 zhongshengmycin	农抗 751	杀菌	
宁南霉素 ningnanmycin		杀菌	
武夷菌素 wuyijunsu	BO－10、农抗武夷菌素	杀菌	
阿维菌素 avermectin	齐墩螨素、阿巴丁、害极灭	杀虫杀螨	1975
四霉素 tetramycin	梧宁霉素	杀菌	
浏阳霉素 polynacfin		杀螨	
多杀霉素 spinosad	多杀虫素、菜喜、催杀	杀虫	
双丙氨磷 bialaphos	双丙氨酰膦、双丙酰膦、好必思	除草	
赤霉素 gibberellin	九二〇、920	生长调节	
肉毒梭菌毒素 botulin type C	肉毒梭菌外毒素、肉毒梭菌杀鼠素	杀鼠	
灭瘟素 blasticidin	稻瘟散、勃拉益思、保米霉素	杀菌	1955
公主霉素	公主岭霉素、农抗 109	杀菌	1982
华光霉素 nikkomycin	日光霉素、尼可霉素	杀螨	
四抗霉素 teranactin	四活霉素、杀螨素	杀螨	
米多霉素 midiomycin	灭粉霉素	杀菌	
放线菌酮 actinone	放线酮	杀菌	1946
有效霉素 validamycin		杀菌	1967

从农用抗生素的产品组分来看，其是微生物提取物类的制剂，绝大多数为非化学物质掺入，否则，对微生物有抑制作用；从产品剂型来看，有粉剂、可湿性粉剂、可溶性粉剂、水溶性粒剂、水溶性片剂、膏剂、泡腾片、悬浮剂、水剂（液剂）、乳油等；从产品使用方法来看，除公主霉素和中生菌素进行种子处理以外，其他农用抗生素大多以喷粉或喷雾的方法施用。

2. 我国水稻生产中使用的抗生素及其作用机理与施用基本要求

从近30年来我国农用抗生素的研究与开发应用来看，对于水稻生产三大病害（稻瘟病、纹枯病和白叶枯病），春雷霉素、灭瘟素、井冈霉素、中生菌素等是重要的杀菌抗生素。春雷霉素和灭瘟素基本能达到控制水稻稻瘟病的问题；20世纪70年代开发成功的井冈霉素，至今仍是防治水稻纹枯病的当家品种；中生菌素和杀枯肽基本能达到控制水稻白叶枯病的问题。公主岭霉素具有广谱抗菌作用，对水稻恶苗病、稻瘟病的防效显著。诸如多抗霉素、农抗120、武夷菌素、宁南霉素等一些杀菌抗生素在防治水稻病害方面也有一定应用效果。

对于水稻虫害，阿维菌素、浏阳霉素、华光霉素等是重要的杀虫抗生素，特别是阿维菌素的迅速推广应用，开创了杀虫抗生素的新时代。

对于水稻草害，双丙氨磷是能产生既抗细菌、又抗真菌的抗生素，并且有强烈的杀草活性，能防除一年生和多年生的农田杂草，是一种速效和持效兼而有之的除草剂，已成为广谱性的稻田除草抗生素。

以下为各农用抗生素产品的特性及作用机理、施用要求。

（1）井冈霉素：又称有效霉素，属低毒杀菌剂，是一种放线菌产生的水溶性抗生素，具有较强的内吸性，易被菌体细胞吸收并在其内迅速传导，干扰和抑制菌体细胞生长和发育。主要用于防治水稻纹枯病和稻曲病，也可用于玉米大小斑病以及蔬菜和棉花、豆类等病害的防治。防治水稻纹枯病有特效，抑制水稻纹枯病菌丝，有效期长达15～20天，耐雨水冲刷，对人、畜、鱼类和蚕等安全无毒，能被自然界中的多种微生物分解，在动物体内不积蓄。剂型有0.33%粉剂，3%和5%水剂，2%、3%、4%、12%、15%及17%水溶性粉剂，是目前开发最为成功的农用杀菌抗生素之一。生产菌种是吸水莲霉菌井冈变种，发酵单位在2万～3万，发酵时间比较短，40～60小时，已成为农药中每亩用药成本最低的农药品种之一。对于水稻纹枯病，一般在封行后至抽穗前期或盛发初期，每次每亩用5%可溶性粉剂100～150克，对水75～100千克，针对中下部喷雾或泼浇，间隔期7～15天，施药1～3次。对于水稻稻曲病，一般在孕穗期，每亩用5%水剂100～150毫升，对水50～75千克喷雾。水剂中含有葡萄糖、氨基酸等适于微生物生长的营养物质，贮放时要注意防霉、防腐、防热、防冻，应存放在阴凉、干燥处，并保持容器密封。粉剂在晴朗天气可以早、晚趁露水未干时喷施，夜间喷施效果尤佳，阴雨天气可以全天喷施，风力大于3级时不宜喷粉。可与除碱以外的多种农药混用。

（2）春雷霉素：又名春日霉素、加收米，是小金色纺线菌产生的水溶性抗生素，对人、畜、家禽、鱼虾类、蚕等均为低毒，具有较强的内吸性，对病害有预防和治疗作用。对水稻稻瘟病有优异的防效和治疗作用，也对防治西瓜细菌性角斑病、桃树流胶病、疮痂病、穿孔病等病害有特效。对稻瘟病菌的孢子萌发没有抑制作用，但喷到水稻植株后，有良好的内吸治疗效果，一般使用20～40微克/毫升即有良好的防效。在水稻抽穗和灌浆期施药，对结实无影响。剂型有2%、4%、6%可湿性粉剂，0.4%粉剂，2%水剂。防治稻瘟病时，如用 6% 可湿性粉剂，每 50 克药粉加水 75 千克，喷施 1 亩左右，叶瘟达 2 级时喷药，病情严重时应在第一次施药后 7 天左右再喷施 1 次，防治穗颈瘟在稻田出穗 1/3 左右时喷施，穗颈瘟严重时，除在破口期施药外，齐穗期也要喷 1 次药。0.4% 粉剂可直接喷粉施药，每亩用量 1.5 千克，最好在早晚有露水时施药，使药粉能沾在稻株上。药剂应存放在阴凉处，稀释的药液应一次用完，如果搁置易污染失效。不能与碱性农药混用。要避免长期连续使用春雷霉素，否则易产生抗药性。

（3）灭瘟素：又叫稻瘟散等，是一种从灰色产色链霉菌得到的放线菌培养液中提取出来的杀菌抗生素，能抑制酵母菌和霉菌的生长，主要用于防治水稻稻瘟病和极毛杆属菌引起的病害，对水稻胡麻斑叶病及小粒菌核病有一定的防治效果，对水稻条纹病毒病的感染率也有降低作用，使用浓度超过 40 毫克/升时易发生药害。农业上应用的是灭瘟素的硫酸盐和月桂酸硫酸盐，对鱼类无毒性。防治水稻叶瘟、穗颈瘟，在秧苗发病之前至初见病斑时，用 2% 乳油 500 ~ 1 000 倍液（20 ~ 40 毫克/升）喷雾 1 ~ 2 次，每次间隔 7 天左右。或用 1% 可湿性粉剂 250 ~ 500 倍液茎叶喷雾，对作物无害。

（4）中生菌素：又名克菌康，是一种杀菌谱较广的低毒保护性杀菌剂，是由淡紫灰链霉菌海南变种产生的抗生素，具有触杀、渗透作用。对细菌可抑制菌体蛋白质的合成，导致菌体死亡；对真菌可使丝状菌丝变形，抑制孢子萌发并能直接杀死孢子。对农作物细菌性病害及部分真菌性病害具有很高的活性，同时具有一定的增产作用。对农作物致病菌（如水稻白叶枯病菌、菜软腐病菌、黄瓜角斑病菌、苹果轮纹病病菌、小麦赤霉病菌等）均有明显抗菌活性。剂型有 3% 可湿性粉剂、1% 中生菌素水剂。防治水稻白叶枯病、恶苗病，用 600 倍液浸种 5 ~ 7 天，发病初期再用 1 000 ~ 1 200 倍液喷雾 1 ~ 2 次。预防和发病初期用药效果显著，施药应做到均匀、周到，如遇雨应补喷。不可与碱性农药混用。应贮存于阴凉、避光处。

（5）农抗 120：又称抗霉素 120 或 120 农用抗菌霉素，是一种广谱性抗菌素，是刺孢吸水链霉素菌产生的水溶性碱性核苷类抗生素，具有内吸的特点，对人、畜低毒，以预防保护作用为主，兼有一定的治疗作用。对许多植物病原菌有强烈的抑制作用，同时可以促进作物生长，是我国目前应用开发时间较早、推广面积较大、应用作物较多、施用效果较好的生物农药之一。在发病初期用 2% 水剂 100 ~ 200 倍液喷雾，每隔 7 ~ 10 天喷施一次，连喷 2 ~ 3 次。不能与碱性农药混用，应保存于阴凉、干燥处。

（6）多抗霉素：又称多氧霉素、多效霉素、宝丽安、宝丽霉素等，属低毒杀菌剂，对人、畜低毒，对植物安全。是由金色链霉菌所产生的一种广谱性抗生素，具有较好的内吸传导作用，作用机制是干扰病菌细胞壁几丁质的生物合成，可抑制病菌产孢和病斑扩大。多抗霉素是一类结构很相似的多组分抗生素，各组分的作用不同，为肽嘧啶核苷酸类抗菌素。一类以 a、b 组分为主，主要用于防治苹果斑点落叶病，轮纹病，梨黑斑病，葡萄灰霉病，草莓、黄瓜、甜瓜的白粉病，霜霉病，人参黑斑病和烟草赤星病等十多种作物病害。另一类以 d、e、f 组分为主，主要用于水稻纹枯病的防治。剂型有 1.5%、2%、3%、10% 可湿性粉剂，防治水稻纹枯病，一般使用浓度为 2% 可湿性粉剂 100 ~ 200 倍液喷洒。不能与碱性或酸性农药混用。应密封保存于阴凉、干燥处，以防潮失效。

（7）阿维菌素：为广谱性农用或兽用杀虫、杀螨剂类抗生素，大环内酯双糖类化合物，由灰色链霉菌发酵产生。对昆虫和螨类具有触杀和胃毒作用并有微弱的熏蒸作用，无内吸作用。在植物表面残留较少，对叶片渗透作用强，持效期长。喷施叶表面可迅速分解消散，渗入植物薄壁组织内的活性成份可较长时间存在于组织中并有传导作用，对螨害和植物组织内取食为害的昆虫有长效性。成螨、幼螨与药剂接触后即出现麻痹症状，不活动不取食，2～4天死亡。主要用于农作物害虫、家禽和家畜体内外寄生虫，如双翅目、鞘翅目、鳞翅目等害虫，以及寄生红虫、有害螨等。防治稻纵卷叶螟等水稻螟虫的效果明显。剂型有 0.5%、0.6%、1.0%、1.8%、2%、3.2%、5% 乳油，0.15%、0.2%、0.5%高渗微乳油，1%、1.8%可湿性粉剂等。阿维菌素制剂低毒，对人畜虽无影响，但对鱼、蚕、蜜蜂等有毒，应避免污染河流和池塘等水源。由于害虫抗性等原因，一般与其他农药混配使用。

（8）多杀菌素：又名多杀霉素、刺糖菌素、赤糖菌素，是一种新型的绿色广谱生物杀虫剂，由土壤放线菌刺糖多孢菌在培养介质下经有氧发酵后产生的次级代谢产物。属于微生物源化学农药，能有效控制鳞翅目、双翅目和缨翅目害虫，对鞘翅目、直翅目、膜翅目、等翅目、蚤目、革翅目和啮虫目的某些特定种类害虫也有一定的毒杀作用，兼有生物农药的安全性和化学农药的快速效果，喷药后当天即可见效。我国和美国农业部登记的安全采收期都只有 1 天，最适合无公害蔬菜的生产。因其低毒、低残留、对昆虫的天敌安全、自然分解快，而获得美国"总统绿色化学品挑战奖"。已在 60 多个国家登记用于防治 200 多种作用害虫，年销售额约 2 亿美元。在我国登记的多杀菌素主要用于棉花上的"催杀"（多杀菌素48%悬浮剂）和用于蔬菜上的"菜喜"（多杀菌素2.5%悬浮剂）。防治稻蓟马，一般于发生期，每亩用 2.5% 悬浮剂 33～50 毫升对水喷雾，或用 2.5% 悬浮剂 1 000～1 500 倍液均匀喷雾。

（9）双丙氨磷：是从链霉菌发酵液中分离、提纯的一种三肽天然产物，属非选择性除草剂，其作用比草甘膦快，比百草枯慢，而且对多年生植物有效，对哺乳动物低毒，在土壤中半衰期较短（20～30 天），易代谢和生物降解。双丙氨膦本身无除草活性，在植物体内降解成具有除草活性的草丁膦和丙氨酸。用于去除多种一年生及多年生的单子叶和双子叶杂草，以及免耕地、非耕地灭生性除草。在杂草各生长期进行茎叶处理，稻田一年生杂草，每公顷使用35%制剂 3～5 升。

3. 对农用抗生素在有机水稻生产上施用的风险分析评估建议

当前，在我国有机水稻生产中，相关病虫草害防治方法和有效投入品使用已成为业内关注的重点，这是因为：其一，水稻的病虫草害发生是难以避免的现状，但相关农用抗生素已在 GB/T 19630.1—2011《有机产品》标准中被回避。其二，GB/T 19630《有机产品》标准中规定的方法或投入品对有机水稻生产的相关病虫草害防治效果现状不佳。使有机水稻生产者有时会深感盲然，严重挫伤了有机水稻生产有序发展的积极性。其三，部分农用抗生素使用对有机水稻防治某些病虫害具有明显的特效，且在 2005 版的有机产品标准中曾被允许使用过。因此，针对中国水稻生产国情、农情，应允许因地制宜或有限度地使用对水稻病虫草害预防和治疗效果明显、对人畜构成威胁的有害性极低，以及在环境中不易累积残留的相关农用抗生素。

因此，我们对其使用提出综合的风险分析评估研究报告，建议如下。

施用的参考标准依据

（1）IFOAM 的标准规定：有机生产中不使用化学合成的投入品，这是国际通行的有机农业生产原则。但国际有机农业运动联盟（IFOAM）的《有机产品生产与加工基本标准》中也规定了在有机生产中所采取的有机方式无法满足植物生长或有效防治病虫草害的特殊情况下，可以通过评估准许的方法，使用标准规定以外的农用投入物。甚至，该标准中还提及"使用与自然界完全一致的化学合成产品是可以接受的"。

（2）欧盟有机法规的规定：欧盟 EC889/2008 附则 ii（农药——第 5 条（1）中提及的植物保护产品）中 2.3 允许使用微生物及多杀菌素。

（3）美国 NOP 的相关规定：①允许使用链霉素，只在苹果和梨上用于控制火疫病。②允许使用四环素，只用于控制火疫病。

（4）日本 JAS 有机农产品生产的标准规定：在附表 2（允许使用的植保产品）中允许使用"生物防治和生物农药"，但不细化到具体物质名称。

（5）中国的 GB/T 19630—2011《有机产品》标准规定：①在栽培和（或）养殖管理措施不足以维持土壤肥力、保证植物和养殖动物健康，需要使用有机生产体系外投入品时，可以使用附录 A 和附录 B 列出的投入品，但应该按照规定的条件使用。在附录 A 和附录 B 涉及有机农业中用于土壤培肥和改良、植物保护、动物养殖的物质不能满足要求的情况下，可以参照附录 C 描述的评估准则对有机农业中使用除附录 A 和附录 B 以外的其他投入品进行评估（4.5.2 条款）。②作为植物保护产品的复合制剂的有效成分应是表 A.2 列出的物质，不应使用具有致癌、致畸、致突变和神经毒性的物质作为助剂（4.5.3 条款）。③不应使用化学合成的植物保护产品（4.5.4 条款）。④5.8.1 条款中提及的方法不能有效控制病虫草害时，可使用表 A.2 所列出的植物保护产品（5.8.2 条款）。

拟施用的前提条件

有机水稻生产中不应使用化学合成的植保产品，当采用的有机栽培管理措施不足以保证病虫草害防治并影响水稻生长和造成产量损失的情况下，对允许施用不含化学物质的农用抗生素必须做到如下 4 个前提条件。

（1）在优先施用《有机产品》国家标准（GB/T 19630.1—2011）附录 A 中列出的植保产品已被证明无效，可施用除附录 A 以外的其他农用抗生素。

（2）需参照附录 C 描述的评估准则和国家农药鉴定部门的相关检定评价结果，评估其组分、使用效果和安全性。

（3）经由认证机构审查评估后按照规定的条件使用。

（4）施用的农用抗生素应是针对防治水稻病虫草害所必需且没有其他生物的、物理的替代方法，或有效管理技术不足以防治这类病虫草害的经国家登记的许可产品。

施用的原则要求

（1）施用的农用抗生素应是对特定的有机水稻病虫草害有明显效果，并且要对人、畜、鱼、蜂及田间各类天敌安全低毒，易被自然界中微生物分解以及不会对环境产生不能接受的影响或污染。

（2）施用的农用抗生素如果是复合制剂，其复合制剂的有效成分应是 GB/T 19630.1—2011 中附录 A 表 A.2 列出的物质，不应使用具有致癌、致畸、致突变性和神经毒性的物质作为助剂。

（3）施用 GB/T 19630.1—2011 中附录 A 表 A.2 以外经评估许可的农用抗生素，应保留采购农用抗生素的相关凭证（包括产品介绍、发票和必要的产品样品等）、使用的农事记录和田间应用效果的相关材料等。

（4）施用某种许可的农用抗生素产品应有明确的安全间隔期，使用者应形成相应的管理规程。

施用后的反馈分析报告

（1）施用 GB/T 19630.1—2011 中附录 A 表 A.2 以外的经评估许可的农用抗生素以后，有关方面应做好以下工作：有机水稻生产者应及时向认证机构反馈其使用效果，提交田间应用效果报告等相关材料。

（2）由认证机构组织专家，对该类农用抗生素使用效果进行再分析评估，并向有机生产者提出在有机水稻生产中的使用改进建议。

（3）由认证机构对使用农用抗生素后收获的有机水稻产品进行抽样与检测分析，评价使用后的产品质量安全结果。

（4）对经认证机构认证的多个有机水稻生产单位允许使用农用抗生素后的效果，形成年度综合分析报告，向国家认证主管部门上报。

为了更好地适应有机水稻生产中有效防治常见型病虫害的新情况，参考了广大有机水稻生产者意见，以及我国的农情与水稻生长的特性，在本标准（规范）的附录 B 表 B.2 中列出了有条件使用农用抗生素类物质的名称。这个"有条件"体现于表注中的说明。其也与 GB/T 19630.1 附录 A 表 A.2 中微生物来源的"真菌及真菌提取物""细菌及细菌提取物"名称和组分、使用条件的要求相一致，并与附录 C《评估有机生产中使用其他投入品的准则》的要求相配套。

第八部分

《有机水稻生产质量控制技术规范》
资料性附录的理解与应用

本部分主要对"农家堆肥堆制""有机水稻生产质量管理相关记录表式""有机水稻种子生产基本要求""有机水稻稻谷产品（含大米）质量安全重点风险检测项目表"4类附录内容作了具体叙述。这4类附录是资料性附录，不具强制性，只供生产者应用参考。生产者可以采用，也可以作为范本，结合各自实际，因地制宜作适当变动后使用。这4类附录与本标准（规范）的相关条款内容有前后呼应关系，是对正文条款的补充性文件。因此，生产者应用时，应考虑其一致性、完整性。

【标准附录】

附 录 C

（资料性附录）

农家堆肥堆制

C.1 来源要求

C.1.1 有机水稻生产应优先使用本生产单元或其他有机生产单元的作物秸秆及其处理加工后的废弃物、绿肥、畜禽粪便为主要原料制作农家堆肥，以维持和提高土壤的肥力、营养平衡和土壤生物活性。

C.1.2 当从本生产单元或其他有机生产单元无法满足制作农家堆肥的原料需求时，可使用符合表 A.1 要求的有机农业体系外的各类动植物残体、畜禽排泄物、生物废物等有机质副产品资源为主要原料，并与少量泥土混合堆制。

C.1.3 为使堆肥充分腐熟，可在堆制过程中添加来自于自然界的好气性微生物，但不应使用转基因生物及其衍生物与产品。

C.2 堆制方法

C.2.1 选择背风向阳的农家庭院或田边地角建堆，堆底平而实，堆场四周起埝，利于增温，防止跑水。

C.2.2 将已浸透水的作物秸秆或其他动植物残体与畜禽排泄物、生物废物等主要原料充分搅拌混匀，同时渗入少量泥土，然后分层撒堆，并适当踩实，料面上还可以混入来自于自然界的微生物，最后用泥密封 1.5cm～2cm。要求堆宽 1.5m～2.0m、堆高 1.5m～1.6m、长度不限。

C.2.3 堆制 10d～15d 可人工或机械翻堆 1 次并酌情补水，加速成肥过程。如不翻堆，可在中央竖几把秸秆束以便于透气，满足好气性微生物活动。

C.3　质量指标

　　农家堆肥应充分腐熟，成肥颜色以黄褐色最佳，无恶臭味或者有点霉味和发酵味。有毒有害物质、重金属含量、大肠杆菌和蛔虫卵残等有害微生物应符合国家相关标准的质量指标。

C.4　农家堆肥制作

　　应填写表 C.1。

【理解与应用】

　　本标准附录是对农家堆肥的堆制方法进行了相关技术要求描述。

　　因在当前的有机水稻生产中，大多数生产者以农家堆肥作为主要培肥方式来从事生产，但对农家堆肥的堆制方法千姿百态、五花八门。总体上缺乏科学性和规范性的技术支撑。为此，编制本附录 C 具有技术层面的指导性，有机水稻生产者应作如下理解并应用。

　　（1）有机水稻生产者应因地制宜建立尽可能完善的土壤营养物质循环体系，制订切实可行的土壤培肥计划，主要通过系统自身获得养分和提高土壤肥力，以维持土壤营养平衡和生物有效性，将有机基地内种植绿肥和豆科作物作为主要肥源，提倡稻草还田，补充施用自制农家肥以及符合要求的商品有机肥。依据 GB/T 19630.1《有机产品　第 1 部分：生产》、NY/T 496《肥料合理使用准则通则》、NY/T 525—2012《有机肥料》和 NY/T 1752—2009《稻米生产良好农业规范》等涉及肥料投入品使用的相关标准，结合有机水稻生产过程中土壤培肥的应用实践，本附录 C 对堆制农家肥的原料来源要求、堆制方法和质量指标等相关内容进行了描述，供有机水稻生产者应用参考。

　　（2）有机农业强调生产者应通过适当的耕作与栽培措施以维持和提高土壤肥力，包括回收、再生和补充土壤有机质与养分来补充因植物收获而从土壤带走的有机质和土壤养分，采用种植豆科植物、免耕或土地休闲等措施进行土壤肥力的恢复。当上述措施无法满足作物生长需求时，可施用农家肥或商品有机肥。同时强调应优先使用本生产单元或其他有机生产单元的有机肥，避免过度施用有机肥，以免造成环境污染，施用人粪尿时应充分腐熟和进行无害化处理且不得与可食用部分接触。为使堆肥充分腐熟，可以在堆制过程中添加来自于自然界的微生物，但不应使用转基因生物及其产品。还规定各种土壤培肥和改良物质应符合 GB/T 19630.1—2011 中附录 A 表 A.1 的要求。

　　（3）农家肥是农民就地取材、就地使用、不含集约化生产成分、无污染的由生物物质、动植物残体、排泄物、生物废物等积制腐熟而成的一类肥料，其涉及经充分发酵腐熟的堆肥、沤肥、厩肥、绿肥、饼肥、沼气肥、草木灰等农家肥。在有机水稻生产中，应优先选用本生产单元或其他有机生产单元的作物秸秆及其处理加工后的废弃物、绿肥、畜禽粪便为主要原料制作农家堆肥。当从本生产单元或其他有机生产单元无法满足制作农家堆肥的原料需求时，可使用有机农业体系外的各类动植物残体、畜禽排泄物、生物废物等有机质副产品资源为主要原料。为使堆肥充分腐熟，可在堆制过程中添加来自于自然界的好气性微生物，但不应使用转基因生物及其衍生物与产品。具体哪些原料来源符合要求，其使用的条件如何，在本标准（规范）附录 A 中以列表 A.1 的形式进行了详细描述。

　　（4）堆制农家肥的具体技术方法是：应选择背风向阳的农家庭院或田边地角建堆，堆底平而实，堆场四周起埂，利于增温，防止跑水。用于堆制农家肥的作物秸秆或其他动植物残体等主要原料在堆制前应浸透水,与畜禽排泄物、生物废物等其他的原料充分搅拌混匀,可渗入少量泥土或混入来自于自然界的微生物,然后分层撒堆并适当踩实,料面上用泥密封 1.5~2 厘米进行发酵,直到充分腐熟。

(5)堆制后的农家肥,其有毒有害物质、重金属含量、大肠杆菌和蛔虫卵残留等质量指标,可通过相关的检测分析其是否符合国家的相关标准,在使用时还需符合有机生产的要求。

【标准附录】

表 C.1 农家堆肥制作记录表

生产单元名称:

原料名称				
原料来源	□ 本生产单元内 □ 外部购买	数量		t
堆制时间	年 月 日至	年 月	日	
堆制方法描述(含添加微生物)				
质量检测结果		有无检测报告		
施用时间、数量	地块: 时间:	数量: t		
	地块: 时间:	数量: t		
其他说明:				

地块种植者: 内部检查员:

年 月 日   年 月 日

【理解与应用】

有机水稻生产者在堆制、施用农家肥的过程中,应实时填写农家肥堆制记录和使用记录，农家堆肥制作和使用的记录表，可参考本标准（规范）附录 C 的表 C.1，也可自行设计记录表，但必须包含原料来源和数量、施用时间和使用量等重要信息，描述堆制方法和过程。通常情况下，生产者自制的农家肥很少送样检测其中有毒有害物质、重金属含量、大肠杆菌和蛔虫卵残等有害微生物的质量指标，仅仅是通过观察成肥的外观性状和气味等简单易行的方法来判断堆肥质量。本表中设置的"质量检测结果"是指农家堆肥制作者，在按国家相关标准（如 NY/T 525《有机肥料》或 NY/T 884《生物有机肥》等）进行肥料委托检验后的结果。这个结果以"检验报告"中的所列判定项目为准。

【标准附录】

附录 D（资料性附录）	表 D.1	有机水稻生产农事管理综合记录表
附录 D（资料性附录）	表 D.2	有机水稻生产农事管理中病虫草害防治记录表
附录 D（资料性附录）	表 D.3	有机水稻生产农事管理中收获记录表
附录 D（资料性附录）	表 D.4	有机水稻生产农事管理（轮作）记录表
附录 D（资料性附录）	表 D.5	有机水稻生产管理内部检查记录表（基本情况）
附录 D（资料性附录）	表 D.6	有机水稻生产管理内部检查记录表（农田管理情况）
附录 D（资料性附录）	表 D.7	有机水稻生产管理内部检查记录表（豆科作物）
附录 D（资料性附录）	表 D.8	有机水稻生产管理内部检查记录表（外来侵蚀与预防措施）
附录 D（资料性附录）	表 D.9	有机水稻生产管理内部检查记录表（平行生产）
附录 D（资料性附录）	表 D.10	有机水稻生产管理内部检查记录表（不符合项整改）
附录 D（资料性附录）	表 D.11	有机水稻生产单元内部培训记录表
附录 D（资料性附录）	表 D.12	有机水稻生产单元稻谷产品（含大米）出入库记录表
附录 D（资料性附录）	表 D.13	有机水稻生产单元客户投诉处理记录表
附录 D（资料性附录）	表 D.14	有机水稻生产单元产地环境状况监测、观察记录表
附录 D（资料性附录）	表 D.15	有机水稻生产单元稻谷产品（含大米）质量检测记录表

【理解与应用】

本标准（规范）附录 D 是资料性附录，不具强制性。附录 D 共设计了 15 种有机生产记录表式，主要立足于有机水稻生产过程的全程系统性可追溯，又方便生产者可操作。这也是本标准（规范）的新颖之处。谨供有机水稻生产者参考应用。对这 15 种记录表，可详见本书附录中的 NY/T 2410—2013《有机水稻生产质量控制技术规范》的标准文本，这里，省略了这些记录表式。

值得提示的是：这 15 种记录表是与 GB/T 19630—2011《有机产品》国家标准和《有机产品认证实施规则》中的相关要求具一致性，但有机水稻生产者因受产地条件、地块规模、组织形式、管理模式、技术保障、人力资源、财力条件等要素的差异，可对此作选择性使用，也可因地制宜地作改动性使用。对各记录表中设置项目也可增减。归根结底，有机水稻生产，做好各项记录是必须的。做好记录的目的：一是体现生产的依标规范性；二是实施过程控制口说有凭；三是接受认证检查可溯源、可追踪；四是对生产者起到真实性的诚信体现以及品牌的自我保护。在记录实施中，要讲求"实时记录""细化记录"和

"记录确认"，因此，必须在记录表上有有机生产单元负责人和内部检查员的签名，并及时填写记录的时间。

【标准附录】

附 录 E

（资料性附录）

有机水稻种子生产基本要求

E.1 有机水稻种子生产应在有机生产单元内进行，选择地势平坦、土质良好、地力均匀、排灌方便以及不易受周围环境影响的地块，属杂交水稻制种时需有相应的隔离措施。

E.2 种子生产过程应遵循 GB/T 19630.1 的要求。

E.3 种子生产技术及种子质量标准应遵循 GB 4404.1《粮食作物种子 第 1 部分：禾谷类》和 GB/T 3543《农作物种子检验规程》中有关水稻种子的要求。

E.4 可选用常规的水稻原种、良种以及杂交亲本进行有机水稻种子生产。

E.5 不宜选择秧田或前茬刚种过水稻的田块，以防止机械混杂和生物学混杂，保证种子的纯度。

E.6 同一品种需成片种植。品种相邻的田块，若花期相近，应设置隔离屏障或将制种田周边 5m 范围内所产的稻谷不作种子用。同一常规水稻品种已作种子种植多年，应采取提纯度复壮的技术措施。

E.7 整个生育期期间，应随时观察，及时拔除病、劣、杂株，并携出田外。

E.8 应依据株行、株系、原种和良种分别单收、单脱、单晒，并经种子精选、检验后入库储存。

E.9 应详细记载品种的特征特性，如生育期、株高、株型、穗粒结构及产量性状。

E.10 应加强种子生产过程中的病虫草害防治，特别是种传病害的防治。

【理解与应用】

本附录 E 主要针对有机水稻种子生产编制了基本技术要求，其填补了国家有机产品标准体系中的空白，既是本标准（规范）的创新之处，也是对有机水稻种子生产的技术指导。

有机产品国家标准 GB/T 19630.1 规定应选择有机种子种苗和采取有机生产方式培育一年生植物的种苗，同时也规定当从市场上无法获得有机种子种苗时，可选用未经禁止使用物质处理过的常规种子种苗，但应制订和实施获得有机种子种苗的计划。这是基于目前我国有机农业生产发展的现阶段，要求严格实施有机种子的规定还需有相当一段时间。不过当前，全球约 50% 的有机认证机构或组织也一再推迟强行实施全部有机种子种苗规定的时间。多数一年生作物无法从外界购买到有机种子种苗，有些作物品种不能自繁，必须购买，但当地有机生产并不普及，也没有专门从事有机种子种苗生产的单位。有些作物品种如果长期靠有机农场自繁也会产生品种退化问题，因此必须经常交换种子。凡此种种，都造成了实施有机种子规定的难度。

尽管如此，有机产品国家标准 GB/T 19630.1 要求有机生产者尽力争取使用有机种子和种苗，在欧盟新的有机标准 834/07 中的第 12 条款规定，除了以生产种子为目的以外，其他有机生产必须使用有机种子、种苗和繁殖材料。随着有机农业的发展，到一定程度时，必定会要求全部使用有机种子和种苗，也会有专门从事有机种子种苗生产种植者。而且从市场角度分析，从事有机种子产出的有机产品也会比常规种子产出的有机产品更易受到欢迎。我国有机种植者必须有长远的眼光，越早使用有机种子种苗就越早处于领先地位，越早与国际接轨，也就越能占领国内外的有机市场。

有机水稻生产应选用经有机生产单元培育的或从市场获得的有机水稻种子。如果得不到有机水稻种子，可以使用未经禁用物质处理的常规水稻种子，但必须制订和实施获得有机水稻种子的计划。本生产单元已具备有机水稻品种（种子）的繁种能力，而仍然使用非有机水稻品种（种子），会存在一定的生产风险，如无法知悉所引入的常规水稻种子尤其是杂交稻种子生产过程中是否使用了有机生产中禁止的物质（种子处理剂等）或技术（转基因、辐照等）。因此，依据 GB/T 19630.1《有机产品　第 1 部分：生产》、GB 4404.1《粮食作物种子　第 1 部分：禾谷类》和 GB/T 3543《农作物种子检验规程》等涉及种子的相关标准，结合水稻种子生产技术与应用实践，本标准（规范）对有机水稻种子生产基本要求、制种技术以及种子质量标准等相关内容进行了描述，作为资料性附录供有机水稻生产者自繁自制有机水稻种子时参考应用。

本附录 E 阐明的技术要点如下。

（1）有机水稻种子生产应在有机生产单元内进行，并按照有机种植方式管理。在制种田块的选择方面，要求选择地势平坦、土质良好、地力均匀、排灌方便以及不易受周围环境影响的地块，不宜选择秧田或前茬刚种过水稻的田块，目的在于防止机械混杂和生物学混杂。

（2）在种子生产的亲本选择方面，可以选用常规的水稻原原种、早代的原种以及优良品种；若进行两系杂交稻种子生产，可以选用常规的水稻两系不育系及其恢复系作为杂交亲本，若进行三系杂交稻种子生产，除了选用常规的水稻不育系及其恢复系作为杂交亲本，同时还需选用不育系的保持系繁殖杂交亲本以供来年制种。

（3）若同一常规水稻品种已作种子种植多年，则应采取提纯复壮的技术措施，以保持种性稳定。

（4）同一品种需要成片种植，并且要求在制种田周边设置隔离屏障以防串粉和生物学混杂，尤其是在杂交稻种子的生产过程中，更需要有严格的隔离措施。

（5）在制种期间，应随时观察，及时拔除病、劣、杂株，详细记载品种的特征特性，加强病虫草害防治，特别是种传病害的防治。

（6）成熟收获时，应依据株行、株系、原种和良种分别单收、单脱、单晒，并经种子精选、检验后入库储存备用。

（7）有机水稻种子生产的技术措施以及种子质量标准应遵循 GB 4404.1《粮食作物种子　第 1 部分：禾谷类》和 GB/T 3543《农作物种子检验规程》中有关水稻种子生产技术及质量要求。

（8）整个生产过程中的投入品使用、土壤培肥和病虫草害防治方法以及管理措施都应符合 GB/T 19630.1—2011 的要求，按照有机生产方式进行有机水稻种子的生产并建立和保存完整的有机水稻种子生产记录体系。

【标准附录】

附 录 F

（资料性附录）

有机水稻稻谷产品（含大米）质量安全重点风险检测项目

有机水稻稻谷产品（含大米）质量安全重点风险检测项目见表 F.1。

表 F.1 有机水稻稻谷产品（含大米）质量安全重点风险检测项目表

检测项目			
农药残留项目		重金属项目	其他卫生安全项目
杀虫、杀菌剂	除草剂		
甲胺磷 乙酰甲胺磷 乐果 三唑磷 毒死蜱 噻嗪酮 吡虫啉 三唑酮 稻瘟灵 三环唑	丁草胺 杀草丹 灭草松 禾大壮	镉（以 Cd 计） 铅（以 Pb 计）	黄曲霉毒素 B_1
备注	1. 检测机构应符合国家规定的法定资质。 2. 所列项目应全检。 3. 检测方法执行相关国家或行业标准的规定。 4. 限量值执行 GB/T 19630.1—2011 要求的禁用物质不得检出、重金属和其他卫生安全项目执行国家标准的规定。		

【理解与应用】

有机水稻生产按标准要求，生产环境、投入品使用、质量管理上都有严格的规定，产品应当是安全的，但仍然存在一定来自于有机生产体系外的风险因素。

（1）生产环境是合格的，但作物的特性不同，对某些环境污染物有特异吸收取向，水稻容易吸收重金属镉，由于稻田生态的复杂性，研究表明品种特性、pH 值、土壤微生物、有机质等对水稻吸收镉的能力都有影响，符合标准的产地，依然存在风险。

（2）外部系统使用投入品，通过气流、水流对有机生产系统也会产生漂移污染风险。

（3）使用有机生产允许的生物农药，由于厂家诚信问题，为提高药效违规添加一些违禁农药，对有机生产者是难以预见的。

（4）矿物产品，来自天然，往往会同其他矿产伴生，尤其是重金属，易导致稻谷重金属超标。

（5）畜禽粪便，是动物的排泄物。一般动物吸收 3% 左右的重金属摄入量，97% 的重金属摄入量通过粪便排出，因此，会有一定的重金属含量。

（6）微生物在大自然广泛存在，稻谷和大米存在微生物污染的风险，可能会含有生物毒素。

【附录条款】

> 备注：1. 检测机构应符合国家规定的法定资质。

【理解与应用】

按《中华人民共和国计量法》第二十二条规定"为社会提供公证数据的产品质量检验机构，必须经省级以上人民政府计量行政部门对其计量检定、测试的能力和可靠性考核合格"。按《中华人民共和国农产品质量安全法》第三十五条规定"从事农产品质量安全检测的机构，必须具备相应的检测条件和能力，由省级以上人民政府农业行政主管部门或者其授权的部门考核合格"。国家认证认可监督管理委员会、中绿华夏有机食品认证中心也公布了一批具备有机产品检测资质的委托机构。没有法定资质的检测机构出具的数据是不具法律效力的。

获得国家规定法定资质的检测机构必须在机构与人员、质量体系、仪器设备、检测工作、记录与报告、设施与环境 6 方面建立完善的制度、熟练的人员、配备齐全的设备和符合要求的环境设施，重要的是有保证检测结果质量的一套程序。检测机构每 3 年要进行复查，期间还要接受飞行检查（即不通知检查），监督其质量体系是否运行有效。送样到这类机构检测，结果是可靠、准确的。

具备国家规定法定资质的检测机构，其出具的检验报告封面上应有计量认证标志和农产品质量安全检测机构考核标志（下图），以及相应的证书编号。在本标准（规范）附录 F 表 F.1 中也作了注。

计量认证标志（左）和农产品质量安全检测机构考核标志（右）

【附录条款】

> 备注：2. 所列项目应全检。

【理解与应用】

本标准（规范）附录 F 表 F.1 表中所列项目如下。

（1）农药残留项目：杀虫、杀菌剂有甲胺磷、乙酰甲胺磷、乐果、三唑磷、毒死蜱、噻嗪酮、吡虫啉、三唑酮、稻瘟灵、三环唑等；除草剂有丁草胺、杀草丹、灭草松、禾大壮等。这些都是常规水稻生产中常用农药和禁用农药，药效比较好，生物农药厂家违规使用可能性较大。因此，属重点风险监测项目。这些农药在稻米质量安全监测中，也较容易检出。

（2）重金属项目：镉、铅。这两个重金属在稻谷（大米）中发现的概率较大，水稻对它们，尤其镉有吸附的特性，"镉大米"也成为2013年农产品质量安全事件之一。因此，镉、铅含量，也属重点风险监测项目。

（3）其他卫生安全项目：黄曲霉毒素 B_1。黄曲霉菌是稻谷（大米）最常见的病菌，主要在仓储过程中被感染。

表 F.1 所列项目是在相关国内专业权威机构多年调查研究和多点抽样检测分析的基础上，提出的目前有机稻谷（大米）存在风险较大的项目，在历年的检测中均确认为检出率较高的。从风险监测、质量控制角度应当全项检查。

【附录条款】

> 备注：3. 检测方法执行相关国家或行业标准的规定。

【理解与应用】

由于仪器设备、前处理等不同，检测方法的灵敏度、再现性也会存在差异，国际食品法典委员会在选择检测方法时也明确规定，所选检测方法的检出限必须比限量值高出1个数量级，如果限量值较低，至少高出半个数量级。如稻谷甲胺磷限量是0.05毫克/千克，那方法检出限应当达到0.005毫克/千克。

我国的国家或行业产品标准、限量标准在每个参数后均有指定的方法，该方法是经过试验验证、专家评审，能满足要求，一般情况应按此标准执行。因此，本标准（规范）附录 F 表 F.1 中作了注。检测机构也可选择灵敏度更高的方法，但检测机构应当提供试验验证的比对数据。

【附录条款】

> 备注：4. 限量值执行 GB/T 19630.1—2011 要求的禁用物质不得检出、重金属和其他卫生安全项目执行国家标准规定。

【理解与应用】

本标准（规范）附录 F 表 F.1 中的农药残留项目是 GB/T 19630.1—2011 规定不允许使用的禁用物质，应当是不得检出。但由于本底残留和环境漂移污染因素等，虽然含量极低，高灵敏度的方法和仪器设备或多或少也能监测到。因此，这个不得检出应当是按相应参数规定检测方法的检出限进行判定。

附录 F 表 F.1 中的重金属项目和其他卫生安全项目，来源复杂，有一定人为不可控因素存在，难于判断是否是违规、违法行为引起的。国家标准是经过风险评估的，是有机稻谷（大米）产品食用安全的生产控制线，必须符合 GB 2763 国家标准规定，其中，镉的限量为 0.2 毫克/千克，铅的限量为 0.2 毫克/千克，黄曲霉毒素 B_1 的限量为 10 微克/千克，这也是当前食品质量安全的底线。

国家农业行业标准《有机水稻生产质量控制技术规范》编制说明

中国水稻研究所，农业部稻米产品质量安全风险评估实验室
（中国　杭州　310006）

一、制定本标准的必要性及重要意义

水稻是我国主要的粮食作物，全国65%以上的人口以大米为主食。近年来，我国水稻产量保持在1.9亿吨左右，占粮食总产量的近40%，其中85%以上是作为口粮消费，稻米产品的质量直接影响着人体健康，关系到国民生活质量的改善与提高。随着我国人民生活水平的不断提高，部分富裕起来的人们和讲究生活质量的人群已把有机大米作为主粮的首选。许多有机大米产品成了2008年北京奥运会、2010年上海世博会和广州亚运会的特供产品。当前市场上对有机稻米的需求量正在不断增加。

有机稻米既是重要食用农产品之一，又是相关有机食品加工的重要原料，在我国已引起有关方面的高度关注。国务院及国家相关主管部门从21世纪初就已将发展无公害农产品、绿色食品、有机农产品作为质量安全型食品相提并论，并相继在"中央一号文件"中体现。有关部门还出台了鼓励扶持政策。农业部于2005年明确提出了这三类食品"三位一体、整体推进"的战略，并在全国推行了"绿色食品标准化原料生产基地"和"有机农业示范基地"建设。各级地方政府也因地制宜地大力推进有机稻米的发展。随着国家农业结构战略性调整力度的加大和全面建设小康社会步伐加快，以及国内外市场需求的拉动，有机水稻在国内水稻产区的发展将进入一个快速发展的时期。

我国的农产质量安全认证包括：无公害农产品、绿色食品、有机农产品（食品），简称"三品"。在稻米产品中，无公害稻米、绿色食品稻米都已建立了完整的生产、加工、质量等国家农业行业标准体系，作为"三品"之一的有机稻米至今还没有一套国家或行业的生产技术标准，致使我国的有机稻米生产还无标可依。据初步调研，现我国水稻产区生产有机水稻的省份已达20个左右，据不完全统计，生产总面积已在200万亩左右。经有机稻米认证的企业已达近1 000家。为此，浙江、江苏、吉林、宁夏等省区都制定了《有机稻米》或《有机水稻生产技术规程》等系列省级地方标准，用来指导本省的有机水稻生产，但全国多数地区的有机水稻生产还处于无标准化状态。在全国范围内也未制定过统一的有机水稻生产上的国家标准或行业标准。这很大程度上影响了有机水稻生产的标准化要求和对有机水稻生产中风险控制与管理的形势趋向。因此，制定一套有机水稻生产中质量与风险控制技术规范，来指导我国有机水稻生产已显得十分迫切和必要。

二、本标准的任务来源

本标准的任务来源为 2010 年 11 月由中国水稻研究所编制上报了《有机水稻生产技术规范》的农业行业标准制订申请书，被农业部列为 2011 年的农业行业标准制订计划，并与绿色食品相关标准一起纳入中国绿色食品发展中心的编制技术标准归口管理。

2011 年 3 月 29 日，中国绿色食品发展中心以中绿办函〔2011〕58 号文件下达了关于召开《有机生产技术规范制定项目》启动会议的通知，明确布置安排了水稻、水果、蔬菜的 3 项有机生产质量或风险控制技术规范标准的制定任务、技术要求、验收要求及进度安排。并由中国水稻研究所（农业部稻米及制品质量监督检验测试中心、农业部稻米产品质量安全风险评估实验室）负责制定《有机水稻生产风险控制技术规范》（当时暂定名）。

本标准编制组的组成成员有近 20 名，在全国范围内具有一定的代表性和专业性，其中，既有从事多年有机水稻生产技术研究的人员，又有参与国家标准《有机产品》制修订的专家；既有长期从事有机水稻和有机生产资料生产的企业人员，又有多年从事有机认证和管理的专业机构行家，他们对标准的制定起到了非常重要作用。

三、主要工作过程

（一）本标准制定原则

根据制定《有机水稻生产风险控制技术规范》的任务要求，本标准编制起草小组通过对有机水稻生产中影响质量安全控制的主要问题的分析，拟定了针对我国国情和有机水稻生产的实际情况，对有机水稻生产质量与风险控制技术规范的制定提出了应遵循以下原则。

1. 以现行的 GB/T 19630《有机产品》国家标准为重要基础

有机水稻生产，必须获得规范的质量管理运行的认证和认可，使生产中各种风险能受控。因此，以我国国家标准和对有机产品认证的相关规则与要求为指导，融合贯彻国家标准 GB/T 24353—2009《风险管理原则与实施指南》的相关要求，参考国际相关国家与组织对有机农业和有机食品生产的通则性规范，以及 ISO 的有关风险管理标准原则，结合我国国情与水稻生产的实际，突出标准制定的科学性、通用性和可操作性。

2. 以对环境友好，提高稻米质量安全水平，维护农业可持续性发展为目的

按有机农业生产原则，有机水稻在生产中不使用化学合成的农药、肥料、生长调节剂等物质，不采用基因工程获得的生物及其产物，遵循自然规律和生态学原理，采用一系列可持续的农业技术，为我国有机水稻生产过程中的技术应用与质量风险的可控性提供基础。

3. 以客观存在或潜在的生产中质量风险要素分析为前提，突出控制技术与方法应用能涵盖有机水稻生产全过程的重要内容

通过对我国多地有机水稻的生产风险因子调研分析表明：① 有机水稻生产主要存在的或潜在的质量控制风险要素有：产地环境质量变化风险，包括土壤农药残留、重金属、废弃物，有毒有害气体，生产用水等；② 生产过程风险：包括水稻种子（品种）、培肥与施肥、病虫草害与其他有害生物的防治、生长调节剂、转基因物质、生产工具、运输工具、包装物、平行生产、平行收获、晾晒（堆放）方式及场所、废弃物处理等；③ 生产

单元管理风险：包括边界明晰状况，农户管理、记录及追踪体系等。

为此，对生产过程中质量风险控制技术与方法主要应用要素应包括：①生产单元建立，包括地理位置要求、缓冲带控制、转换期控制、内部质量管理控制、平行生产控制、种植茬数（复种）控制；②环境监测评价，包括土壤、灌溉水、大气；③建立生产单元内部物质循环体系，包括作物轮作、种养结合、秸秆还田、品种选择；④栽培技术：包括播种、育秧、移栽、土肥管理、灌溉、病虫草害防治，以及收获处理、贮存处理等。

4. 以减少外源物质投入，促进低碳生产为核心，强化稻田培肥、病虫草害防治的有机生产体系内循环

通过首先建立在生产单元内物质循环体系，依靠单元内作物轮作、种植绿肥、秸秆还田、种养结合等措施提供有机水稻生长所需的大部养分，保持和提高土壤肥力。同时，应着力建立农业的、生物的、物理的、机械的、人工的病虫草害及其他有害生物的综合防治体系，保障有机生产方式的实施。

5. 以强调质量控制的风险预警与管理为目标

有机水稻生产中必然会存在一些不可预知的质量风险，有些风险是事前可控的，有些风险是应预警预防的，有些风险是事后需应急处理的。因此，制订应急预案及应急处理等管理应对措施是必须的。以此，与《有机产品》国家标准中的"管理体系"要求相呼应，从而形成系统的风险预警与控制管理的体系。其主要内容体现于资源管理、技术措施、记录要求、可追溯体系、预警机制、应急处理等重要环节上。

（二）相关资料收集与参阅

有机水稻生产及相关农产品生产质量安全控制资料主要如下。

（1）GB 2762　《食品污染物限量》；

（2）GB 2763　《食品中农药最大残留量》；

（3）GB 3095　《环境空气质量标准》；

（4）GB 5084　《农田灌溉水质标准》；

（5）GB 9137　《保护农作物的大气污染物最高允许浓度》；

（6）GB 15618　《土壤环境质量标准》；

（7）GB/T 3543　《农作物种子检验规程》；

（8）GB 4404.1　《粮食作物种子　第1部分：禾谷类》；

（9）GB/T 19630　《有机产品》；

（10）GB/T 23694　《风险管理术语》；

（11）GB/T 24353　《风险管理原则与实施指南》；

（12）NY/T 525　《有机肥料》；

（13）NY/T 884　《生物有机肥》；

（14）NY/T 798　《复合微生物肥料》；

（15）NY/T 1752　《稻米生产良好农业规范》；

（16）GB/T 20569　《稻谷贮存品质判定规则》；

（17）DB33/T366　《有机稻米》；

（18）《中国有机稻米生产加工与认证管理技术指南》；

（19）《国内外有机食品标准法规汇编》；

（20）《有机农业与有机食品生产技术》；

（21）《水稻主要病虫害防控关键技术解析》；

（22）《中国有机食品市场与发展国际研讨会论文集》。

同时，标准还结合中国水稻研究所（农业部稻米及制品质量监督检验测试中心、农业部稻米产品质量安全风险评估实验室）相关专业人员近 10 年来对我国有机稻米生产技术的研究和调研的情况，以及发表的专业论文 30 余篇，如《中国有机稻米生产的技术保障链现状及推进展望》《"稻鸭共育"技术与我国有机水稻种植的作用分析》等。标准还吸收了国内一些比较成熟的区域性适宜的有机水稻生产技术及质量控制管理理念。

（三）标准主要技术内容的确定

1. 以有机水稻生产流程图为基础，编制通则性要求（本标准第 3 章）

编制起草小组经过多年的生产实践与调研，绘制了有机水稻生产的一般流程图（图 1），这是制定本标准技术要素的重要参考依据。但各地在具体实施时，可根据采用的生产技术和当地的实际情况，因地制宜进行调整。需说明的是，本有机水稻生产流程图未列入本标准中，只作编制标准时参考。

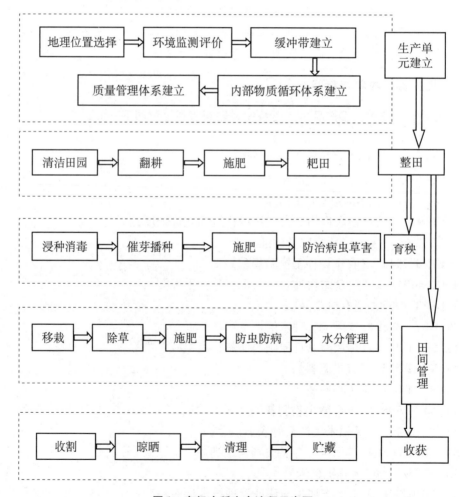

图 1 有机水稻生产流程示意图

第一，明确了有机水稻生产单元范围（本标准第 3.1 小节）。

第二，提出了有机水稻生产质量控制的风险要素为 4 个重点：产地环境质量的变化；不当培肥方法造成的后果；来自常见型水稻病虫草害发生，因施用农药不当造成的后果；生产单元质量管理体系实施不到位（本标准第 3.2 小节）。

第三，阐明了有机水稻生产质量控制的三项原则（本标准第 3.3 小节）。

2. 明确有机水稻生产过程中质量控制的关键点（本标准第 4 章）

有机水稻生产过程，就是全程质量管理与控制的过程，因此，生产质量控制必须明确以下三大关键点。

产地环境（本标准第 4.1 小节）

本章节主要针对有机水稻生产单元的土壤农药残留和重金属、大气中有毒有害气体、生产用水 3 方面可能存在的产地环境风险因子进行描述。有机水稻产地环境应符合 GB 19630.1 中的相关要求，并有效防控因客观生产条件发生变化、平行生产、病虫草害防治投入品使用、土壤培肥投入品使用、禁用物质误用甚至滥用化学投入品等所带来的产地环境污染风险。

（1）土壤农药残留及重金属：有机水稻产地环境中土壤农药残留风险主要源于 4 个方面：一是有机水稻生产过程中为防治有害生物而使用化学农药后所造成的污染；二是有机水稻生产单元周边施用化学农药的常规地块中灌溉用水渗透或漫入有机地块后所产生的污染；三是使用过化学农药的生产工具用于有机水稻生产前未彻底清洁而导致的污染；四是当地（主要是我国东北稻区）存在飞机或大型喷雾机械喷洒化学农药防治有害生物的作业给有机水稻生产单元带来的污染。有机水稻产地环境中土壤重金属含量超标风险主要源于生产过程中矿物质投入品使用不当、有机肥过度施用、农家肥未充分腐熟和未经过无害化处理，以及所用肥料的来源地污染。尤其要尽可能控制投入的矿物质中重金属含量。

（2）有毒有害气体：有机水稻产地环境中有毒有害气体污染的风险主要源于两方面：一是当地存在有毒有害气体污染时对有机水稻生产区域的大气环境所带来的污染；二是有机水稻生产过程中采取燃烧方式处理作物秸秆或田边杂草灌木。若存在有毒有害气体污染的风险，应采取足以使危险降至可接受水平和防止长时间持续负面环境影响的措施。

（3）生产用水：有机水稻生产用水存在的风险主要在于：一是有机水稻生产单元的灌溉水源上游或周边农田灌溉用水受到水体污染时对有机地块生产用水所带来的污染；二是生活污水、工业废水流经有机水稻生产单元周边时对有机地块生产用水所带来的污染；三是有机水稻生产体系中不具备相对独立的排灌系统、未采取有效措施保证所用的灌溉水不受禁用物质的污染；四是有机水稻生产过程中未采取有效措施防止常规生产地块的水渗透或漫入有机地块；五是有机水稻生产过程中未能控制投入使用的人粪尿和畜禽粪便等农家肥对地面水、地下水造成的水体面源污染。

生产过程风险（本标准第 4.2 小节）

本章节对生产过程中的质量风险因子进行描述，主要源于以下 5 个方面。

（1）水稻种子（品种）选用不符合有机生产要求。

（2）施用常规水稻生产方式的投入品，如使用转基因物质及产品，使用化学肥料、农药、植物生长调节剂等。

（3）没有按标准许可要求施用投入品，如使用不符合 NY/T 525、NY/T 884、NY/T 798 及本标准附录 A 要求的有机肥料、生物有机肥、复合微生物肥料及其他肥料，使用不符合本标准附录 B 要求的病虫草害防治物质等。

（4）与常规稻谷产生混杂，如在收获、运输、贮藏过程中没有彻底清洁造成混杂，如生产单元内存在平行生产、平行收获没有采取相应控制措施而对有机稻谷产品造成混杂。

（5）稻谷遭受污染，如因生产工具、运输工具、包装物含有毒有害物质等对有机稻谷产品造成污染，因晾晒（堆放）方式及场所不当对有机稻谷造成污染等。

生产单元实施（本标准第 4.3 小节）

本章节主要对有机生产单元的管理风险因子存在的 8 个主要方面进行了描述。其主要依据来自于以下两个方面。

（1）GB/T 19630.4 中对管理体系有明确的规定。

（2）从有机水稻生产实际和有机认证现场检查发现的主要问题，也反映出生产单元实施中管理风险因子的存在，这都将会影响到有机生产方式的实施，这也将给予有机水稻生产单元的管理者、生产农户、内部检查员等从业人员以运行中的警示。

本标准 4.3.1 条款所指"有机生产单元的地块范围边界不清晰"主要是地块四周边界的地理状况不相符，或地块图与地块范围现状不相符等。"直接从事生产的农户与地块不对应"主要是除单个农户外存在 2 个或 2 个以上多农户状况，这里所称直接从事生产的"农户"主要包括：在有机水稻生产单元内的地块承包生产经营者，或农场场员，或指定地块生产责任人等。这些农户都应该与所生产有机水稻的地块对应起来，如不对应，就存在着有机生产方式实施有机生产管理和可追溯等方面的风险。"地块权属不明确"主要是指有机水稻生产单元中各地块的土地产权、生产经营权（使用权）等应合法化，如是使用权流转或承包的，应有合法的凭证等，确保有机生产稳定性和持续性。

本标准 4.3.2 条款所指"在生产单元中农户清单与实际不符，并随意更换"，主要是在有机水稻生产中的农户应是经过有机标准和相关技术应用培训、懂得有机生产基本要求的直接生产者。如在实际生产中农户张冠李戴、冒名顶替或随意更换等，都将给以维持有机生产方式的稳定实施带来挑战。从生产者（农户）的不稳定性讲，就是一种风险。

本标准 4.3.3 条款主要是指应防止两种风险情况出现：一是必须设置的缓冲带或物理屏障界定不明确，包括间隔的距离、种植的作物、可利用的天然屏障（包括河流、山林、山坡、道路、水渠等），以及人为设置的砖墙、房屋、绿地、大棚、网室等物理屏障不明确；二是由管理者或生产者随意改变缓冲带或物理屏障位置，以及原有状态。

本标准 4.3.4 条款主要是指生产者超出能力和条件范围，随意确定有机水稻生产区域规模而存在的风险。这里包括有机生产单元的管理者和各地块的直接生产者，在水稻生长期内或在水稻生产的年度与年度间随意确定区域的面积规模。如发生这种状况，则是目前有机水稻生产中最大的风险因子之一。

本标准 4.3.5 条款主要是对处在转换期内，未能按照国家标准《有机产品 第 1 部分：生产》的要求进行管理的风险描述。

本标准 4.3.6 条款主要是对有机生产管理者的不作为行为风险进行了 3 个方面的描述：一是未对直接从事有机水稻生产的农户进行相应的有机标准知识培训指导，包括《有机产品》国家标准、地方标准或企业标准及生产技术规程等；二是未对有机水稻生产技术应用开展督促、检查和指导等；三是未开展有机水稻生产管理体系的追踪。

本标准 4.3.7 条款主要指出了有机生产管理者对其生产单元的整个生产过程应开展内部检查与有机管理体系的内部审核而未开展的风险因素，以及即使开展了但未进行不符合项整改的风险行为。

本标准 4.3.8 条款主要指有机生产管理者未制定相应的应对预案及应急处理措施所带来的质量风险。

3. 提出了有机水稻生产过程中质量控制技术与方法（本标准第 5 章）

本章节是标准的重点内容。有机水稻生产质量控制的好坏与成败，关键在技术方法的应用是否得当，是否到位。因此，在本章节内容上明确了三大方面：

一是产地环境监测评价（本标准第 5.1 小节）；二是生产过程技术应用（本标准第 5.2 小节）；三是质量控制管理要求（本标准第 5.3 小节）。

产地环境监测评价（本标准第 5.1 小节）

有机水稻生产者应考虑对近 3 年内本生产单元的土壤环境质量、生产用水水质、环境空气质量等要素进行监测评价，判断是否符合 GB/T 19630 及国家相关标准的要求。有机水稻生产单元土壤环境质量应符合 GB 15618 中的二级标准。有机水稻生产单元灌溉用水水质要求符合 GB 5084 的规定，应选择优质水源灌溉，不使用即便是达标排放的生活污水、工业废水。有机水稻生产单元环境空气质量要求符合 GB 3095 中的二级标准，且周围不得有大气污染源，二氧化硫、氟化物等有毒有害气体污染物最高允许浓度不得超过 GB 9137 中的相关规定。有机水稻生产单元若存在水体污染和（或）有毒有害气体污染的风险，应采取足以使风险降至可接受水平和防止长时间持续负面环境影响的措施。

生产过程技术应用（本标准第 5.2 小节）

本章节对有机水稻生产过程中的品种选择、种植茬数、轮作方式、栽培措施、病虫草害防治、收获处理、贮藏要求七大环节提出了技术应用要点。这些生产过程技术的提出并形成，有的是起草组成员多年研究与实践获得的，有的是相关专家学者文献中参考的，有的是有机水稻生产者提供的。这七大环节的技术应用是一种集成的系统的应用。对有机水稻生产特性体现具有针对性、对生产者运用具有可操作性、对实施 GB/T 19630《有机产品》国家标准和认证实施规则具有符合性。如在"5.2.2　种植茬数"中规定：在农业措施不足以维持土壤肥力和不利于作物健康生长条件下，不宜在同一有机生产单元中一年种植三茬水稻。在"5.2.3　轮作方式"中提出：一年种植二茬水稻的有机生产单元可以采取两种及以上作物的轮作栽培。在"5.2.5　病虫草害防治"中写明了运用综合防治技术措施的内容，即农业措施 6 项，物理措施 3 项，生物措施 2 项及人工措施等。尤其是当采用上述措施还不能有效控制病虫害时，指出了本标准附录 B 表 B.2 所列的农用抗生素类物质有条件使用的清单。这是对目前有机水稻生产中存在的相关病虫害防治难题解决的技术补充。在"5.2.6　收获处理"中提出了"收获的有机稻谷产品中不得检出国家相关标准规定的禁用物质残留。检测的质量安全项目可在风险评估的基础上按附录 F 要求执行"。在附录 F 中，编写小组在充分调研与十多年承担 2 000 多批次样品检测分析研究的基础上设立的风险系数较高的重点检测项目表。这是对目前实施 GB/T 19630《有机产品》国家标准对水稻类产品检测项目难以确定情况下的弥补，操作也具现实性。

质量控制管理要求（本标准第 5.3 小节）

本章节从体现生产质量控制系统性的角度，将管理要求纳入"质量控制技术方法"中，将对生产单元的"硬件技术方法"与"软件方法"应用结合于一体，更有利于生产质量控制的到位。本章节规定了资源配置要求、生产单元控制、技术措施保障、可追溯体系健全、建立预警机制五大方面的内容。使其与本标准"4　质量控制的关键点"指出的相关质量风险内容相呼应。同时，对"质量控制管理要求"也具可操作性。例如，在"5.3.4 可追溯体系健全"中对记录要求指出了"相关记录的表式可自行制作，也可以采用附录 D 的表式"。因此，编制小组在附录 D 中制作设计了针对有机水稻生产过程质量控制的 15 种系列记录表，其意图在于：一是有利于生产者对各追溯事项的操作记录，二是解决有机水稻生产者实施各项记录中的表式混乱问题。

4. 指出了特殊风险应急处理的内容（本标准第 6 章）

本章节是针对有机水稻生产会出现的相关特殊风险而指出的应急处理方法。其一是当有机水稻生产单元的全部地块或部分地块遭到环境因素污染、生产中使用禁用物质并检出残留、因政府行为而使用防治病虫害禁用物质等情形的善后处理；其二是对有机水稻生产单元为控制病虫害而应急使用本标准附录 B 表 B.2《病虫草害防治中有条件使用的农用抗生素类物质》的评估及善后处理。

5. 以 GB/T 19630《有机产品》为基准，设计了本标准规范性与资料性 6 种附录（A～F）

（1）规范性附录 A——有机水稻生产中允许使用的土壤培肥和改良物质

（2）规范性附录 B——有机水稻生产中病虫草害防治中允许使用的物质

（3）资料性附录 C——农家堆肥：来源要求、堆制方法、质量指标

（4）资料性附录 D——有机水稻生产质量控制管理相关记录表式

（5）资料性附录 E——有机水稻种子生产基本要求

（6）资料性附录 F——有机水稻稻谷产品（含大米）质量安全重点风险检测项目表

本标准中设计的规范性与资料性附录 A～附录 F，目的在于：一是有利于生产者针对有机水稻生产的特性，使用许可的或有条件的培肥或防治病虫草害的物资及相关投入品；二是指导生产者按标准要求，掌握农家堆肥、有机水稻种子生产及最终产出品（稻谷或大米）质量安全项目的风险控制等技术要求；三是有利于生产者对自身生产过程做好相关记录的可操作性。

（四）标准技术内容的试验验证情况

根据 2011 年项目任务计划，在本标准的基本内容确定后，即由吉林省通化市农业科学院、江苏省丹阳市嘉贤米业有限公司、浙江省瑞安市农业局分别在不同稻区、不同稻类布点，并按照本标准内容进行了有机水稻生产的试验与实践，两年度的有机籼稻、有机粳稻生产的相关试验内容都已完成，取到初步验证结果（试验验证证明另报送）。这些验证结果从有利于生产过程的控制与管理，说明本标准在我国不同稻区、不同稻类有机水稻生产中应用，是具有以下较好的可操作性。

（1）标准中提出的"生产质量控制的风险要素"和"质量控制的关键点"内容，符合有机水稻生产的特性和生产过程的实际，使有机水稻生产单元和生产者增强了生产中的风险意识和责任意识。

（2）提出的"质量控制的技术与方法"七大内容，每项环环相扣，紧密相连，缺一不可。而且，重点明确，选用余地大，非常适宜因地制宜应用。

（3）列出的"应急措施"3 个方面，很现实，能解除生产者遇到这 3 类问题时的后顾之忧。既体现了有机水稻生产中的风险性，又给出了解决非人为造成的风险因素出现结果的善后处理方式方法。

（4）设计的 6 个附录，以及 15 种记录表式等，对生产很实用，可操作性强。

四、本标准征求专家意见情况

本标准编制小组在内部多次讨论并形成了 6 次修改稿，于 2011 年 11 月 15 日形成征求意见稿后，在全国选择了 20 位专家征求意见。这些专家涵盖了国内不同的区域，涉及了水稻科研院所、农业高等院校、有机农产品质检机构、农业技术推广部门、有机产品认证与管理机构，以及有机水稻和有机生产资料生产企业等，具有较强的专业性和广泛的代表性。至 2011 年 11 月 28 日，已有 18 位专家反馈了书面意见，2 位专家表示没有意见。

从反馈的专家意见看，共提出了 119 条意见。其大部分集中在本标准"4　生产风险因子"和"5　风险控制技术与方法"这两部分内容上，并在专业技术水平上具有很强的针对性和可操作性。对本标准的标题及标准设置的章节结构基本上没有提出意见。经编制小组逐条研究并分析，采纳了 50 条意见，占反馈意见的 42%。对于未被采纳的意见主要集中在两个方面：一是对生产技术的采用上，提出的部分技术只适宜于小区域，而对全国通用性不足；二是对涉及转基因或辐照技术不能应用于有机生产持不同看法，但按目前国家标准是不允许的。对于专家反馈的意见，编制小组经归纳整理，形成了《征求意见稿意见汇总处理表》，并对本标准进行了总体修改，最终，于 2011 年 11 月 30 日编制了本标准的送审稿，并修改了本标准送审稿的《编制说明》。

根据 2012 年 9 月 8 日在北京市由标准编制归口单位"中国绿色食品发展中心"召集，由中国农业大学吴文良教授为组长，由农业部系统有机农业专家学者、国家认证认可监督管理委员会主管有机产品认证的专业人员、国家标准委员会的标准主管专家等组成的标准审定会上，相关专家提出了有关修改意见。本编制组又重新对本标准的有关内容进行了修改，并按专家审定会意见，将标准的题目调整为《有机水稻生产质量控制技术规范》，还对有关主体内容在结构上作了调整。编制单位在 2012 年 10 月 26 日修改定稿后，将报批稿上报了农业部标准主管部门。

五、对本标准的基本评价

本标准编制的主体内容，共分为 6 个章节、14 个条款、90 个段落的结构分布，体现了有机水稻生产到收获的全过程，其具有以下四大特征。

1. 具有与现有法律和国家相关标准的对接性

本标准制定过程中，严格贯彻国家有关方针、政策、法律和规章，如《农产品质量安全法》《食品安全法》《认证认可条例》《有机产品认证管理办法》等；严格执行国家标准和行业标准，如 GB/T 19630—2011《有机产品》、GB 2762《食品污染物限量》、GB 2763《食品中农药最大残留量》、NY/T 525《有机肥料》、NY/T 1752《稻米生产良好农业规范》等；各项技术内容不违背我国目前颁布的相关法律、法规和标准，政策性和协调性较强。

2. 具有对关键生产技术应用集成的创新性

本标准起草单位收集了国内外相关技术资料和标准，特别是调查研究了目前我国有机水稻生产的基本情况，以通用性为基础，并开展了初步的生产验证试验，尤其是对本标准关键技术及风险控制方法进行了验证。在此基础上，构建了以生产过程质量控制为目标的"有机水稻生产技术应用模式集成指导图"（图2）。

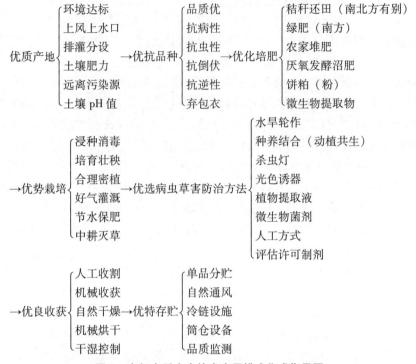

图 2　有机水稻生产技术应用模式集成指导图

注：①该指导图中各路径技术要素设项以有机农业的原则和《有机产品》生产要求描述；
　　②生产者使用选择应立足因地制宜选项

因此，本标准具有较强的科学性和关键生产技术应用集成的创新性。经查新，标准编制组专家构建的"有机水稻生产技术应用模式集成指导图"在全国还是首创，其对有机水稻生产者具有很强的应用指导作用。

3. 具有现实应用的可操作性

本标准主要技术要素、质量风险控制方法是根据我国有机水稻生产实际情况而定，既体现了水稻作物的生产特性要求，又符合我国国情与农情，对生产者和需从事有机认证的检查员等均具有较强的可操作性及广泛的适用性。

4. 具有文本结构的规范性

本标准的制定严格按照 GB/T 1.1—2009《标准化工作导则　第1部分：标准结构和编写规则》的要求，技术内容叙述无误，文字表达准确、简明、易懂，标准结构布局合理，层次划分符合逻辑，规范性强。本标准将为全国各地有机水稻的生产中编制因地制宜的技术规程奠定了良好基础，对制定相关地方标准或企业标准提供了规范性样本。

六、作为强制性标准或推荐性标准的建议

我国有机水稻生产已进入快速发展时期，但生产管理、质量与风险控制缺乏规范，存

在较多的不可控风险因素。本标准的贯彻实施对于指导并规范有机水稻生产，增强生产者、组织者质量风险意识，促进生产管理水平、风险控制水平的提高，维持有机水稻产业的可持续发展具有实际意义。因此，建议将本标准作为推荐性标准发布尽早实施。同时，在发布实施后，建议各地农业主管部门、相关农业科研机构、相关有机产品认证机构、有机水稻生产单元的省级、国家农业龙头企业等能开展相应的培训贯彻活动。并在国家有机农业（水稻）示范基地和集约化运行的有机水稻生产单元率先推广应用。

七、本标准编制说明的相关附件（略）

附件1：关于《有机水稻生产风险控制技术规范》征求专家意见的函。

附件2：《征求意见专家名单》。

附件3：农业行业标准《有机水稻生产风险控制技术规范》征求意见稿意见汇总处理表。

附件4：本标准技术内容试验验证证明。

八、本标准评审后对相关修改内容的补充说明

原定的《有机水稻生产风险控制技术规范》农业行业标准的送审稿已按2012年9月8日北京专家评审会议要求，经修改后的批报稿中，征求了部分水稻界专家意见，现将需要补充说明的主要问题上报如下。

（1）标准名称已按统一要求改成《有机水稻生产质量控制技术规范》。

（2）去掉了"定义和术语"，但很有必要增加"通则"。其中列出了"质量控制的风险要素"，将水稻的主要常见型病虫草害类别、名称等分别作了描述；并在"通则"中提出了有机水稻生产全程质量控制的三大原则。

（3）排列了"质量控制关键点"的范围及内容，并对应性地提出了三大类质量控制技术方法。突出了生产过程技术应用的六大范围，重点强调了"培肥"和"病虫草害"防治技术，补充了附录B表B.2农用抗生素的有条件使用物质。

（4）在最后的章节上提出了"特殊风险应急处理"的三项措施，使该标准体现农业系统的专业性特点。同时，也是对经评估许可使用的相关农用抗生素及相关物质使用后的技术处理。

（5）增加了相关的记录表式共15种，扩大了记录应用的涵盖面，具有对生产者的可操作性。

（6）新增了有机水稻（稻谷、大米）风险检测重点项目表，有利于今后实施认证检测与产品质量安全评价。

主要参考文献

［1］金连登，朱智伟.中国有机稻米生产加工与认证管理技术指南［M］.北京：中国农业科学技术出版社，2004.

［2］郭春敏，李显军.国内外有机食品标准法规汇编［M］.北京：化学工业出版社，2005.

［3］郭春敏，李秋洪，王志国．有机农业与有机食品生产技术［M］．北京：中国农业科学技术出版社，2005.

［4］金连登．我国有机稻米生产现状与发展对策研究［J］．中国稻米，2007（3）：1－4.

［5］付强，黄世文．水稻病虫害诊断与防治原色图谱［M］．北京：金盾出版社，2005.

［6］黄世文．水稻主要病虫害防控关键技术解析［M］．北京：金盾出版社，2010.

［7］孙政才．水稻技术100问［M］．北京：中国农业出版社，2009.

［8］郭春敏，李显军．有机食品知识问答［M］．北京：中国标准出版社，2010.

［9］金连登，朱智伟，朱凤姑，许立．"稻鸭共育"技术与我国有机水稻种植的作用分析［J］．农业环境与发展，2008（2）：49－52.

附录二 ■■■

农业部发布 NY/T 2410—2013《有机水稻 生产质量控制技术规范》的相关文件

中华人民共和国农业部公告

第 1988 号

《农产品等级规格 姜》等99项标准业经专家审定通过，现批准发布为中华人民共和国农业行业标准，自2014年1月1日起实施。

特此公告。

附件：《农产品等级规格 姜》等99项农业行业标准目录

农业部

2013 年 9 月 10 日

附件

《农产品等级规格 姜》等99项农业行业标准目录

序　号	标准号	标准名称	代替标准号
1	NY/T 2376—2013	农产品等级规格 姜	
2	NY/T 2377—2013	葡萄病毒检测技术规范	
3	NY/T 2378—2013	葡萄苗木脱毒技术规范	
4	NY/T 2379—2013	葡萄苗木繁育技术规程	
5	NY/T 2380—2013	李贮运技术规范	
6	NY/T 2381—2013	杏贮运技术规范	
7	NY/T 2382—2013	小菜蛾防治技术规范	
8	NY/T 2383—2013	马铃薯主要病虫害防治技术规程	
9	NY/T 2384—2013	苹果主要病虫害防治技术规程	
10	NY/T 2385—2013	水稻条纹叶枯病防治技术规程	
11	NY/T 2386—2013	水稻黑条矮缩病防治技术规程	
12	NY/T 2387—2013	农作物优异种质资源评价规范 西瓜	
13	NY/T 2388—2013	农作物优异种质资源评价规范 甜瓜	
14	NY/T 2389—2013	柑橘采后病害防治技术规范	

（续表）

序　号	标准号	标准名称	代替标准号
15	NY/T 2390—2013	花生干燥与贮藏技术规程	
16	NY/T 2391—2013	农作物品种区域试验与审定技术规程　花生	
17	NY/T 2392—2013	花生田镉污染控制技术规程	
18	NY/T 2393—2013	花生主要虫害防治技术规程	
19	NY/T 2394—2013	花生主要病害防治技术规程	
20	NY/T 2395—2013	花生田主要杂草防治技术规程	
21	NY/T 2396—2013	麦田套种花生生产技术规程	
22	NY/T 2397—2013	高油花生生产技术规程	
23	NY/T 2398—2013	夏直播花生生产技术规程	
24	NY/T 2399—2013	花生种子生产技术规程	
25	NY/T 2400—2013	绿色食品 花生生产技术规程	
26	NY/T 2401—2013	覆膜花生机械化生产技术规程	
27	NY/T 2402—2013	高蛋白花生生产技术规程	
28	NY/T 2403—2013	旱薄地花生高产栽培技术规程	
29	NY/T 2404—2013	花生单粒精播高产栽培技术规程	
30	NY/T 2405—2013	花生连作高产栽培技术规程	
31	NY/T 2406—2013	花生防空秕栽培技术规程	
32	NY/T 2407—2013	花生防早衰适期晚收高产栽培技术规程	
33	NY/T 2408—2013	花生栽培观察记载技术规范	
34	NY/T 2409—2013	有机茄果类蔬菜生产质量控制技术规范	
35	NY/T 2410—2013	有机水稻生产质量控制技术规范	
36	NY/T 2411—2013	有机苹果生产质量控制技术规范	
37	NY/T 2412—2013	稻水象甲监测技术规范	
38	NY/T 2413—2013	玉米根萤叶甲监测技术规范	
39	NY/T 2414—2013	苹果蠹蛾监测技术规范	
40	NY/T 2415—2013	红火蚁化学防控技术规程	
41	NY/T 2416—2013	日光温室棚膜光阻隔率技术要求	
42	NY/T 2417—2013	副猪嗜血杆菌 PCR 检测方法	

（续表）

序　号	标准号	标准名称	代替标准号
43	NY/T 2418—2013	四纹豆象检疫检测与鉴定方法	
44	NY/T 2419—2013	植株全氮含量测定　自动定氮仪法	
45	NY/T 2420—2013	植株全钾含量测定　火焰光度计法	
46	NY/T 2421—2013	植株全磷含量测定　钼锑抗比色法	
47	NY/T 2422—2013	植物新品种特异性、一致性和稳定性测试指南　茶树	
48	NY/T 2423—2013	植物新品种特异性、一致性和稳定性测试指南　小豆	
49	NY/T 2424—2013	植物新品种特异性、一致性和稳定性测试指南　苹果	
50	NY/T 2425—2013	植物新品种特异性、一致性和稳定性测试指南　谷子	
51	NY/T 2426—2013	植物新品种特异性、一致性和稳定性测试指南　茄子	
52	NY/T 2427—2013	植物新品种特异性、一致性和稳定性测试指南　菜豆	
53	NY/T 2428—2013	植物新品种特异性、一致性和稳定性测试指南　草地早熟禾	
54	NY/T 2429—2013	植物新品种特异性、一致性和稳定性测试指南　甘薯	
55	NY/T 2430—2013	植物新品种特异性、一致性和稳定性测试指南　花椰菜	
56	NY/T 2431—2013	植物新品种特异性、一致性和稳定性测试指南　龙眼	
57	NY/T 2432—2013	植物新品种特异性、一致性和稳定性测试指南　芹菜	
58	NY/T 2433—2013	植物新品种特异性、一致性和稳定性测试指南　向日葵	
59	NY/T 2434—2013	植物新品种特异性、一致性和稳定性测试指南　芝麻	
60	NY/T 2435—2013	植物新品种特异性、一致性和稳定性测试指南　柑橘	
61	NY/T 2436—2013	植物新品种特异性、一致性和稳定性测试指南　豌豆	

（续表）

序　号	标准号	标准名称	代替标准号
62	NY/T 2437—2013	植物新品种特异性、一致性和稳定性测试指南　春兰	
63	NY/T 2438—2013	植物新品种特异性、一致性和稳定性测试指南　白灵侧耳	
64	NY/T 2439—2013	植物新品种特异性、一致性和稳定性测试指南　芥菜型油菜	
65	NY/T 2440—2013	植物新品种特异性、一致性和稳定性测试指南　芒果	
66	NY/T 2441—2013	植物新品种特异性、一致性和稳定性测试指南　兰属	
67	NY/T 2442—2013	蔬菜集约化育苗场建设标准	
68	NY/T 2443—2013	种畜禽性能测定中心建设标准　奶牛	
69	NY/T 2444—2013	菠萝叶纤维	
70	NY/T 2445—2013	木薯种质资源抗虫性鉴定技术规程	
71	NY/T 2446—2013	热带作物品种区域试验技术规程　木薯	
72	NY/T 2447—2013	椰心叶甲啮小蜂和截脉姬小蜂繁殖与释放技术规程	
73	NY/T 2448—2013	剑麻种苗繁育技术规程	
74	NY/T 2449—2013	农村能源术语	
75	NY/T 2450—2013	户用沼气池材料技术条件	
76	NY/T 2451—2013	户用沼气池运行维护规范	
77	NY/T 2452—2013	户用农村能源生态工程 西北模式设计施工与使用规范	
78	NY/T 2453—2013	拖拉机可靠性评价方法	
79	NY/T 2454—2013	机动喷雾机禁用技术条件	
80	NY/T 2455—2013	小型拖拉机安全认证规范	
81	NY/T 2456—2013	旋耕机 质量评价技术规范	
82	NY/T 2457—2013	包衣种子干燥机　质量评价技术规范	
83	NY/T 2458—2013	牧草收获机　质量评价技术规范	
84	NY/T 2459—2013	挤奶机械　质量评价技术规范	
85	NY/T 2460—2013	大米抛光机　质量评价技术规范	
86	NY/T 2461—2013	牧草机械化收获作业技术规范	
87	NY/T 2462—2013	马铃薯机械化收获作业技术规范	
88	NY/T 2463—2013	圆草捆打捆机　作业质量	

（续表）

序　号	标准号	标准名称	代替标准号
89	NY/T 2464—2013	马铃薯收获机　作业质量	
90	NY/T 2465—2013	水稻插秧机　修理质量	
91	NY/T 1928.2—2013	轮式拖拉机　修理质量　第2部分：直联传动轮式拖拉机	
92	NY/T 498—2013	水稻联合收割机　作业质量	NY/T 498—2002
93	NY/T 499—2013	旋耕机　作业质量	NY/T 499—2002
94	NY 642—2013	脱粒机安全技术要求	NY 642—2002
95	NY/T 650—2013	喷雾机（器）作业质量	NY/T 650—2002
96	NY/T 772—2013	禽流感病毒 RT–PCR 检测方法	NY/T 772—2004
97	NY/T 969—2013	胡椒栽培技术规程	NY/T 969—2006
98	NY/T 1748—2013	热带作物主要病虫害防治技术规程　荔枝	NY/T 1748—2007
99	NY/T 442—2013	梨生产技术规程	NY/T 442—2001

中华人民共和国农业行业标准

NY/T 2410—2013

有机水稻生产质量控制技术规范

Technical specification for quality control of organic rice production

2013－09－10 发布

2014－01－01 实施

中华人民共和国农业部　发布

前　言

本规范是按照 GB/T 1.1 – 2009 给出的规则起草,并以 GB/T 19630.1 ~ 19630.4 – 2011 为重要依据而编制。

请注意本文件的某些内容可能涉及专利。本文件的发布机构不承担识别这些专利的责任。

本规范由中国绿色食品发展中心提出并归口。

本规范起草单位:中国水稻研究所、中绿华夏有机食品认证中心、农业部稻米及制品质量监督检验测试中心、农业部稻米产品质量安全风险评估实验室、吉林省通化市农业科学院、广东金饭碗有机农业发展有限公司、江苏丹阳市嘉贤米业有限公司、成都翔生大地农业科技有限公司。

本规范主要起草人:金连登、李显军、许立、朱智伟、张卫星、吴树业、王陟、闵捷、张慧、高秀文、栾治华、杨银阁、牟仁祥、孙明坤、谢桐洲、施建华、郑晓薇、陈能、陈铭学、章林平、田月皎、童群儿。

有机水稻生产质量控制技术规范

1 范围

本标准规定了有机水稻生产中的质量控制的风险要素、质量控制技术与方法，以及质量控制的管理要求。

本标准适用于有机水稻生产过程的质量控制与管理。

2 规范性引用文件

下列文件对于本文件的应用是必不可少的。凡是注日期的引用文件，仅注日期的版本适用于本文件。凡是不注日期的引用文件，其最新版本（包括所有的修改单）适用于本文件。

GB 2762 食品污染物限量

GB 2763 食品中农药最大残留量

GB 3095 环境空气质量标准

GB/T 3543 农作物种子检验规程

GB 4404.1 粮食作物种子 第1部分：禾谷类

GB 5084 农田灌溉水质标准

GB 9137 保护农作物的大气污染物最高允许浓度

GB 15618 土壤环境质量标准

GB/T 19630.1—2011 有机产品 第1部分：生产

GB/T 19630.2—2011 有机产品 第2部分：加工

GB/T 19630.4—2011 有机产品 第4部分：管理体系

GB/T 20569 稻谷储存品质判定规则

NY/T 525 有机肥料

NY/T 798 复合微生物肥料

NY/T 884 生物有机肥

NY/T 1752 稻米生产良好农业规范

国家认证认可监督管理委员会公告 2011 年第 34 号 有机产品认证实施规则

国家认证认可监督管理委员会公告 2012 年第 2 号 有机产品认证目录

3 通则

3.1 有机水稻生产单元范围

有机水稻生产单元范围应具有一定面积、相对集中连片、地块边界明晰、土地权属明确并建立和实施了有机生产管理体系。

3.2 生产质量控制的风险要素

3.2.1 产地环境质量的变化，包括大气污染、水质变化、稻田土壤受面源污染及相关肥料使用不当而形成的污染等。

3.2.2 不当培肥方法造成的稻田土壤肥力失衡或重金属含量超标。

3.2.3 来自于常见型水稻病虫草害发生，因施用农药不当而造成的农药残留不符合 GB 2763 要求。

3.2.4 有机生产单元建立的生产质量管理体系在实施中不完善、不到位而造成的不可追溯状况。

3.3 生产质量控制原则

3.3.1 生产者应以贯彻 GB/T 19630.1 标准为前提，选择并运用适宜的技术方法和措施，实施对生产中各项质量风险的有效控制。

3.3.2 生产者应以因地制宜为基础，重点实施优先选用适宜本有机生产单元的农用投入品来改良土壤肥力和控制水稻病虫草害的发生或漫延。

3.3.3 生产者应以有效实施质量管理体系为目标，确保生产全过程的可追溯，实现所产稻谷产品的质量安全保证。

4 质量控制关键点

4.1 产地环境

4.1.1 土壤农药残留、重金属

4.1.1.1 有机水稻生产单元周边施用化学农药及除草剂的常规地块中，灌溉用水渗透或漫入有机地块，导致土壤农药残留污染。

4.1.1.2 使用过化学农药的生产工具用于有机水稻生产前未彻底清洁而导致土壤农药残留污染。

4.1.1.3 当地存在飞机或大型喷雾机械喷洒化学农药防治有害生物的作业，带来对有机水稻生产单元土壤农药残留漂移污染。

4.1.1.4 有机水稻生产过程中含矿物质投入品使用不当、有机肥过度施用、农家肥未充分腐熟或未经过无害化处理、所用肥料的来源地受到禁用物质污染而导致的土壤重金属含量提高。

4.1.2 有毒有害气体

4.1.2.1 当地存在有毒有害气体污染时，对有机水稻生产区域大气环境所带来的污染。

4.1.2.2 当地采取燃烧的方式处理作物秸秆或田边杂草灌木所带来的污染。

4.1.3 生产用水

4.1.3.1 有机水稻生产单元中没有相对独立的排灌分设系统，或灌溉水源上游及周边农田灌溉用水受到水体污染时对有机地块生产用水所带来的污染。

4.1.3.2 生活污水、工业废水流经有机水稻生产单元周边时渗透或漫入，对有机地块生产用水所带来的污染。

4.2 生产过程

4.2.1 水稻种子（品种）

4.2.1.1 误用经辐照技术或基因工程技术选育的水稻品种（种子）。

4.2.1.2 误用 GB/T 19630.1 不允许的种子处理方法或禁用物质。

4.2.1.3 本生产单元已具备有机水稻品种（种子）的繁种能力，而仍然使用非有机水稻品种（种子）。

4.2.2 培肥与施肥

4.2.2.1 误用带化学成分的肥料或城市污水污泥造成的污染。

4.2.2.2 误用不符合 NY/T 525、NY/T 884、NY/T 798 及附录 A 要求的有机肥料、生物有机肥、复合微生物肥料及其他肥料。

4.2.2.3 生产单元已具备本系统内循环培肥条件，而仍然以施用系统外的有机肥或商品肥为主要肥料。

4.2.3 病虫草害防治

4.2.3.1 误用带有化学成分的农药（含化学除草剂）。

4.2.3.2 误用不符合 GB/T 19630.1 中表 A.2 及本规范附录 B 要求的病虫草害防治物质。

4.2.4 生长调节剂及基因工程生物

误用化学的植物生长调节物质及含基因工程生物/转基因生物及其衍生物的农业投入物质。

4.2.5 平行生产、平行收获

生产单元存在平行生产、平行收获对有机稻谷产品造成的混杂。

4.2.6 晾晒（堆放）方式及场所

晾晒（堆放）方式及场所使用不当，对有机稻谷产品造成交叉污染。

4.2.7 生产工具、运输工具、包装物

生产工具、运输工具、包装物含有毒有害物质、常规产品残留，对有机稻谷产品造成污染、混杂。

4.2.8 废弃物处理

在使用保护性的建筑覆盖物、塑料薄膜、防虫网时，使用了聚氯类产品，并在使用后未从土壤中清除，且采取焚烧办法处理。

4.3 生产单元

4.3.1 有机生产单元范围存在边界不清晰、直接从事生产的种植者或农户与地块不对应、地块随意更换、地块权属不明确。

4.3.2 在生产单元中种植者或农户与实际不符，并随意更换。

4.3.3 有机生产单元地块与常规地块之间设置的缓冲带或物理屏障界定不明确，以及随意改变缓冲带或物理屏障。

4.3.4 存在超出生产者对有机生产方式实施的管理能力、技术控制、财力保障条件而随意确定有机生产单元区域规模。

4.3.5 有机生产单元在转换期内，未能按照 GB/T 19630.1 的要求进行管理。

4.3.6 有机水稻生产管理者未对直接从事生产的种植者或农户进行相应的有机标准知识培训指导和有机水稻生产技术应用的督导，以及未开展有机生产管理体系追踪。

4.3.7 有机水稻生产管理者未对其生产单元开展整个生产过程的内部检查与有机管理体系审核，或在开展内部检查与审核后，未完成不符合项的整改。

4.3.8 有机水稻生产管理者未制定产地环境受到污染和生产中病虫害暴发等情况的应对预案与应急处理措施。

5 质量控制的技术与方法

5.1 产地环境监测评价

5.1.1 有机水稻生产者应对本生产单元的土壤环境质量、灌溉用水水质、环境空气质量开展监测，并对监测结果进行风险分析评价。

5.1.2 有机水稻生产单元的土壤环境质量应持续符合 GB 15618 中的二级标准；灌溉用水水质应持续符合 GB 5084 的规定；环境空气质量应持续符合 GB 3095 中的二级标准和 GB 9137 中的相关规定。

5.1.3 当存在环境质量被全部或局部污染风险时，应采取足以使风险降至可接受水平和防止长时间持续负面影响环境质量要求的有效措施。

5.2　生产过程技术应用

5.2.1　品种选择

5.2.1.1 应选用经有机生产单元培育的或从市场获得的有机水稻种子。在有机生产单元生产有机水稻种子应符合附录 E 的要求。

5.2.1.2 如果得不到有机水稻种子，可使用未经禁用物质处理的常规水稻种子，但必须制订和实施获得有机水稻种子的计划。

5.2.1.3 应考虑品种的遗传多样性，宜选择品质优良、适应当地生态环境、抗病虫能力强、经国家或地方审定的水稻品种。

5.2.1.4 不应使用经辐照技术、转基因技术选育的水稻品种。

5.2.2　种植茬数

5.2.2.1 有机生产单元内一年种植一茬水稻或二茬以上作物的，应在稻田生产体系中因地制宜安排休耕或种植绿肥、豆科等作物。

5.2.2.2 在农业措施不足以维持土壤肥力和不利于作物健康生长条件下，不宜在同一有机生产单元一年种植三茬水稻。

5.2.3　轮作方式

5.2.3.1 有机水稻生产单元应按 GB/T 19630.1 中的要求建立有利于提高土壤肥力、减少病虫草害的稻田轮作（含间套作）体系。轮作作物应按有机生产方式进行管理。

5.2.3.2 一年种植二茬水稻的有机生产单元可以采取两种及以上作物的轮作栽培；冬季休耕的有机水稻生产单元可不进行轮作。

5.2.4　栽培措施

5.2.4.1 播种：应根据当地的气候因素和种植制度，确定适宜的播种期，趋利避害。使水稻的抽穗、开花、灌浆能处在最适宜的生长季节。

5.2.4.2 育秧（苗）：按照 GB/T 19630.1 的要求进行育秧，使用物质应符合附录 A 和附录 B 的要求。

5.2.4.3 移栽：采用适宜的移栽方式，并考虑合理的种植密度、行株距。

5.2.4.4 土肥管理：按 5.2.3 的要求，主要通过有机生产单元系统内回收、再生和补充获得土壤养分。当上述的措施无法满足水稻生长需求时，可施用有机肥、农家肥作为补充，但应满足以下条件：

    a）优先使用本单元或其他有机生产单元的有机肥、农家肥。

    b）农家堆肥的原料选用、沤制方法、有毒有害物质应符合附录 C 的要求。

    c）外购商品有机肥、天然矿物质、生物肥应符合 GB/T 19630.1 规定。

    d）生产中使用的土壤培肥和改良物质应符合附录 A 的要求。

    e）不宜过度施用有机肥、农家肥，以免对环境造成污染。

5.2.4.5 灌溉：应充分利用灌排水来调节稻田的水、肥、气、热，创造水稻各生育阶段生长的适宜条件。

5.2.4.6 种养结合：宜选用稻—鸭、稻—鱼、稻—蟹等种养结合的生产模式，形成良性物质循环体系，提高有机生产单元的物质循环效率，增加稻田系统的生物多样性。

5.2.4.7 秸秆还田：根据气候条件、土壤肥力及水稻生长实际需要，能保证足够量的本有机生产单元产出的秸秆还田。其中稻草还田应符合 NY/T 1752—2009 中附录 E 的要求。

5.2.5 病虫草害防治

5.2.5.1 从自身农业生态系统出发，立足因地制宜，宜运用以下综合防治技术措施：

    a）农业措施：

      1）选用抗病虫水稻品种；

      2）精选种子、清除病虫粒与杂草种子，用石灰水等浸种杀灭种子携带病菌；

      3）冬季翻地灭茬，控制越冬害虫；结合整田，打捞菌核及残渣；种前翻耕整地、淹水灭草；

      4）选择合理的茬口、播种时期，使水稻易感染生育期避开病虫的高发期；

      5）采用培育壮秧、合理密植、好气灌溉等健身栽培措施，提高水稻群体抗病虫能力；

      6）安排合理的耕作制度，采取水旱轮作等措施减轻病虫草害发生。

    b）物理措施：

      1）采用杀虫灯、黏虫板、防虫网、吸虫机和性诱剂等设施设备防治害虫；

      2）采用具有驱避作用的植物提取物或植物油、楝素、天然除虫菊素等物质除虫；

      3）采用机械中耕除草。

    c）生物措施：

      1）采用 5.2.4.6 规定的种养结合等方法来控制病虫草害；

      2）利用青蛙、蜘蛛、赤眼蜂、瓢虫等天敌来控制虫害。

    d）人工措施：

      1）采用手工或专用农具耘田除草；

      2）采用人工捕捉、扫落等措施灭虫。

5.2.5.2 当采用农业、物理、生物、人工措施不能有效控制病虫草害时，可采取以下应急补救措施：

    a）优先使用表 B.1 中所列的病虫草害防治物质；

    b）选择使用表 B.2 所列的农用抗生素类物质或其他病虫草害防治物质，但使用前须按国家有关规定经评估和许可。

5.2.6 收获处理

5.2.6.1 有机水稻收获应有单独收获的措施。除人工收获方式外，采用机械收获的，在收获前应对机械设备进行清理或清洁，不应对稻谷造成污染。对不易清理的机械设备可采取冲顶方法。使用机械设备时，应有防止使用燃料渗漏田间或污染稻谷的措施。

5.2.6.2 在田间或晒场对水稻脱粒处理后产生的稻草及废弃物，应进行充分利用或处理，不应焚烧处理。

5.2.6.3 盛装稻谷的容器及包装材料，应可回收或循环使用，并符合 GB/T 19630.2 的要求。

5.2.6.4 对运输稻谷的工具或传输设施，应保证清洁，不应对稻谷造成污染。

5.2.6.5 收获的有机稻谷产品中不得检出国家相关标准规定的禁用物质残留。检测的质量安全项目可在风险评估的基础上按附录 F 要求执行。

5.2.7　贮存要求

5.2.7.1　有机稻谷的贮存场所应有保证其不受禁用物质污染或防止有机与非有机混合的措施。条件允许的情况下，应设单独场所或单独仓位贮存。

5.2.7.2　对有机稻谷贮存场所的有害生物防治，应符合 GB/T 19630.2 的要求。

5.2.7.3　对贮存 3 年及以上的有机稻谷，应符合 GB 2762、GB 2763、GB/T 20569 对食用安全指标的要求。

5.3　质量控制管理要求

5.3.1　资源配置要求

5.3.1.1　有机水稻生产者应具备以下与生产规模和技术需求相适应的资源要素：

    a）应配备有机生产管理者，并具备 GB/T 19630.4—2011 中 4.3.2 规定的条件；

    b）应配备内部检查员，并具备 GB/T 19630.4—2011 中 4.3.3 规定的条件；

    c）应有合法的土地使用权和生产经营证明文件。

5.3.1.2　有机水稻生产者应配备与生产单元范围及生产技术应用相适应的、具备熟悉有机标准要求的技术及管理人员和稳定的直接从事有机水稻生产的种植者或从业人员。

5.3.1.3　有机水稻生产者应配置用于生产中全程质量控制管理需要的保障资金。

5.3.2　生产单元控制

5.3.2.1　产地条件：有机水稻生产单元及地块应远离污染源（城区、工矿区、交通主干线、工业污染源、生活垃圾场等）。有清洁的水源及保证灌溉水不受禁用物质污染的排灌分设田间设施条件。

5.3.2.2　缓冲带控制：有机水稻生产单元应有清楚、明确的地块边界，并设置了缓冲带或物理屏障。有机地块与常规地块的缓冲带距离应不少于 8m。缓冲带上宜种植能明确区分或界定的作物，所种作物应按有机方式生产，但收获的产品只能按非有机产品处理。

5.3.2.3　转换期控制：有机水稻的转换期至少为播种前的 24 个月。转换期内应建立和实施有机生产管理体系，并按照 GB/T 19630.1 的要求进行管理。

5.3.2.4　内部质量管理控制：有机水稻生产单元按 GB/T 19630.4 的要求建立，并实施生产单元内部质量管理体系。该体系所形成的文件应包括但不限于以下内容：

    a）有机水稻生产管理手册；

    b）生产操作规程；

    c）相关生产记录体系；

    d）内部检查制度；

    e）持续改进要求。

5.3.2.5　平行生产控制：在同一个有机水稻生产单元内，不应存在平行生产。

5.3.3　技术措施保障

5.3.3.1　有机水稻生产的技术措施应建立在已有的国家标准、行业标准、地方标准要求的标准化实施基础上，保证所应用的技术措施符合 GB/T 19630.1 的要求。

5.3.3.2　有机水稻生产中的质量控制技术方法应用，应符合 5.2 的要求。

5.3.3.3　有机水稻生产中投入品的使用应符合 GB/T 19630—2011 的要求及本规范附录 A、附录 B、附录 C 的规定。

5.3.3.4　针对有机水稻品种特性要求，需采取特殊生产技术控制的，而国家标准、行业标准、地方标准中又未作要求，其采取的技术控制方式在不违背有机生产禁用物质使用原则下，有机水稻生产者的企业标准有明确规定的，可按企业标准执行。没有企业标准的，应制定并实施。

5.3.4 可追溯体系健全

5.3.4.1 记录要求：

　　a）有机水稻生产者应符合 GB/T 19630.4—2011 中 4.2.6 的要求，建立并保持从水稻生产到收获、贮存过程的台账记录，以利本生产单元可追溯体系的有效实施。

　　b）相关记录的表式宜自行制作，也可以采用附录 D 的表式。

　　c）有机水稻生产者应对各类记录表开展实时填写，并由内部检查员审核。

　　d）各类记录应至少保存 5 年。

5.3.4.2 有机水稻生产者应建立可追溯体系，以及可追踪的生产批次号系统。对稻谷产品的召回和客户投诉也应制定制度或程序文件。

5.3.4.3 有机水稻生产者应保留生产中使用的各种物料原始凭证票据和记录文件，内部检查员应对此开展定期检查。

5.3.4.4 有机水稻生产者应建立纠正措施程序、预防措施程序，并记录持续改进生产管理体系的有效性。

5.3.5 建立预警机制

5.3.5.1 有机水稻生产者应建立有可能违背 GB/T 19630.1 要求的产地环境污染监控、病虫害测报与防治等事件或要素的风险预警防范机制，并在管理者中明确有专人从事此项工作。

5.3.5.2 应建立相关的措施，保证在本规范第 5 章及第 6 章中涉及的内容在发生变化时得到有效控制。

5.3.5.3 有机水稻生产者应通过适当的方式，对管理者、技术人员和种植者、农户或从业人员开展必要的生产风险预警与质量控制教育培训，降低质量风险存在可能，并做相关记录。

6 应急措施

6.1 当有机水稻生产单元的全部或部分地块，因周边环境条件发生变化，如周边水系污染、禁用物质漂移等造成污染时，有机生产者应开展相关监测，采取防治污染的措施，产出的稻谷应作常规稻谷处理。

6.2 因生产中生产者非主观故意使用了禁用物质，或使用的投入品中检出了有机生产中禁用物质的残留等，其产出的稻谷应作常规稻谷处理。

6.3 在水稻生长季节，因遭遇自然灾害或稻田病虫害频发、高发，被当地政府机构强制使用禁用物质时，有机水稻生产者应按 GB/T 19630.1 规定作好各项善后处理。

附　录　A

（规范性附录）

有机水稻生产中允许使用的土壤培肥和改良物质

有机水稻生产中允许使用的土壤培肥和改良物质见表 A.1。

表 A.1　允许使用的土壤培肥和改良物质

物质类别	物质名称、组分和要求	主要适用与使用条件
I. 植物和动物来源	植物材料（如作物秸秆、绿肥、稻壳及副产品）	补充土壤肥力 非转基因植物材料
	畜禽粪便及其堆肥（包括圈肥）	补充土壤肥力 集约化养殖场粪便慎用
	畜禽粪便和植物材料的厌氧发酵产品（沼肥）	补充土壤肥力
	海草或物理方法生产的海草产品	补充土壤肥力 仅直接通过下列途径获得： 物理过程，包括脱水、冷冻和研磨； 用水或酸和/或碱溶液提取；发酵
	来自未经化学处理木材的木料、树皮、锯屑、刨花、木灰、木炭及腐殖酸物质	补充土壤肥力 地面覆盖或堆制后作为有机肥源
	动物来源的副产品（如肉粉、骨粉、血粉、蹄粉、角粉、皮毛、羽毛和毛发粉、鱼粉、牛奶及奶制品等）	补充土壤肥力 未添加禁用物质，经过堆制或发酵处理
	不含合成添加剂的食品工业副产品	补充土壤肥力 经堆制并充分腐熟后
	蘑菇培养废料和蚯蚓培养基质的堆肥	补充土壤肥力 培养基的初始原料限于本附录中的产品，经堆制并充分腐熟后
	草木灰、稻草灰、木炭、泥炭	补充土壤肥力 作为薪柴燃烧后的产品，不得露天焚烧
	饼粕、饼粉	补充土壤肥力 不能使用经化学方法加工的 非转基因
	食品工业副产品	补充土壤肥力 经过堆制或发酵处理
II. 矿物来源	磷矿石	补充土壤肥力 天然来源，未经化学处理，五氧化二磷中镉含量小于等于 90mg/kg
	钾矿粉	补充土壤肥力 天然来源，未经化学方法浓缩。氯的含量少于 60%
	硼砂、石灰石、石膏和白垩、黏土（如珍珠岩、蛭石等）、硫黄、镁矿粉	补充土壤肥力 天然来源、未经化学处理、未添加化学合成物质
III. 微生物来源	可生物降解的微生物加工副产品，如酿酒和蒸馏酒行业的加工副产品	补充土壤肥力 未添加化学合成物质
	天然存在的微生物提取物	补充土壤肥力 未添加化学合成物质

附　录　B
（规范性附录）
有机水稻生产中病虫草害防治允许使用的物质

B.1　有机水稻生产中病虫草害防治允许使用的物质

见表 B.1。

表 B.1　病虫草害防治中允许使用的物质

物质类别	物质名称、组分要求	主要适用或使用条件
I. 植物和动物来源	楝素（苦楝、印楝等提取物）	杀虫剂。防治螟虫（二化螟、三化螟）
	天然除虫菊（除虫菊科植物提取液）	杀虫剂。防治稻飞虱、白背飞虱等虫害
	苦楝碱及氧化苦参碱（苦参等提取液）	广谱杀虫剂。防治螟虫、飞虱、蚜虫等虫害
	鱼藤酮类（如毛鱼藤）	杀虫剂。防治稻蓟马、蚜虫等虫害
	蛇床子素（蛇床子提取物）	杀虫剂、杀真菌剂。防治稻曲病、白叶枯病、细菌性条斑病
	天然酸（如食醋、木醋和竹醋等）	杀菌剂。防治水稻细菌性病害。因地制宜
	水解蛋白质	引诱剂。只在批准使用的条件下，并与本附录的适当产品结合使用。具杀虫效果。因地制宜
	具有驱避作用的植物提取物（大蒜、薄荷、辣椒、花椒、熏衣草、柴胡、艾草的提取物）	驱避剂。水稻主要病虫害防治。因地制宜
	昆虫天敌（如赤眼蜂、瓢虫、草蛉等）	赤眼蜂防治各类螟虫，瓢虫防治蚜虫、稻飞虱，草蛉防治蚜虫、介壳虫、螟虫等
II. 矿物来源	氢氧化钙（石灰水）	杀真菌剂、杀虫剂。3%～5%石灰水防治稻曲病、穗腐病、黑穗病等
	硫黄	杀真菌剂、杀螨剂、驱避剂。大棚育秧薰蒸用。因地制宜
	硅藻土	杀虫剂。仓库虫害。因地制宜
III. 微生物来源	真菌及真菌提取物剂（如白僵菌、轮枝菌、木霉菌等）	杀虫剂、杀菌剂、除草剂。水稻主要病虫草害综合防治。因地制宜
	细菌及细菌提取物（如苏云金芽孢杆菌、枯草芽孢杆菌、蜡质芽孢杆菌、地衣芽孢杆菌、荧光假单孢杆菌等）	杀虫剂、杀菌剂、除草剂。水稻主要病虫草害综合防治。因地制宜
	病毒及病毒提取物（如核型多角体病毒、颗粒体病毒等）	杀虫剂。水稻主要虫害防治。因地制宜
IV. 其他	二氧化碳	杀虫剂。用于贮存设施。因地制宜
	乙醇	杀菌剂。防治水稻真菌性病害。因地制宜
	海盐和盐水	杀菌剂。仅用于水稻种子处理
	昆虫性诱剂	仅用于诱捕器和散发皿内。水稻虫害防治
	磷酸氢二铵	引诱剂。只限用于诱捕器中使用
V. 诱捕器、屏障	物理措施（如色彩诱器、机械诱捕器等）	水稻主要虫害防治
	覆盖物（网）	水稻主要虫害防治

B.2　病虫草害防治中有条件使用的农用抗生素类物质

见表 B.2。

表 B.2　病虫草害防治中有条件使用的农用抗生素类物质

物质名称、组分要求	主要适用及使用条件
井冈霉素	杀菌剂。防治水稻纹枯病、稻曲病。因地制宜
春雷霉素	杀菌剂。防治水稻稻瘟病。因地制宜
灭瘟素	杀菌剂。防治水稻稻瘟病、稻胡麻叶斑病、菌核干腐病
中生菌素、农抗 120	杀菌剂。防治水稻纹枯病、白叶枯病、恶苗病。因地制宜
多氧霉素	杀菌剂。防治水稻纹枯病、稻曲病。因地制宜
阿维菌素、甲胺基阿维菌素、伊维菌素	杀虫剂、杀螨剂。防治水稻主要虫害。因地制宜
浏阳霉素	杀虫剂、杀螨剂。防治水稻蓟马、蚜虫、螨虫。因地制宜
杀蝶素	杀虫剂。防治水稻鳞翅目虫害。因地制宜
双丙氨磷、真菌除草剂	微生物类除草剂。防治禾本科杂草、莎草科杂草、阔叶杂草。因地制宜
注：表中的物质使用前须按《有机产品生产、加工投入品评估程序》进行评估，并经认监委批准，或被列入《有机产品生产、加工投入品临时补充列表》后方可使用。	

附 录 C

（资料性附录）

农家堆肥堆制

C.1 来源要求

C.1.1 有机水稻生产应优先使用本生产单元或其他有机生产单元的作物秸秆及其处理加工后的废弃物、绿肥、畜禽粪便为主要原料制作农家堆肥，以维持和提高土壤的肥力、营养平衡和土壤生物活性。

C.1.2 当从本生产单元或其他有机生产单元无法满足制作农家堆肥的原料需求时，可使用符合表 A.1 要求的有机农业体系外的各类动植物残体、畜禽排泄物、生物废物等有机质副产品资源为主要原料，并与少量泥土混合堆制。

C.1.3 为使堆肥充分腐熟，可在堆制过程中添加来自于自然界的好气性微生物，但不应使用转基因生物及其衍生物与产品。

C.2 堆制方法

C.2.1 选择背风向阳的农家庭院或田边地角建堆，堆底平而实，堆场四周起埂，利于增温，防止跑水。

C.2.2 将已浸透水的作物秸秆或其他动植物残体与畜禽排泄物、生物废物等主要原料充分搅拌混匀，同时渗入少量泥土，然后分层撒堆，并适当踩实，料面上还可以混入来自于自然界的微生物；最后，用泥密封 1.5cm ~ 2cm。要求堆宽 1.5m ~ 2.0m，堆高 1.5m ~ 1.6m，长度不限。

C.2.3 堆制 10d ~ 15d 可人工或机械翻堆 1 次，并酌情补水，加速成肥过程。如不翻堆，可在中央竖几把秸秆束以便于透气，满足好气性微生物活动。

C.3 质量指标

农家堆肥应充分腐熟，成肥颜色以黄褐色最佳，无恶臭味或者有点霉味和发酵味。有毒有害物质、重金属含量、大肠杆菌和蛔虫卵残等有害微生物应符合国家相关标准的质量指标。

C.4 农家堆肥制作

应填写表 C.1。

表 C.1 农家堆肥制作记录表

生产单元名称：

原料名称				
原料来源	□ 本生产单元内 □ 外部购买		数量	t
堆制时间	年　　月　　日至		年　　月　　日	
堆制方法描述（含添加微生物）				
质量检测结果		有无检测报告		
施用时间、数量	地块：　　　时间：		数量：	t
	地块：　　　时间：		数量：	t
其他说明：				

地块种植者：　　　　　　　　　　　　　　内部检查员：

年　　月　　日　　　　　　　　　　　　年　　月　　日

附　录　D
（资料性附录）
有机水稻生产质量管理相关记录表式

D.1　有机水稻生产农事管理综合记录

见表 D.1。

表 D.1　有机水稻生产农事管理综合记录表

生产单元名称		地块编号		面积，hm²		种植者姓名	
1. 品种名称							
2. 种子来源							
3. 种子处理时间及方法							
4. 播种时间及播种量							
5. 育秧方式							
6. 苗床管理							
7. 大田整地时间及方法							
8. 移栽时间及方法							
9. 大田施肥种类、数量及时间							
10. 大田灌水时间及水源							
11. 病虫害防治方式及时间							
12. 除草方式及时间							
13. 重大事情发生记录							
14. 收获时间与方式							
15. 收获量及收获方式							
16. 贮存量及贮存方式							
17. 批次号							

填写人：　　　　　　　　　　　　　　　　　内部检查员：
　年　月　日　　　　　　　　　　　　　　　年　月　日

D.2 有机水稻生产农事管理中病虫草害防治记录

见表 D.2。

表 D.2 有机水稻生产农事管理中病虫草害防治记录表

生产单元名称：

地块号	面积 hm²	品种	病虫害防治						杂草防治	
			病害名称	虫害名称	危害程度	使用物质名称	使用量	使用时间	杂草名称	防除方法及时间

地块种植者：　　　　　　　　　　　　　　内部检查员：
　　年　　月　　日　　　　　　　　　　　　年　　月　　日

D.3 有机水稻生产农事管理中收获记录

见表 D.3。

表 D.3 有机水稻生产农事管理中收获记录表

生产单元名称：

地块号	面积，hm²	稻谷产量	收获方法（设备/人工）	包装方式	形成批号

地块种植者：　　　　　　　　　　　　　　内部检查员：
　　年　　月　　日　　　　　　　　　　　　年　　月　　日

D.4　有机水稻生产农事管理（轮作）记录

见表 D.4。

表 D.4　有机水稻生产农事管理（轮作）记录表

生产单元名称：

轮作作物名称：	轮作作物面积：	hm²	地块号：
轮作条件与效果评价			

月份	操作事项描述
1	
2	
3	
4	
5	
6	
7	
8	
9	
10	
11	
12	

地块种植者：　　　　　　　　　　　　　　　内部检查员：
　年　　月　　日　　　　　　　　　　　　　　年　　月　　日

D.5　有机水稻生产管理内部检查记录

D.5.1　基本情况见表 D.5。

表 D.5　有机水稻生产管理内部检查记录表（基本情况）

生产单元名称：

地块编号	作物名称	面积，hm²	最后一次使用化学品的时间	上一年种植作物及产量，t	预计产量，t

地块种植者：　　　　　　　　　　　　　　　内部检查员：
　年　　月　　日　　　　　　　　　　　　　　年　　月　　日

D.5.2 农田管理情况见表 D.6。

表 D.6　有机水稻生产管理内部检查记录表（农田管理情况）

生产单元名称：

地块编号	肥料施用	病虫害控制	草害控制	其他

地块种植者：　　　　　　　　　　　　　　　　　内部检查员：
　　年　　月　　日　　　　　　　　　　　　　　　　年　　月　　日

D.5.3 豆科作物情况见表 D.7。

表 D.7　有机水稻生产管理内部检查记录表（豆科作物）

生产单元名称：

豆科作物种类	占作物总面积的%	豆科作物种类	占作物总面积的%
谷类豆科作物		豆科类灌木或树木	
饲料类豆科作物		做土地覆盖物的豆科作物	
绿肥类豆科作物		野生豆科作物	

地块种植者：　　　　　　　　　　　　　　　　　内部检查员：
　　年　　月　　日　　　　　　　　　　　　　　　　年　　月　　日

D.5.4 外来侵蚀与预防措施见表 D.8。

表 D.8　有机水稻生产管理内部检查记录表（外来侵蚀与预防措施）

生产单元名称：

外来侵蚀情况	预防措施描述

地块种植者：　　　　　　　　　　　　　　　　　内部检查员：
　年　　月　　日　　　　　　　　　　　　　　　　年　　月　　日

D.5.5 平行生产情况见表 D.9。

表 D.9　有机水稻生产管理内部检查记录表（平行生产）

生产单元名称：

平行生产状况	平行生产管理措施描述
种植作物：	
种植面积与邻近有机地块号：	
投入品使用：	

地块种植者：　　　　　　　　　　　　　　　　　内部检查员：
　年　　月　　日　　　　　　　　　　　　　　　　年　　月　　日

D.5.6 不符合项整改情况见表 D.10。

表 D.10 有机水稻生产管理内部检查记录表（不符合项整改）

生产单元名称：

内部检查时间	年　月　日	内部检查项目	
不符合项描述			
不符合项整改（关闭）情况（含持续改进）			
说明			

生产单元负责人：　　　　　　　　　　　　　　　　　　内部检查员：
年　　月　　日　　　　　　　　　　　　　　　　　　年　　月　　日

D.6 有机水稻生产单元内部培训记录

见表 D.11。

表 D.11 有机水稻生产单元内部培训记录表

生产单元名称：

培训时间	年　月　日		培训课时		
培训地点			培训内容		
主持人			讲解人		
有否资料			有否照片		
接受培训人员签名					
姓名	性别	职业	姓名	性别	职业

生产单元负责人：　　　　　　　　　　　　　　　　　　内部检查员：
年　　月　　日　　　　　　　　　　　　　　　　　　年　　月　　日

D.7　有机水稻生产单元稻谷产品（含大米）出入库记录

见表 D.12。

表 D.12　有机水稻生产单元稻谷产品（含大米）出入库记录表

生产单元名称：

产品名称	□稻谷　□大米		收获或加工时间	年　月　日
入　库　记　录				
日期	数量，t	产品批次号		仓库号及库管员
出　库　记　录				
说明				

生产单元负责人：　　　　　　　　　　　　　　　　内部检查员：
　年　月　日　　　　　　　　　　　　　　　　　　　年　月　日

D.8　有机水稻生产单元客户投诉处理记录

见表 D.13。

表 D.13　有机水稻生产单元客户投诉处理记录表

生产单元名称：

客户名称				
投诉事件	年　月　日	投诉方式		□信函　□电话
投诉内容				
处理结果				
受理人		决定人		
投诉人反馈结果				

生产单元负责人：　　　　　　　　　　　　　　　　内部检查员：
　年　月　日　　　　　　　　　　　　　　　　　　　年　月　日

D.9 有机水稻生产单元产地环境状况监测、观察记录

见表 D.14。

表 D.14 有机水稻生产单元产地环境状况监测、观察记录表

生产单元名称：

产地环境监测方式	□取样送检 □政府抽检 □自我观察		
监测时间	年 月 日	监测范围	
监测结果		有否报告	

自 我 观 察 情 况

观察日期	变化状况		变化范围	
	大气污染		缓冲带	
	水质污染		生产单元内	
	土壤污染		有机地块周边	
	其他污染		平行生产地块	
	大气污染		缓冲带	
	水质污染		生产单元内	
	土壤污染		有机地块周边	
	其他污染		平行生产地块	
	大气污染		缓冲带	
	水质污染		生产单元内	
	土壤污染		有机地块周边	
	其他污染		平行生产地块	
	大气污染		缓冲带	
	水质污染		生产单元内	
	土壤污染		有机地块周边	
	其他污染		平行生产地块	
说明				

生产单元负责人：   内部检查员：
  年　月　日   年　月　日

D. 10　有机水稻生产单元稻谷产品（含大米）质量检测记录

见表 D. 15。

表 D. 15　有机水稻生产单元稻谷产品（含大米）质量检测记录表

生产单元名称：

产品质量检测方式	□委托送检　　□政府抽检　　□内部自检		
检测时间	年　月　日	产品批次号	
检测结果		有否报告	
内　部　自　检　情　况			
检测日期	产品批次号	检测项目	检测结果
对不合格产品 处理情况			

生产单元负责人：　　　　　　　　　　　　　　　　　内部检查员：
　年　月　日　　　　　　　　　　　　　　　　　　　　年　月　日

附 录 E

（资料性附录）

有机水稻种子生产基本要求

E.1 有机水稻种子生产应在有机生产单元内进行，选择地势平坦、土质良好、地力均匀、排灌方便以及不易受周围环境影响的地块，属杂交水稻制种时，需有相应的隔离措施。

E.2 种子生产过程应符合 GB/T 19630.1 的要求。

E.3 种子生产技术及种子质量标准应遵循 GB 4404.1 和 GB/T 3543 中有关水稻种子的要求。

E.4 可选用常规的水稻原种、良种以及杂交亲本进行有机水稻种子生产。

E.5 不宜选择秧田或前茬刚种过水稻的田块，以防止机械混杂和生物学混杂，保证种子的纯度。

E.6 同一品种需成片种植。品种相邻的田块，若花期相近，应设置隔离屏障或将制种田周边 5m 范围内所产的稻谷不作种子用。同一常规水稻品种已作种子种植多年，应采取提纯度复壮的技术措施。

E.7 整个生育期期间，应随时观察，及时拔除病、劣、杂株，并携出田外。

E.8 应依据株行、株系、原种和良种分别单收、单脱、单晒，并经种子精选、检验后入库储存。

E.9 应详细记载品种的特征特性，如生育期、株高、株型、穗粒结构及产量性状。

E.10 应加强种子生产过程中的病虫草害防治，特别是种传病害的防治。

附　录　F
（资料性附录）
有机水稻稻谷产品（含大米）质量安全重点风险检测项目表

有机水稻稻谷产品（含大米）质量安全重点风险检测项目见表 F.1。

表 F.1　有机水稻稻谷产品（含大米）质量安全重点风险检测项目表

检测项目			
农药残留项目		重金属项目	其他卫生安全项目
杀虫、杀菌剂	除草剂	镉（以 Cd 计） 铅（以 Pb 计）	黄曲霉毒素 B_1
甲胺磷 乙酰甲胺磷 乐果 三唑磷 毒死蜱 噻嗪酮 吡虫啉 三唑酮 稻瘟灵 三环唑	丁草胺 杀草丹 灭草松 禾大壮		
备注	1. 检测机构应符合国家规定的法定资质。 2. 所列项目应全检。 3. 检测方法执行相关国家或行业标准的规定。 4. 限量值执行 GB/T 19630.1–2011 要求的禁用物质不得检出、重金属和其他卫生安全项目执行国家标准的规定。		

附录三

《有机水稻生产质量控制技术规范》
对应 GB/T 19630—2011《有机产品》和
CNCA－N－009：2014
《有机产品认证实施规则》简表

表 《有机水稻生产质量控制技术规范》对应 GB/T 19630—2011《有机产品》和
CNCA－N－009：2014《有机产品认证实施规则》简表

NY/T 2410—2013 《有机水稻生产质量控制技术规范》	GB/T 19630—2011 《有机产品》	CNCA－N－009：2014 《有机产品认证实施规则》
2　规范性引用文件	GB/T 19630.1—2011《有机产品 第1部分：生产》 　2　规范性引用文件	
3　通则 3.1　有机水稻生产单元范围	GB/T 19630.1—2011《有机产品 第1部分：生产》 　4　通则 　　4.1　生产单元范围	5　认证程序 5.2.1 5.2.2 5.2.6
3.2　生产质量控制的风险要素 3.3　生产质量控制原则	4.3　基因工程生物/转基因生物 　4.4　辐照 　4.5　投入品 GB/T 19630.4—2011《有机产品 第4部分：管理体系》 　4.1　通则	6　认证后的管理 6.3
4　质量控制关键点 4.1　产地环境	GB/T 19630.1—2011《有机产品 第1部分：生产》 　5　植物生产 　5.3　产地环境要求 　5.11　污染控制	5　认证程序 5.4.5 5.5.1 5.5.3 5.5.4 5.5.5
4.2　生产过程	5.2　平行生产 　5.5　种子和植物繁殖材料 　5.7　土肥管理 　5.8　病虫草害防治 　5.10　分选、清洗及其他收获后处理 　11　包装、贮藏和运输	6　认证后的管理 6.3
4.3　生产单元	GB/T 19630.1—2011《有机产品 第1部分：生产》 　4.1　生产单元范围	

（续表）

NY/T 2410—2013 《有机水稻生产质量控制技术规范》	GB/T 19630—2011 《有机产品》	CNCA－N－009：2014 《有机产品认证实施规则》
4.3　生产单元	4.2　转换期 3.6　缓冲带 GB/T 19630.4—2011《有机产品　第4部分：管理体系》 　4.3　资源管理 　4.4　内部检查	
5　质量控制的技术与方法 5.1　产地环境监测评价	GB/T 19630.1—2011《有机产品　第1部分：生产》 　5　植物生产 　5.3　产地环境要求 　5.11　污染控制	5　认证程序 5.2.1 5.5.3
5.2　生产过程技术应用	GB/T 19630.1—2011《有机产品　第1部分：生产》 　5.5　种子和植物繁殖材料 　5.6　栽培 　5.7　土肥管理 　5.8　病虫草害防治 　5.10　分选、清理及其他收获后处理 　5.11　污染控制 　5.12　水生保护和生物多样性保护 　11　包装、贮藏、运输 GB/T 19630.2—2011《有机产品　第2部分：加工》 　4.2.4　包装	5　认证程序 5.2.6 5.5 5.6.3 6　认证后的管理 6.3
5.3　质量控制管理要求	GB/T 19630.4—2011《有机产品　第4部分：管理体系》 　4.2　文件要求 　4.3　资源管理 　4.4　内部检查 　4.5　可追溯体系与产品召回 　4.6　投诉 　4.7　持续改进 GB/T 19630.1—2011《有机产品　第1部分：生产》 　3.6　缓冲带 　4.1　生产单元范围 　5　植物生产	5　认证程序 5.2.1 5.2.6 5.5.2 5.5 5.5.2 5.6.3 5.6.4 6　认证后的管理 6.3
6　应急措施	GB/T 19630.1—2011《有机产品　第1部分：生产》 　5　植物生产 　5.1　转换期中5.1.4要求 　5.11　污染控制	5　认证程序 5.2.1 5.5.2 6　认证后的管理 6.3

（续表）

NY/T 2410—2013 《有机水稻生产质量控制技术规范》	GB/T 19630—2011 《有机产品》	CNCA－N－009：2014 《有机产品认证实施规则》
附录 A（规范性附录）	GB/T 19630.1—2011《有机产品 第1部分：生产》 表 A.1　土壤培肥和改良物质	5　认证程序 5.2.6 5.5.5 5.6.2
附录 B（规范性附录） 表 B.1，表 B.2	GB/T 19630.1—2011《有机产品 第1部分：生产》 表 A.2　植物保护产品 附录 C（资料性附录）　评估有机生产中使用其他投入品准则	6　认证后的管理 6.3.5
附录 C（资料性附录）	GB/T 19630.1—2011《有机产品 第1部分：生产》 5.7 中 5.7.2 要求	5　认证程序 5.2.6 5.5.5
附录 D（资料性附录） 表 D.1～表 D.15	GB/T 19630.4—2011《有机产品 第4部分：管理体系》 4.2 中 4.2.6 要求	5　认证程序 5.2.6 5.5.1
附录 E（资料性附录）	GB/T 19630.1—2011《有机产品 第1部分：生产》 5.5 中 5.5.2 要求	5　认证程序 5.2.6
附录 F（资料性附录）	GB/T 19630.1—2011《有机产品 第1部分：生产》 4.5 中 4.5.6 要求	5　认证程序 5.5.2

附录四

中华人民共和国农产品质量安全法

（主席令第49号）

目　录

第一章　总　则

第一条　为保障农产品质量安全，维护公众健康，促进农业和农村经济发展，制定本法。

第二条　本法所称农产品，是指来源于农业的初级产品，即在农业活动中获得的植物、动物、微生物及其产品。

本法所称农产品质量安全，是指农产品质量符合保障人的健康、安全的要求。

第三条　县级以上人民政府农业行政主管部门负责农产品质量安全的监督管理工作；县级以上人民政府有关部门按照职责分工，负责农产品质量安全的有关工作。

第四条　县级以上人民政府应当将农产品质量安全管理工作纳入本级国民经济和社会发展规划，并安排农产品质量安全经费，用于开展农产品质量安全工作。

第五条　县级以上地方人民政府统一领导、协调本行政区域内的农产品质量安全工作，并采取措施，建立健全农产品质量安全服务体系，提高农产品质量安全水平。

第六条　国务院农业行政主管部门应当设立由有关方面专家组成的农产品质量安全风险评估专家委员会，对可能影响农产品质量安全的潜在危害进行风险分析和评估。

国务院农业行政主管部门应当根据农产品质量安全风险评估结果采取相应的管理措施，并将农产品质量安全风险评估结果及时通报国务院有关部门。

第七条　国务院农业行政主管部门和省、自治区、直辖市人民政府农业行政主管部门应当按照职责权限，发布有关农产品质量安全状况信息。

第八条　国家引导、推广农产品标准化生产，鼓励和支持生产优质农产品，禁止生产、销售不符合国家规定的农产品质量安全标准的农产品。

第九条　国家支持农产品质量安全科学技术研究，推行科学的质量安全管理方法，推广先进安全的生产技术。

第十条　各级人民政府及有关部门应当加强农产品质量安全知识的宣传，提高公众的农产品质量安全意识，引导农产品生产者、销售者加强质量安全管理，保障农产品消费安全。

第二章　农产品质量安全标准

第十一条　国家建立健全农产品质量安全标准体系。农产品质量安全标准是强制性的技术规范。

农产品质量安全标准的制定和发布，依照有关法律、行政法规的规定执行。

第十二条　制定农产品质量安全标准应当充分考虑农产品质量安全风险评估结果，并听取农产品生产者、销售者和消费者的意见，保障消费安全。

第十三条　农产品质量安全标准应当根据科学技术发展水平以及农产品质量安全的需要，及时修订。

第十四条　农产品质量安全标准由农业行政主管部门商有关部门组织实施。

第三章　农产品产地

第十五条　县级以上地方人民政府农业行政主管部门按照保障农产品质量安全的要求，根据农产品品种特性和生产区域大气、土壤、水体中有毒有害物质状况等因素，认为不适宜特定农产品生产的，提出禁止生产的区域，报本级人民政府批准后公布。具体办法由国务院农业行政主管部门商国务院环境保护行政主管部门制定。

农产品禁止生产区域的调整，依照前款规定的程序办理。

第十六条　县级以上人民政府应当采取措施，加强农产品基地建设，改善农产品的生产条件。

县级以上人民政府农业行政主管部门应当采取措施，推进保障农产品质量安全的标准化生产综合示范区、示范农场、养殖小区和无规定动植物疫病区的建设。

第十七条　禁止在有毒有害物质超过规定标准的区域生产、捕捞、采集食用农产品和建立农产品生产基地。

第十八条　禁止违反法律、法规的规定向农产品产地排放或者倾倒废水、废气、固体废物或者其他有毒有害物质。

农业生产用水和用作肥料的固体废物，应当符合国家规定的标准。

第十九条　农产品生产者应当合理使用化肥、农药、兽药、农用薄膜等化工产品，防止对农产品产地造成污染。

第四章　农产品生产

第二十条　国务院农业行政主管部门和省、自治区、直辖市人民政府农业行政主管部门应当制定保障农产品质量安全的生产技术要求和操作规程。县级以上人民政府农业行政主管部门应当加强对农产品生产的指导。

第二十一条　对可能影响农产品质量安全的农药、兽药、饲料和饲料添加剂、肥料、兽医器械，依照有关法律、行政法规的规定实行许可制度。

国务院农业行政主管部门和省、自治区、直辖市人民政府农业行政主管部门应当定期对可能危及农产品质量安全的农药、兽药、饲料和饲料添加剂、肥料等农业投入品进行监督抽查，并公布抽查结果。

第二十二条 县级以上人民政府农业行政主管部门应当加强对农业投入品使用的管理和指导，建立健全农业投入品的安全使用制度。

第二十三条 农业科研教育机构和农业技术推广机构应当加强对农产品生产者质量安全知识和技能的培训。

第二十四条 农产品生产企业和农民专业合作经济组织应当建立农产品生产记录，如实记载下列事项：

（一）使用农业投入品的名称、来源、用法、用量和使用、停用的日期；

（二）动物疫病、植物病虫草害的发生和防治情况；

（三）收获、屠宰或者捕捞的日期。

农产品生产记录应当保存二年。禁止伪造农产品生产记录。

国家鼓励其他农产品生产者建立农产品生产记录。

第二十五条 农产品生产者应当按照法律、行政法规和国务院农业行政主管部门的规定，合理使用农业投入品，严格执行农业投入品使用安全间隔期或者休药期的规定，防止危及农产品质量安全。

禁止在农产品生产过程中使用国家明令禁止使用的农业投入品。

第二十六条 农产品生产企业和农民专业合作经济组织，应当自行或者委托检测机构对农产品质量安全状况进行检测；经检测不符合农产品质量安全标准的农产品，不得销售。

第二十七条 农民专业合作经济组织和农产品行业协会对其成员应当及时提供生产技术服务，建立农产品质量安全管理制度，健全农产品质量安全控制体系，加强自律管理。

第五章 农产品包装和标识

第二十八条 农产品生产企业、农民专业合作经济组织以及从事农产品收购的单位或者个人销售的农产品，按照规定应当包装或者附加标识的，须经包装或者附加标识后方可销售。包装物或者标识上应当按照规定标明产品的品名、产地、生产者、生产日期、保质期、产品质量等级等内容；使用添加剂的，还应当按照规定标明添加剂的名称。具体办法由国务院农业行政主管部门制定。

第二十九条 农产品在包装、保鲜、贮存、运输中所使用的保鲜剂、防腐剂、添加剂等材料，应当符合国家有关强制性的技术规范。

第三十条 属于农业转基因生物的农产品，应当按照农业转基因生物安全管理的有关规定进行标识。

第三十一条 依法需要实施检疫的动植物及其产品，应当附具检疫合格标志、检疫合格证明。

第三十二条 销售的农产品必须符合农产品质量安全标准，生产者可以申请使用无公害农产品标志。农产品质量符合国家规定的有关优质农产品标准的，生产者可以申请使用相应的农产品质量标志。

禁止冒用前款规定的农产品质量标志。

第六章　监督检查

第三十三条　有下列情形之一的农产品，不得销售：

（一）含有国家禁止使用的农药、兽药或者其他化学物质的；

（二）农药、兽药等化学物质残留或者含有的重金属等有毒有害物质不符合农产品质量安全标准的；

（三）含有的致病性寄生虫、微生物或者生物毒素不符合农产品质量安全标准的；

（四）使用的保鲜剂、防腐剂、添加剂等材料不符合国家有关强制性的技术规范的；

（五）其他不符合农产品质量安全标准的。

第三十四条　国家建立农产品质量安全监测制度。县级以上人民政府农业行政主管部门应当按照保障农产品质量安全的要求，制订并组织实施农产品质量安全监测计划，对生产中或者市场上销售的农产品进行监督抽查。监督抽查结果由国务院农业行政主管部门或者省、自治区、直辖市人民政府农业行政主管部门按照权限予以公布。

监督抽查检测应当委托符合本法第三十五条规定条件的农产品质量安全检测机构进行，不得向被抽查人收取费用，抽取的样品不得超过国务院农业行政主管部门规定的数量。上级农业行政主管部门监督抽查的农产品，下级农业行政主管部门不得另行重复抽查。

第三十五条　农产品质量安全检测应当充分利用现有的符合条件的检测机构。

从事农产品质量安全检测的机构，必须具备相应的检测条件和能力，由省级以上人民政府农业行政主管部门或者其授权的部门考核合格。具体办法由国务院农业行政主管部门制定。

农产品质量安全检测机构应当依法经计量认证合格。

第三十六条　农产品生产者、销售者对监督抽查检测结果有异议的，可以自收到检测结果之日起五日内，向组织实施农产品质量安全监督抽查的农业行政主管部门或者其上级农业行政主管部门申请复检。

采用国务院农业行政主管部门会同有关部门认定的快速检测方法进行农产品质量安全监督抽查检测，被抽查人对检测结果有异议的，可以自收到检测结果时起四小时内申请复检。复检不得采用快速检测方法。

因检测结果错误给当事人造成损害的，依法承担赔偿责任。

第三十七条　农产品批发市场应当设立或者委托农产品质量安全检测机构，对进场销售的农产品质量安全状况进行抽查检测；发现不符合农产品质量安全标准的，应当要求销售者立即停止销售，并向农业行政主管部门报告。

农产品销售企业对其销售的农产品，应当建立健全进货检查验收制度；经查验不符合农产品质量安全标准的，不得销售。

第三十八条　国家鼓励单位和个人对农产品质量安全进行社会监督。任何单位和个人都有权对违反本法的行为进行检举、揭发和控告。有关部门收到相关的检举、揭发和控告后，应当及时处理。

第三十九条　县级以上人民政府农业行政主管部门在农产品质量安全监督检查中，可以对生产、销售的农产品进行现场检查，调查了解农产品质量安全的有关情况，查阅、复制与农产品质量安全有关的记录和其他资料；对经检测不符合农产品质量安全标准的农产品，有权查封、扣押。

第四十条　发生农产品质量安全事故时，有关单位和个人应当采取控制措施，及时向所在地乡级人民政府和县级人民政府农业行政主管部门报告；收到报告的机关应当及时处理并报上一级人民政府和有关部门。发生重大农产品质量安全事故时，农业行政主管部门应当及时通报同级食品药品监督管理部门。

第四十一条　县级以上人民政府农业行政主管部门在农产品质量安全监督管理中，发现有本法第三十三条所列情形之一的农产品，应当按照农产品质量安全责任追究制度的要求，查明责任人，依法予以处理或者提出处理建议。

第四十二条　进口的农产品必须按照国家规定的农产品质量安全标准进行检验；尚未制定有关农产品质量安全标准的，应当依法及时制定，未制定之前，可以参照国家有关部门指定的国外有关标准进行检验。

第七章　法律责任

第四十三条　农产品质量安全监督管理人员不依法履行监督职责，或者滥用职权的，依法给予行政处分。

第四十四条　农产品质量安全检测机构伪造检测结果的，责令改正，没收违法所得，并处五万元以上十万元以下罚款，对直接负责的主管人员和其他直接责任人员处一万元以上五万元以下罚款；情节严重的，撤销其检测资格；造成损害的，依法承担赔偿责任。

农产品质量安全检测机构出具检测结果不实，造成损害的，依法承担赔偿责任；造成重大损害的，并撤销其检测资格。

第四十五条　违反法律、法规规定，向农产品产地排放或者倾倒废水、废气、固体废物或者其他有毒有害物质的，依照有关环境保护法律、法规的规定处罚；造成损害的，依法承担赔偿责任。

第四十六条　使用农业投入品违反法律、行政法规和国务院农业行政主管部门的规定的，依照有关法律、行政法规的规定处罚。

第四十七条　农产品生产企业、农民专业合作经济组织未建立或者未按照规定保存农产品生产记录的，或者伪造农产品生产记录的，责令限期改正；逾期不改正的，可以处二千元以下罚款。

第四十八条　违反本法第二十八条规定，销售的农产品未按照规定进行包装、标识的，责令限期改正；逾期不改正的，可以处二千元以下罚款。

第四十九条　有本法第三十三条第四项规定情形，使用的保鲜剂、防腐剂、添加剂等材料不符合国家有关强制性的技术规范的，责令停止销售，对被污染的农产品进行无害化处理，对不能进行无害化处理的予以监督销毁；没收违法所得，并处二千元以上二万元以下罚款。

第五十条　农产品生产企业、农民专业合作经济组织销售的农产品有本法第三十三条第一项至第三项或者第五项所列情形之一的，责令停止销售，追回已经销售的农产品，对违法销售的农产品进行无害化处理或者予以监督销毁；没收违法所得，并处二千元以上二万元以下罚款。

农产品销售企业销售的农产品有前款所列情形的，依照前款规定处理、处罚。

农产品批发市场中销售的农产品有第一款所列情形的，对违法销售的农产品依照第一款规定处理，对农产品销售者依照第一款规定处罚。

农产品批发市场违反本法第三十七条第一款规定的，责令改正，处二千元以上二万元以下罚款。

第五十一条 违反本法第三十二条规定，冒用农产品质量标志的，责令改正，没收违法所得，并处二千元以上二万元以下罚款。

第五十二条 本法第四十四条、第四十七条至第四十九条、第五十条第一款、第四款和第五十一条规定的处理、处罚，由县级以上人民政府农业行政主管部门决定；第五十条第二款、第三款规定的处理、处罚，由工商行政管理部门决定。

法律对行政处罚及处罚机关有其他规定的，从其规定。但是，对同一违法行为不得重复处罚。

第五十三条 违反本法规定，构成犯罪的，依法追究刑事责任。

第五十四条 生产、销售本法第三十三条所列农产品，给消费者造成损害的，依法承担赔偿责任。

农产品批发市场中销售的农产品有前款规定情形的，消费者可以向农产品批发市场要求赔偿；属于生产者、销售者责任的，农产品批发市场有权追偿。消费者也可以直接向农产品生产者、销售者要求赔偿。

第八章 附 则

第五十五条 生猪屠宰的管理按照国家有关规定执行。

第五十六条 本法自 2006 年 11 月 1 日起施行。

附录五

有机产品认证管理办法

（质检总局令第 155 号，2013 - 11 - 15 颁布，2014 - 04 - 01 实施）

第一章 总 则

第一条 为了维护消费者、生产者和销售者合法权益，进一步提高有机产品质量，加强有机产品认证管理，促进生态环境保护和可持续发展，根据《中华人民共和国产品质量法》《中华人民共和国进出口商品检验法》《中华人民共和国认证认可条例》等法律、行政法规的规定，制定本办法。

第二条 在中华人民共和国境内从事有机产品认证以及获证有机产品生产、加工、进口和销售活动，应当遵守本办法。

第三条 本办法所称有机产品，是指生产、加工和销售符合中国有机产品国家标准的供人类消费、动物食用的产品。

本办法所称有机产品认证，是指认证机构依照本办法的规定，按照有机产品认证规则，对相关产品的生产、加工和销售活动符合中国有机产品国家标准进行的合格评定活动。

第四条 国家认证认可监督管理委员会（以下简称国家认监委）负责全国有机产品认证的统一管理、监督和综合协调工作。

地方各级质量技术监督部门和各地出入境检验检疫机构（以下统称地方认证监管部门）按照职责分工，依法负责所辖区域内有机产品认证活动的监督检查和行政执法工作。

第五条 国家推行统一的有机产品认证制度，实行统一的认证目录、统一的标准和认证实施规则、统一的认证标志。

国家认监委负责制定和调整有机产品认证目录、认证实施规则，并对外公布。

第六条 国家认监委按照平等互利的原则组织开展有机产品认证国际合作。

开展有机产品认证国际互认活动，应当在国家对外签署的国际合作协议内进行。

第二章 认证实施

第七条 有机产品认证机构（以下简称认证机构）应当经国家认监委批准，并依法取得法人资格后，方可从事有机产品认证活动。

认证机构实施认证活动的能力应当符合有关产品认证机构国家标准的要求。

从事有机产品认证检查活动的检查员，应当经国家认证人员注册机构注册后，方可从事有机产品认证检查活动。

第八条 有机产品生产者、加工者（以下统称认证委托人），可以自愿委托认证机构进行有机产品认证，并提交有机产品认证实施规则中规定的申请材料。

认证机构不得受理不符合国家规定的有机产品生产产地环境要求，以及有机产品认证目录外产品的认证委托人的认证委托。

第九条 认证机构应当自收到认证委托人申请材料之日起 10 日内，完成材料审核，并作出是否受理的决定。对于不予受理的，应当书面通知认证委托人，并说明理由。

认证机构应当在对认证委托人实施现场检查前 5 日内，将认证委托人、认证检查方案等基本信息报送至国家认监委确定的信息系统。

第十条 认证机构受理认证委托后，认证机构应当按照有机产品认证实施规则的规定，由认证检查员对有机产品生产、加工场所进行现场检查，并应当委托具有法定资质的检验检测机构对申请认证的产品进行检验检测。

按照有机产品认证实施规则的规定，需要进行产地（基地）环境监（检）测的，由具有法定资质的监（检）测机构出具监（检）测报告，或者采信认证委托人提供的其他合法有效的环境监（检）测结论。

第十一条 符合有机产品认证要求的，认证机构应当及时向认证委托人出具有机产品认证证书，允许其使用中国有机产品认证标志；对不符合认证要求的，应当书面通知认证委托人，并说明理由。

认证机构及认证人员应当对其作出的认证结论负责。

第十二条 认证机构应当保证认证过程的完整、客观、真实，并对认证过程作出完整记录，归档留存，保证认证过程和结果具有可追溯性。

产品检验检测和环境监（检）测机构应当确保检验检测、监测结论的真实、准确，并对检验检测、监测过程做出完整记录，归档留存。产品检验检测、环境监测机构及其相关人员应当对其作出的检验检测、监测报告的内容和结论负责。

本条规定的记录保存期为 5 年。

第十三条 认证机构应当按照认证实施规则的规定，对获证产品及其生产、加工过程实施有效跟踪检查，以保证认证结论能够持续符合认证要求。

第十四条 认证机构应当及时向认证委托人出具有机产品销售证，以保证获证产品的认证委托人所销售的有机产品类别、范围和数量与认证证书中的记载一致。

第十五条 有机配料含量（指重量或者液体体积，不包括水和盐，下同）等于或者高于 95% 的加工产品，应当在获得有机产品认证后，方可在产品或者产品包装及标签上标注"有机"字样，加施有机产品认证标志。

第十六条 认证机构不得对有机配料含量低于 95% 的加工产品进行有机认证。

第三章　有机产品进口

第十七条 向中国出口有机产品的国家或者地区的有机产品主管机构，可以向国家认监委提出有机产品认证体系等效性评估申请，国家认监委受理其申请，并组织有关专家对提交的申请进行评估。

评估可以采取文件审查、现场检查等方式进行。

第十八条 向中国出口有机产品的国家或者地区的有机产品认证体系与中国有机产品认证体系等效的，国家认监委可以与其主管部门签署相关备忘录。

该国家或者地区出口至中国的有机产品，依照相关备忘录的规定实施管理。

第十九条 未与国家认监委就有机产品认证体系等效性方面签署相关备忘录的国家或者地区的进口产品，拟作为有机产品向中国出口时，应当符合中国有机产品相关法律法规和中国有机产品国家标准的要求。

第二十条　需要获得中国有机产品认证的进口产品生产商、销售商、进口商或者代理商（以下统称进口有机产品认证委托人），应当向经国家认监委批准的认证机构提出认证委托。

第二十一条　进口有机产品认证委托人应当按照有机产品认证实施规则的规定，向认证机构提交相关申请资料和文件，其中申请书、调查表、加工工艺流程、产品配方和生产、加工过程中使用的投入品等认证申请材料、文件，应当同时提交中文版本。申请材料不符合要求的，认证机构应当不予受理其认证委托。

认证机构从事进口有机产品认证活动应当符合本办法和有机产品认证实施规则的规定，认证检查记录和检查报告等应当有中文版本。

第二十二条　进口有机产品申报入境检验检疫时，应当提交其所获中国有机产品认证证书复印件、有机产品销售证复印件、认证标志和产品标识等文件。

第二十三条　各地出入境检验检疫机构应当对申报的进口有机产品实施入境验证，查验认证证书复印件、有机产品销售证复印件、认证标志和产品标识等文件，核对货证是否相符。不相符的，不得作为有机产品入境。

必要时，出入境检验检疫机构可以对申报的进口有机产品实施监督抽样检验，验证其产品质量是否符合中国有机产品国家标准的要求。

第二十四条　自对进口有机产品认证委托人出具有机产品认证证书起30日内，认证机构应当向国家认监委提交以下书面材料：

（一）获证产品类别、范围和数量；

（二）进口有机产品认证委托人的名称、地址和联系方式；

（三）获证产品生产商、进口商的名称、地址和联系方式；

（四）认证证书和检查报告复印件（中外文版本）；

（五）国家认监委规定的其他材料。

第四章　认证证书和认证标志

第二十五条　国家认监委负责制定有机产品认证证书的基本格式、编号规则和认证标志的式样、编号规则。

第二十六条　认证证书有效期为1年。

第二十七条　认证证书应当包括以下内容：

（一）认证委托人的名称、地址；

（二）获证产品的生产者、加工者以及产地（基地）的名称、地址；

（三）获证产品的数量、产地（基地）面积和产品种类；

（四）认证类别；

（五）依据的国家标准或者技术规范；

（六）认证机构名称及其负责人签字、发证日期、有效期。

第二十八条　获证产品在认证证书有效期内，有下列情形之一的，认证委托人应当在15日内向认证机构申请变更。认证机构应当自收到认证证书变更申请之日起30日内，对认证证书进行变更：

（一）认证委托人或者有机产品生产、加工单位名称或者法人性质发生变更的；

（二）产品种类和数量减少的；

（三）其他需要变更认证证书的情形。

第二十九条 有下列情形之一的，认证机构应当在 30 日内注销认证证书，并对外公布：

（一）认证证书有效期届满，未申请延续使用的；

（二）获证产品不再生产的；

（三）获证产品的认证委托人申请注销的；

（四）其他需要注销认证证书的情形。

第三十条 有下列情形之一的，认证机构应当在 15 日内暂停认证证书，认证证书暂停期为 1 至 3 个月，并对外公布：

（一）未按照规定使用认证证书或者认证标志的；

（二）获证产品的生产、加工、销售等活动或者管理体系不符合认证要求，且经认证机构评估在暂停期限内能够能采取有效纠正或者纠正措施的；

（三）其他需要暂停认证证书的情形。

第三十一条 有下列情形之一的，认证机构应当在 7 日内撤销认证证书，并对外公布：

（一）获证产品质量不符合国家相关法规、标准强制要求或者被检出有机产品国家标准禁用物质的；

（二）获证产品生产、加工活动中使用了有机产品国家标准禁用物质或者受到禁用物质污染的；

（三）获证产品的认证委托人虚报、瞒报获证所需信息的；

（四）获证产品的认证委托人超范围使用认证标志的；

（五）获证产品的产地（基地）环境质量不符合认证要求的；

（六）获证产品的生产、加工、销售等活动或者管理体系不符合认证要求，且在认证证书暂停期间，未采取有效纠正或者纠正措施的；

（七）获证产品在认证证书标明的生产、加工场所外进行了再次加工、分装、分割的；

（八）获证产品的认证委托人对相关方重大投诉且确有问题未能采取有效处理措施的；

（九）获证产品的认证委托人从事有机产品认证活动因违反国家农产品、食品安全管理相关法律法规，受到相关行政处罚的；

（十）获证产品的认证委托人拒不接受认证监管部门或者认证机构对其实施监督的；

（十一）其他需要撤销认证证书的情形。

第三十二条 有机产品认证标志为中国有机产品认证标志。

中国有机产品认证标志标有中文"中国有机产品"字样和英文"ORGANIC"字样。图案如下。

第三十三条　中国有机产品认证标志应当在认证证书限定的产品类别、范围和数量内使用。

认证机构应当按照国家认监委统一的编号规则，对每枚认证标志进行唯一编号（以下简称有机码），并采取有效防伪、追溯技术，确保发放的每枚认证标志能够溯源到其对应的认证证书和获证产品及其生产、加工单位。

第三十四条　获证产品的认证委托人应当在获证产品或者产品的最小销售包装上，加施中国有机产品认证标志、有机码和认证机构名称。

获证产品标签、说明书及广告宣传等材料上可以印制中国有机产品认证标志，并可以按照比例放大或者缩小，但不得变形、变色。

第三十五条　有下列情形之一的，任何单位和个人不得在产品、产品最小销售包装及其标签上标注含有"有机"、"ORGANIC"等字样且可能误导公众认为该产品为有机产品的文字表述和图案：

（一）未获得有机产品认证的；

（二）获证产品在认证证书标明的生产、加工场所外进行了再次加工、分装、分割的。

第三十六条　认证证书暂停期间，获证产品的认证委托人应当暂停使用认证证书和认证标志；认证证书注销、撤销后，认证委托人应当向认证机构交回认证证书和未使用的认证标志。

第五章　监督管理

第三十七条　国家认监委对有机产品认证活动组织实施监督检查和不定期的专项监督检查。

第三十八条　地方认证监管部门应当按照各自职责，依法对所辖区域的有机产品认证活动进行监督检查，查处获证有机产品生产、加工、销售活动中的违法行为。

各地出入境检验检疫机构负责对外资认证机构、进口有机产品认证和销售，以及出口有机产品认证、生产、加工、销售活动进行监督检查。

地方各级质量技术监督部门负责对中资认证机构、在境内生产加工且在境内销售的有机产品认证、生产、加工、销售活动进行监督检查。

第三十九条　地方认证监管部门的监督检查的方式包括：

（一）对有机产品认证活动是否符合本办法和有机产品认证实施规则规定的监督检查；

（二）对获证产品的监督抽查；

（三）对获证产品认证、生产、加工、进口、销售单位的监督检查；

（四）对有机产品认证证书、认证标志的监督检查；

（五）对有机产品认证咨询活动是否符合相关规定的监督检查；

（六）对有机产品认证和认证咨询活动举报的调查处理；

（七）对违法行为的依法查处。

第四十条　国家认监委通过信息系统，定期公布有机产品认证动态信息。

认证机构在出具认证证书之前，应当按要求及时向信息系统报送有机产品认证相关信息，并获取认证证书编号。

认证机构在发放认证标志之前，应当将认证标志、有机码的相关信息上传到信息系统。

地方认证监管部门通过信息系统，根据认证机构报送和上传的认证相关信息，对所辖区域内开展的有机产品认证活动进行监督检查。

第四十一条 获证产品的认证委托人以及有机产品销售单位和个人，在产品生产、加工、包装、贮藏、运输和销售等过程中，应当建立完善的产品质量安全追溯体系和生产、加工、销售记录档案制度。

第四十二条 有机产品销售单位和个人在采购、贮藏、运输、销售有机产品的活动中，应当符合有机产品国家标准的规定，保证销售的有机产品类别、范围和数量与销售证中的产品类别、范围和数量一致，并能够提供与正本内容一致的认证证书和有机产品销售证的复印件，以备相关行政监管部门或者消费者查询。

第四十三条 认证监管部门可以根据国家有关部门发布的动植物疫情、环境污染风险预警等信息，以及监督检查、消费者投诉举报、媒体反映等情况，及时发布关于有机产品认证区域、获证产品及其认证委托人、认证机构的认证风险预警信息，并采取相关应对措施。

第四十四条 获证产品的认证委托人提供虚假信息、违规使用禁用物质、超范围使用有机认证标志，或者出现产品质量安全重大事故的，认证机构5年内不得受理该企业及其生产基地、加工场所的有机产品认证委托。

第四十五条 认证委托人对认证机构的认证结论或者处理决定有异议的，可以向认证机构提出申诉，对认证机构的处理结论仍有异议的，可以向国家认监委申诉。

第四十六条 任何单位和个人对有机产品认证活动中的违法行为，可以向国家认监委或者地方认证监管部门举报。国家认监委、地方认证监管部门应当及时调查处理，并为举报人保密。

第六章　罚　则

第四十七条 伪造、冒用、非法买卖认证标志的，地方认证监管部门依照《中华人民共和国产品质量法》《中华人民共和国进出口商品检验法》及其实施条例等法律、行政法规的规定处罚。

第四十八条 伪造、变造、冒用、非法买卖、转让、涂改认证证书的，地方认证监管部门责令改正，处3万元罚款。

违反本办法第四十条第二款的规定，认证机构在其出具的认证证书上自行编制认证证书编号的，视为伪造认证证书。

第四十九条 违反本办法第八条第二款的规定，认证机构向不符合国家规定的有机产品生产产地环境要求区域或者有机产品认证目录外产品的认证委托人出具认证证书的，责令改正，处3万元罚款；有违法所得的，没收违法所得。

第五十条 违反本办法第三十五条的规定，在产品或者产品包装及标签上标注含有"有机""ORGANIC"等字样且可能误导公众认为该产品为有机产品的文字表述和图案的，地方认证监管部门责令改正，处3万元以下罚款。

第五十一条 认证机构有下列情形之一的，国家认监委应当责令改正，予以警告，并对外公布：

（一）未依照本办法第四十条第二款的规定，将有机产品认证标志、有机码上传到国家认监委确定的信息系统的；

（二）未依照本办法第九条第二款的规定，向国家认监委确定的信息系统报送相关认证信息或者其所报送信息失实的；

（三）未依照本办法第二十四条的规定，向国家认监委提交相关材料备案的。

第五十二条　违反本办法第十四条的规定，认证机构发放的有机产品销售证数量，超过获证产品的认证委托人所生产、加工的有机产品实际数量的，责令改正，处 1 万元以上3 万元以下罚款。

第五十三条　违反本办法第十六条的规定，认证机构对有机配料含量低于95% 的加工产品进行有机认证的，地方认证监管部门责令改正，处 3 万元以下罚款。

第五十四条　认证机构违反本办法第三十条、第三十一条的规定，未及时暂停或者撤销认证证书并对外公布的，依照《中华人民共和国认证认可条例》第六十条的规定处罚。

第五十五条　认证委托人有下列情形之一的，由地方认证监管部门责令改正，处 1 万元以上 3 万元以下罚款：

（一）未获得有机产品认证的加工产品，违反本办法第十五条的规定，进行有机产品认证标识标注的；

（二）未依照本办法第三十三条第一款、第三十四条的规定使用认证标志的；

（三）在认证证书暂停期间或者被注销、撤销后，仍继续使用认证证书和认证标志的。

第五十六条　认证机构、获证产品的认证委托人拒绝接受国家认监委或者地方认证监管部门监督检查的，责令限期改正；逾期未改正的，处 3 万元以下罚款。

第五十七条　进口有机产品入境检验检疫时，不如实提供进口有机产品的真实情况，取得出入境检验检疫机构的有关证单，或者对法定检验的有机产品不予报检，逃避检验的，由出入境检验检疫机构依照《中华人民共和国进出口商检检验法实施条例》第四十六条的规定处罚。

第五十八条　有机产品认证活动中的其他违法行为，依照有关法律、行政法规、部门规章的规定处罚。

第七章　附　则

第五十九条　有机产品认证收费应当依照国家有关价格法律、行政法规的规定执行。

第六十条　出口的有机产品，应当符合进口国家或者地区的要求。

第六十一条　本办法所称有机配料，是指在制造或者加工有机产品时使用并存在（包括改性的形式存在）于产品中的任何物质，包括添加剂。

第六十二条　本办法由国家质量监督检验检疫总局负责解释。

第六十三条　本办法自 2014 年 4 月 1 日起施行。国家质检总局 2004 年 11 月 5 日公布的《有机产品认证管理办法》（国家质检总局第 67 号令）同时废止。

附录六

GB/T 19630—2011《有机产品》节选

编者按：为使有机水稻生产单元及生产者能将有机水稻的生产全过程与国家标准 GB/T 19630—2011《有机产品》中的"第 1 部分：生产""第 2 部分：加工""第 4 部分：管理体系"的相关要求对接，并认真理解本标准 NY/T 2410—2013《有机水稻生产质量控制技术规范》中"规范性引用文件"所涉及的《有机产品》国家标准上述 3 个部分规定的相关认证要求，为此，特将这 3 个部分的标准内容中与有机水稻有直接关联的条款，以节选的方式予以编入，供对应性使用的参考。

"第 1 部分：生产"。这部分标准要求，是最重要的有机生产实施及认证规范性规定。任何有机植物的生产，均须以此为基础，包括有机水稻的生产。为此，该部分内容节选了如下内容："3　术语与定义"中的 3.1～3.8 和 3.11～3.14，"4　通则"，"5　植物生产"中的 5.1～5.8 和 5.10～5.12，"11　包装、贮藏和运输"，附录 A 中的表 A.1 和表 A.2，附录 B 中的表 B.1，附录 C 中的 C.1 中 C1.1、C1.2 和 C.2。

"第 2 部分：加工"。这部分标准要求，涉及有机产品的初级加工和精深加工过程中的规范性规定。作为有机水稻的生产，其产出的有机稻谷收获处理后会涉及加工处理场所的有害生物防治，以及有机稻谷包装、贮藏和运输等环节。为此，该部分内容节选了"4　要求"中的 4.1～4.2.6。

"第 4 部分：管理体系"。这部分标准要求，涉及有机生产的管理体系运作规范性规定。其与有机水稻生产中的质量控制关系密切。为此，该部分内容节选了其"3　术语与定义""4　要求"。

希望有机水稻生产单元和生产者对此深刻地理解，良好地应用，妥帖地对接，使本标准（规范）的实施更具可操作性和有效性。

GB/T 19630.1—2011《有机产品　第1部分：生产》节选

3　术语和定义

3.1　有机农业　organic agriculture

遵照特定的农业生产原则，在生产中不采用基因工程获得的生物及其产物，不使用化学合成的农药、化肥、生长调节剂、饲料添加剂等物质，遵循自然规律和生态学原理，协调种植业和养殖业的平衡，采用一系列可持续的农业技术以维持持续稳定的农业生产体系的一种农业生产方式。

3.2　有机产品　organic product

按照本标准生产、加工、销售的供人类消费、动物食用的产品。

3.3　常规　conventional

生产体系及其产品未按照本标准实施管理的。

3.4　转换期　conversion period

从按照本标准开始管理至生产单元和产品获得有机认证之间的时段。

3.5　平行生产　parallel production

在同一生产单元中，同时生产相同或难以区分的有机、有机转换或常规产品的情况

3.6　缓冲带　buffer zone

在有机和常规地块之间有目的设置的、可明确界定的用来限制或阻挡邻近田块的禁用物质漂移的过渡区域。

3.7　投入品　input

在有机生产过程中采用的所有物质或材料。

3.8　养殖期　animal life cycle

从动物出生到作为有机产品销售的时间段。

3.11　生物多样性　biodiversity

地球上生命形式和生态系统类型的多样性，包括基因的多样性、物种的多样性和生态系统的多样性。

3.12　基因工程技术（转基因技术）　genetic engineering（genetic modification）

指通过自然发生的交配与自然重组以外的方式对遗传材料进行改变的技术，包括但不限于重组脱氧核糖核酸、细胞融合、微注射与宏注射、封装、基因删除和基因加倍。

3.13　基因工程生物（转基因工程生物）　genetically engineered organism（genetically modified organisin）

通过基因工程技术/转基因技术改变了其基因的植物、动物、微生物。不包括接合生殖、转导与杂交等技术得到的生物体。

3.14　辐照　irradiation（ionizing radiation）

放射性核素高能量的放射，能改变食品的分子结构，以控制食品中的微生物、病菌、寄生虫和害虫，达到保存食品或抑制诸如发芽或成熟等生理过程。

4　通则

4.1　生产单元范围

有机生产单元的边界应清晰，所有权和经营权应明确，并且已按照 GB/T 19630.4 的要求建立并实施了有机生产管理体系。

4.2 转换期

由常规生产向有机生产发展需要经过转换，经过转换期后播种或收获的植物产品或经过转换期后的动物产品才可作为有机产品销售。生产者在转换期间应完全符合有机生产要求。

4.3 基因工程生物/转基因生物

4.3.1 不应在有机生产体系中引入或在有机产品上使用基因工程生物/转基因生物及其衍生物，包括植物、动物、微生物、种子、花粉、精子、卵子、其他繁殖材料及肥料、土壤改良物质、植物保护产品、植物生长调节剂、饲料、动物生长调节剂、兽药、渔药等农业投入品。

4.3.2 同时存在有机和非有机生产的生产单元，其常规生产部分也不得引入或使用基因工程生物/转基因生物。

4.4 辐照

不应在有机生产中使用辐照技术。

4.5 投入品

4.5.1 生产者应选择并实施栽培和/或养殖管理措施，以维持或改善土壤理化和生物性状，减少土壤侵蚀，保护植物和养殖动物的健康。

4.5.2 在栽培和/或养殖管理措施不足以维持土壤肥力和保证植物和养殖动物健康，需要使用有机生产体系外投入品时，可以使用附录A和附录B列出的投入品，但应按照规定的条件使用。在附录A和附录B涉及有机农业中用于土壤培肥和改良、植物保护、动物养殖的物质不能满足要求的情况下，可以参照附录C描述的评估准则对有机农业中使用除附录A和附录B以外的其他投入品进行评估。

4.5.3 作为植物保护产品的复合制剂的有效成分应是附录A表A.2列出的物质，不应使用具有致癌、致畸、致突变性和神经毒性的物质作为助剂。

4.5.4 不应使用化学合成的植物保护产品。

4.5.5 不应使用化学合成的肥料和城市污水污泥。

4.5.6 认证的产品中不得检出有机生产中禁用物质。

5 植物生产

5.1 转换期

5.1.1 一年生植物的转换期至少为播种前的24个月，草场和多年生饲料作物的转换期至少为有机饲料收获前的24个月，饲料作物以外的其他多年生植物的转换期至少为收获前的36个月。转换期内应按照本标准的要求进行管理。

5.1.2 新开垦的、撂荒36个月以上的或有充分证据证明36个月以上未使用本标准禁用物质的地块，也应经过至少12个月的转换期。

5.1.3 可延长本标准禁用物质污染的地块的转换期。

5.1.4 对于已经经过转换或正处于转换期的地块，如果使用了有机生产中禁止使用的物质，应重新开始转换。当地块使用的禁用物质是当地政府机构为处理某种病害或虫害而强制使用时，可以缩短5.1.1规定的转换期，但应关注施用产品中禁用物质的降解情况，确保在转换期结束之前，土壤中或多年生作物体内的残留达到非显著水平，所收获产品不应作为有机产品或有机转换产品销售。

5.1.5 野生采集、食用菌栽培（土培和覆土栽培除外）、芽苗菜生产可以免除转换期。

5.2 平行生产

5.2.1 在同一个生产单元中可同时生产易于区分的有机和非有机植物，但该单元的有机和非有机生产部分（包括地块、生产设施和工具）应能够完全分开，并能够采取适当措施避免与非有机产品混杂和被禁用物质污染。

5.2.2 在同一生产单元内，一年生植物不应存在平行生产。

5.2.3 在同一生产单元内，多年生植物不应存在平行生产，除非同时满足以下条件：

 a）生产者应制定有机转换计划，计划中应承诺在可能的最短时间内开始对同一单元中相关非有机生产区域实施转换，该时间最多不能超过5年；

 b）采取适当的措施以保证从有机和非有机生产区域收获的产品能够得到严格分离。

5.3 产地环境要求

有机生产需要在适宜的环境条件下进行。有机生产基地应远离城区、工矿区、交通主干线、工业污染源、生活垃圾场等。

产地的环境质量应符合以下要求：

 a）土壤环境质量符合 GB 15618 中的二级标准；

 b）农田灌溉用水水质符合 GB 5084 的规定；

 c）环境空气质量符合 GB 3095 中二级标准和 GB 9137 的规定。

5.4 缓冲带

应对有机生产区域受到邻近常规生产区域污染的风险进行分析。在存在风险的情况下，则应在有机和常规生产区域之间设置有效的缓冲带或物理屏障，以防止有机生产地块受到污染。缓冲带上种植的植物不能认证为有机产品。

5.5 种子和植物繁殖材料

5.5.1 应选择适应当地的土壤和气候条件、抗病虫害的植物种类及品种。在品种的选择上应充分考虑保护植物的遗传多样性。

5.5.2 应选择有机种子或植物繁殖材料。当从市场上无法获得有机种子或植物繁殖材料时，可选用未经禁止使用物质处理过的常规种子或植物繁殖材料，并制订和实施获得有机种子和植物繁殖材料的计划。

5.5.3 应采取有机生产方式培育一年生植物的种苗。

5.5.4 不应使用经禁用物质和方法处理过的种子和植物繁殖材料。

5.6 栽培

5.6.1 一年生植物应进行三种以上作物轮作，一年种植多季水稻的地区可以采取两种作物轮作，东北地区冬季休耕的地区可不进行轮作。轮作植物包括但不限于种植豆科植物、绿肥、覆盖植物等。

5.6.2 宜通过间套作等方式增加生物多样性、提高土壤肥力、增强有机植物的抗病能力。

5.6.3 应根据当地情况制定合理的灌溉方式（如滴灌、喷灌、渗灌等）。

5.7 土肥管理

5.7.1 应通过适当的耕作与栽培措施维持和提高土壤肥力，包括：

 a）回收、再生和补充土壤有机质和养分来补充因植物收获而从土壤带走的有机质和土壤养分；

 b）采用种植豆科植物、免耕或土地休闲等措施进行土壤肥力的恢复。

5.7.2 当5.7.1描述的措施无法满足植物生长需求时，可施用有机肥以维持和提高土壤的肥力、营养平衡和土壤生物活性，同时应避免过度施用有机肥，造成环境污染。应优先使用本单元或其他有机生产单元的有机肥。如外购商品有机肥，应经认证机构按照附录 C 评估后许可使用。

5.7.3 不应在叶菜类、块茎类和块根类植物上施用人粪尿；在其他植物上需要使用时，应当进行充分腐熟和无害化处理，并不得与植物食用部分接触。

5.7.4 可使用溶解性小的天然矿物肥料，但不得将此类肥料作为系统中营养循环的替代物。矿物肥料只能作为长效肥料并保持其天然组分，不应采用化学处理提高其溶解性。不应使用矿物氮肥。

5.7.5 可使用生物肥料；为使堆肥充分腐熟，可在堆制过程中添加来自于自然界的微生物，但不应使用转基因生物及其产品。

5.7.6 有机植物生产中允许使用的土壤培肥和改良物质见附录 A 表 A.1。

5.8　病虫草害防治

5.8.1 病虫草害防治的基本原则应从农业生态系统出发，综合运用各种防治措施，创造不利于病虫草害孳生和有利于各类天敌繁衍的环境条件，保持农业生态系统的平衡和生物多样化，减少各类病虫草害所造成的损失。应优先采用农业措施，通过选用抗病抗虫品种、非化学药剂种子处理、培育壮苗、加强栽培管理、中耕除草、耕翻晒垡、清洁田园、轮作倒茬、间作套种等一系列措施起到防治病虫草害的作用。还应尽量利用灯光、色彩诱杀害虫，机械捕捉害虫，机械或人工除草等措施，防治病虫草害。

5.8.2 5.8.1 提及的方法不能有效控制病虫草害时，可使用附录 A 表 A.2 所列出的植物保护产品。

5.10　分选、清洗及其他收获后处理

5.10.1 植物收获后在场的清洁、分拣、脱粒、脱壳、切割、保鲜、干燥等简单加工过程应采用物理、生物的方法，不应使用 GB/T 19630.2—2011 附录 A 以外的化学物质进行处理。

5.10.2 用于处理非有机植物的设备应在处理有机植物前清理干净。对不易清理的处理设备可采取冲顶措施。

5.10.3 产品和设备器具应保证清洁，不得对产品造成污染。

5.10.4 如使用清洁剂或消毒剂清洁设备设施时，应避免对产品的污染。

5.10.5 收获后处理过程中的有害生物防治，应遵守 GB/T 19630.2—2011 中 4.2.3 的规定。

5.11　污染控制

5.11.1 应采取措施防止常规农田的水渗透或漫入有机地块。

5.11.2 应避免因施用外部来源的肥料造成禁用物质对有机生产的污染。

5.11.3 常规农业系统中的设备在用于有机生产前，应采取清洁措施，避免常规产品混杂和禁用物质污染。

5.11.4 在使用保护性的建筑覆盖物、塑料薄膜、防虫网时，不应使用聚氯类产品，宜选择聚乙烯、聚丙烯或聚碳酸酯类产品，并且使用后应从土壤中清除，不应焚烧。

5.12　水土保持和生物多样性保护

5.12.1 应采取措施，防止水土流失、土壤沙化和盐碱化。应充分考虑土壤和水资源的可持续利用。

5.12.2 应采取措施，保护天敌及其栖息地。

5.12.3 应充分利用作物秸秆，不应焚烧处理，除非因控制病虫害的需要。

11 包装、贮藏和运输

11.1 包装

11.1.1 包装材料应符合国家卫生要求和相关规定；宜使用可重复、可回收和可生物降解的包装材料。

11.1.2 包装应简单、实用。

11.1.3 不应使用接触过禁用物质的包装物或容器。

11.2 贮藏

11.2.1 应对仓库进行清洁，并采取有害生物控制措施。

11.2.2 可使用常温贮藏、气调、温度控制、干燥和湿度调节等储藏方法。

11.2.3 有机产品尽可能单独贮藏。如与常规产品共同贮藏，应在仓库内划出特定区域，并采取必要的包装、标签等措施，确保有机产品和常规产品的识别。

11.3 运输

11.3.1 应使用专用运输工具。如果使用非专用的运输工具，应在装载有机产品前对其进行清洁，避免常规产品混杂和禁用物质污染。

11.3.2 在容器和/或包装物上，应有清晰的有机标识及有关说明。

附 录 A
（规范性附录）
有机植物生产中允许使用的投入品

表 A.1 土壤培肥和改良物质

类别	名称和组分	使用条件
I. 植物和动物来源	植物材料（秸秆、绿肥等）	
	畜禽粪便及其堆肥（包括圈肥）	经过堆制并充分腐熟
	畜禽粪便和植物材料的厌氧发酵产品（沼肥）	
	海草或海草产品	仅直接通过下列途径获得： 物理过程，包括脱水、冷冻和研磨； 用水或酸和（或）碱溶液提取； 发酵
	木料、树皮、锯屑、刨花、木灰、木炭及腐殖酸类物质	来自采伐后未经化学处理的木材，地面覆盖或经过堆制
	动物来源的副产品（血粉、肉粉、骨粉、蹄粉、角粉、皮毛、羽毛和毛发粉、鱼粉、牛奶及奶制品等）	未添加禁用物质，经过堆制或发酵处理
	蘑菇培养废料和蚯蚓培养基质	培养基的初始原料限于本附录中的产品，经过堆制
	食品工业副产品	经过堆制或发酵处理
	草木灰	作为薪柴燃烧后的产品
	泥炭	不含合成添加剂。不应用于土壤改良；只允许作为盆栽基质使用
	饼粕	不能使用经化学方法加工的
II. 矿物来源	磷矿石	天然来源，镉含量小于等于 90 mg/kg 五氧化二磷
	钾矿粉	天然来源，未通过化学方法浓缩。氯含量少于 60%
	硼砂	天然来源，未经化学处理、未添加化学合成物质
	微量元素	天然来源，未经化学处理、未添加化学合成物质
	镁矿粉	天然来源，未经化学处理、未添加化学合成物质
	硫黄	天然来源，未经化学处理、未添加化学合成物质
	石灰石、石膏和白垩	天然来源，未经化学处理、未添加化学合成物质
	黏土（如：珍珠岩、蛭石等）	天然来源，未经化学处理、未添加化学合成物质
	氯化钠	天然来源，未经化学处理、未添加化学合成物质
	石灰	仅用于茶园土壤 pH 值调节
	窑灰	未经化学处理、未添加化学合成物质
	碳酸钙镁	天然来源，未经化学处理、未添加化学合成物质
	泻盐类	未经化学处理、未添加化学合成物质

（续表）

类别	名称和组分	使用条件
III. 微生物来源	可生物降解的微生物加工副产品，如酿酒和蒸馏酒行业的加工副产品	未添加化学合成物质
	天然存在的微生物提取物	未添加化学合成物质

表 A.2　植物保护产品

类别	名称和组分	使用条件
I. 植物和动物来源	楝素（苦楝、印楝等提取物）	杀虫剂
	天然除虫菊素（除虫菊科植物提取液）	杀虫剂
	苦参碱及氧化苦参碱（苦参等提取物）	杀虫剂
	鱼藤酮类（如：毛鱼藤）	杀虫剂
	蛇床子素（蛇床子提取物）	杀虫、杀菌剂
	小檗碱（黄连、黄柏等提取物）	杀菌剂
	大黄素甲醚（大黄、虎杖等提取物）	杀菌剂
	植物油（如：薄荷油、松树油、香菜油）	杀虫剂、杀螨剂、杀真菌剂、发芽抑制剂
	寡聚糖（甲壳素）	杀菌剂、植物生长调节剂
	天然诱集和杀线虫剂（如：万寿菊、孔雀草、芥子油）	杀线虫剂
	天然酸（如：食醋、木醋和竹醋）	杀菌剂
	菇类蛋白多糖（蘑菇提取物）	杀菌剂
	水解蛋白质	引诱剂，只在批准使用的条件下，并与本附录的适当产品结合使用
	牛奶	杀菌剂
	蜂蜡	用于嫁接和修剪
	蜂胶	杀菌剂
	明胶	杀虫剂
	卵磷脂	杀真菌剂
	具有驱避作用的植物提取物（大蒜、薄荷、辣椒、花椒、薰衣草、柴胡、艾草的提取物）	驱避剂
	昆虫天敌（如：赤眼蜂、瓢虫、草蛉等）	控制虫害

（续表）

类别	名称和组分	使用条件
II. 矿物来源	铜盐（如硫酸铜、氢氧化铜、氯氧化铜、辛酸铜等）	杀真菌剂，防止过量施用而引起铜的污染
	石硫合剂	杀真菌剂、杀虫剂、杀螨剂
	波尔多液	杀真菌剂，每年每公顷铜的最大使用量不能超过 6 kg
	氢氧化钙（石灰水）	杀真菌剂、杀虫剂
	硫黄	杀真菌剂、杀螨剂、驱避剂
	高锰酸钾	杀真菌剂、杀细菌剂；仅用于果树和葡萄
	碳酸氢钾	杀真菌剂
	石蜡油	杀虫剂，杀螨剂
	轻矿物油	杀虫剂、杀真菌剂；仅用于果树、葡萄和热带作物（如：香蕉）
	氯化钙	用于治疗缺钙症
	硅藻土	杀虫剂
	黏土（如：斑脱土、珍珠岩、蛭石、沸石等）	杀虫剂
	硅酸盐（硅酸钠，石英）	驱避剂
	硫酸铁（3 价铁离子）	杀软体动物剂
III. 微生物来源	真菌及真菌提取物（如：白僵菌、轮枝菌、木霉菌等）	杀虫、杀菌、除草剂
	细菌及细菌提取物（如：苏云金芽孢杆菌、枯草芽孢杆菌、蜡质芽孢杆菌、地衣芽孢杆菌、荧光假单胞杆菌等）	杀虫、杀菌、除草剂
	病毒及病毒提取物（如：核型多角体病毒、颗粒体病毒等）	杀虫剂
IV. 其他	氢氧化钙	杀真菌剂
	二氧化碳	杀虫剂，用于贮存设施
	乙醇	杀菌剂
	海盐和盐水	杀菌剂，仅用于种子处理，尤其是稻谷种子
	明矾	杀菌剂
	软皂（钾肥皂）	杀虫剂
	乙烯	香蕉、猕猴桃、柿子催熟，菠萝调花，抵制马铃薯和洋葱萌发
	石英砂	杀真菌剂、杀螨剂、驱避剂

（续表）

类别	名称和组分	使用条件
Ⅳ. 其他	昆虫性外激素	仅用于诱捕器和散发皿内
	引诱剂，只限用于诱捕器中使用	磷酸氢二铵
Ⅴ. 诱捕器、屏障	物理措施（如：色彩诱器、机械诱捕器）	
	覆盖物	

附　录　C
（资料性附录）
评估有机生产中使用其他投入品的准则

在附录 A 和附录 B 涉及有机动植物生产、养殖的产品不能满足要求的情况下，可以根据本附录描述的评估准则对有机农业中使用除附录 A 和附录 B 以外的其他物质进行评估。

C.1　原则

C.1.1　土壤培肥和改良物质

C.1.1.1 该物质是为达到或保持土壤肥力或为满足特殊的营养要求，为特定的土壤改良和轮作措施所必需的，而本部分及附录 A 所描述的方法和物质所不能满足和替代。

C.1.1.2 该物质来自植物、动物、微生物或矿物，并可经过如下处理：

a）物理（机械，热）处理；

b）酶处理；

c）微生物（堆肥，消化）处理。

C.1.1.3 经可靠的试验数据证明该物质的使用应不会导致或产生对环境的不能接受的影响或污染，包括对土壤生物的影响和污染。

C.1.1.4 该物质的使用不应对最终产品的质量和安全性产生不可接受的影响。

C.1.2　植物保护产品

C.1.2.1 该物质是防治有害生物或特殊病害所必需的，而且除此物质外没有其他生物的、物理的方法或植物育种替代方法和（或）有效管理技术可用于防治这类有害生物或特殊病害。

C.1.2.2 该物质（活性成分）源自植物、动物、微生物或矿物，并可经过以下处理：

a）物理处理；

b）酶处理；

c）微生物处理；

C.1.2.3 有可靠的试验结果证明该物质的使用应不会导致或产生对环境的不能接受的影响或污染。

C.1.2.4 如果某物质的天然形态数量不足，可以考虑使用与该天然物质性质相同的化学合成物质，如化学合成的外激素（性诱剂），但前提是其使用不会直接或间接造成环境或产品污染。

C.2　评估程序

C.2.1　必要性

只有在必要的情况下才能使用某种投入品。投入某物质的必要性可从产量、产品质量、环境安全性、生态保护、景观、人类和动物的生存条件等方面进行评估。

某投入品的使用可限制于：

a）特种农作物（尤其是多年生农作物）；

b）特殊区域；

c）可使用该投入品的特殊条件。

C.2.2 投入品的性质和生产方法

C.2.2.1 投入品的性质

投入品的来源一般应来源于（按先后选用顺序）：

a）有机物（植物、动物、微生物）；

b）矿物。

可以使用等同于天然物质的化学合成物质。

在可能的情况下，应优先选择使用可再生的投入品。其次应选择矿物源的投入品，而第三选择是化学性质等同天然物质的投入品。在允许使用化学性质等同的投入品时需要考虑其在生态上、技术上或经济上的理由。

C.2.2.2 生产方法

投入品的配料可以经过以下处理：

a）机械处理；

b）物理处理；

c）酶处理；

d）微生物作用处理；

e）化学处理（作为例外并受限制）。

C.2.2.3 采集

构成投入品的原材料采集不得影响自然环境的稳定性，也不得影响采集区内任何物种的生存。

C.2.3 环境安全性

投入品不得危害环境或对环境产生持续的负面影响。投入品也不应造成对地表水、地下水、空气或土壤的不可接受的污染。应对这些物质的加工、使用和分解过程的所有阶段进行评价。

应考虑投入品的以下特性：

a）可降解性

——所有投入品应可降解为二氧化碳、水和（或）其矿物形态；

——对非靶生物有高急性毒性的投入品的半衰期最多不能超过 5 d；

——对作为投入的无毒天然物质没有规定的降解时限要求。

b）对非靶生物的急性毒性：当投入品对非靶生物有较高急性毒性时，需要限制其使用。应采取措施保证这些非靶生物的生存。可规定最大允许使用量。如果无法采取可以保证非靶生物生存的措施，则不得使用该投入品。

c）长期慢性毒性：不得使用会在生物或生物系统中蓄积的投入品，也不得使用已经知道有或怀疑有诱变性或致癌性的投入品。如果投入这些物质会产生危险，应采取足以使这些危险降至可接受水平和防止长时间持续负面环境影响的措施。

d）化学合成物质和重金属：投入品中不应含有致害量的化学合成物质（异生化合制

品）。仅在其性质完全与自然界的物质相同时，才可允许使用化学合成的物质。

应尽可能控制投入的矿物质中的重金属含量。由于缺乏代用品以及在有机农业中已经被长期、传统地使用，铜和铜盐目前尚被允许使用，但任何形态的铜都应视为临时性允许使用，并且就其环境影响而言，应限制使用量。

C.2.4　对人体健康和产品质量的影响

C.2.4.1　人体健康

投入品应对人体健康无害。应考虑投入品在加工、使用和降解过程中的所有阶段的情况，应采取降低投入品使用危险的措施，并制定投入品在有机农业中使用的标准。

C.2.4.2　产品质量

投入品对产品质量（如味道，保质期和外观质量等）不得有负面影响。

C.2.5　伦理方面——动物生存条件

投入品对农场饲养的动物的自然行为或机体功能不得有负面影响。

C.2.6　社会经济方面

消费者的感官：投入品不应造成有机产品的消费者对有机产品的抵触或反感。消费者可能会认为某投入品对环境或人体健康是不安全的，尽管这在科学上可能尚未得到证实。投入品的问题（例如基因工程问题）不应干扰人们对天然或有机产品的总体感觉或看法。

GB/T 19630.2—2011《有机产品　第2部分：加工》节选

4　要求

4.1　通则

4.1.1　应当对本部分所涉及的加工及其后续过程进行有效控制，以保持加工后产品的有机属性，具体表现在如下方面：

　　a）配料主要来自 GB/T 19630.1 所描述的有机农业生产体系，尽可能减少使用非有机农业配料，有法律法规要求的情况除外；

　　b）加工过程尽可能地保持产品的营养成分和原有属性；

　　c）有机产品加工及其后续过程在空间或时间上与非有机产品加工及其后续过程分开。

4.1.2　有机产品加工应当符合相关法律法规的要求。有机食品加工厂应符合 GB 14881 的要求，有机饲料加工厂应符合 GB/T 16764 的要求，其他加工厂应符合国家及行业部门有关规定。

4.1.3　有机产品加工应考虑不对环境产生负面影响或将负面影响减少到最低。

4.2　食品和饲料

4.2.1　配料、添加剂和加工助剂

4.2.1.1　来自 GB/T 19630.1 所描述的有机农业生产体系的有机配料在终产品中所占的质量或体积不少于配料总量的 95%。

4.2.1.2　当有机配料无法满足需求时，可使用非有机农业配料，但应不大于配料总量的 5%。一旦有条件获得有机配料时，应立即用有机配料替换。

4.2.1.3　同一种配料不应同时含有有机、常规或转换成分。

4.2.1.4　作为配料的水和食用盐应分别符合 GB 5749 和 GB 2721 的要求，且不计入 4.2.1.1 所要求的配料中。

4.2.1.5　对于食品加工，可使用附录 A 中表 A.1 和表 A.2 所列的食品添加剂和加工助剂，使用条件应符合 GB 2760 的规定。

4.2.1.6　对于饲料加工，可使用附录 B 所列的饲料添加剂，使用时应符合国家相关法律法规的要求。

4.2.1.7　需使用其他物质时，首先应符合 GB 2760 的规定，并按照附录 C 中的程序对该物质进行评估。

4.2.1.8　在下列情况下，可以使用矿物质（包括微量元素）、维生素、氨基酸：

　　a）不能获得符合本标准的替代物；

　　b）如果不使用这些配料，产品将无法正常生产或保存，或其质量不能达到一定的标准；

　　c）其他法律法规要求的。

4.2.1.9　不应使用来自转基因的配料、添加剂和加工助剂。

4.2.2　加工

4.2.2.1　不应破坏食品和饲料的主要营养成分，可以采用机械、冷冻、加热、微波、烟熏等处理方法及微生物发酵工艺；可以采用提取、浓缩、沉淀和过滤工艺，但提取溶剂仅限于水、乙醇、动植物油、醋、二氧化碳、氮或羧酸，在提取和浓缩工艺中不应添加其他化学试剂。

4.2.2.2　应采取必要的措施，防止有机与非有机产品混合或被禁用物质污染。

4.2.2.3　加工用水应符合 GB 5749 的要求。

4.2.2.4　不应在加工和储藏过程中采用辐照处理。

4.2.2.5　不应使用石棉过滤材料或可能被有害物质渗透的过滤材料。

4.2.3　有害生物防治

4.2.3.1　应优先采取以下管理措施来预防有害生物的发生：

　　a）消除有害生物的滋生条件；

　　b）防止有害生物接触加工和处理设备；

　　c）通过对温度、湿度、光照、空气等环境因素的控制，防止有害生物的繁殖。

4.2.3.2　可使用机械类、信息素类、气味类、黏着性的捕害工具、物理障碍、硅藻土、声光电器具，作为防治有害生物的设施或材料。

4.2.3.3　可使用下述物质作为加工过程需要使用的消毒剂：乙醇、次氯酸钙、次氯酸钠、二氧化氯和过氧化氢。消毒剂应经国家主管部门批准。不应使用有毒有害物质残留的消毒剂。

4.2.3.4　在加工或储藏场所遭受有害生物严重侵袭的紧急情况下，提倡使用中草药进行喷雾和熏蒸处理；不应使用硫黄熏蒸。

4.2.4　包装

4.2.4.1　提倡使用由木、竹、植物茎叶和纸制成的包装材料，可使用符合卫生要求的其他包装材料。

4.2.4.2　所有用于包装的材料应是食品级包装材料，包装应简单、实用，避免过度包装，并应考虑包装材料的生物降解和回收利用。

4.2.4.3　可使用二氧化碳和氮作为包装填充剂。

4.2.4.4　不应使用含有合成杀菌剂、防腐剂和熏蒸剂的包装材料。

4.2.4.5　不应使用接触过禁用物质的包装袋或容器盛装有机产品。

4.2.5　贮藏

4.2.5.1　有机产品在贮藏过程中不得受到其他物质的污染。

4.2.5.2　贮藏产品的仓库应干净、无虫害，无有害物质残留。

4.2.5.3　除常温贮藏外，可以下贮藏方法：

　　a）贮藏室空气调控；

　　b）温度控制；

　　c）干燥；

　　d）湿度调节。

4.2.5.4　有机产品应单独存放。如果不得不与常规产品共同存放，应在仓库内划出特定区域，并采取必要的措施确保有机产品不与其他产品混放。

4.2.6　运输

4.2.6.1　运输工具在装载有机产品前应清洁。

4.2.6.2　有机产品在运输过程中应避免与常规产品混杂或受到污染。

4.2.6.3　在运输和装卸过程中，外包装上的有机认证标志及有关说明不得被玷污或损毁。

GB/T 19630.4—2011《有机产品 第4部分：管理体系》节选

3 术语和定义

下列术语和定义适用于本部分。

3.1 有机产品生产者 organic producer

按照本标准从事有机种植、养殖以及野生植物采集，其生产单元和产品已获得有机产品认证机构的认证，产品已获准使用有机产品标志的单位或个人。

3.2 有机产品加工者 organic processor

按照本标准从事有机产品加工，其加工单位和产品已获得有机产品认证机构的认证，产品已获准使用有机产品标志的的单位或个人。

3.3 有机产品经营者 organic handler

按照本标准从事有机产品的运输、储存、包装和贸易，其经营单位和产品获得有机产品认证机构的认证，产品获准使用有机产品认证标志的单位和个人。

3.4 内部检查员 internal inspector

有机产品生产、加工、经营组织内部负责有机管理体系审核，并配合有机认证机构进行检查、认证的管理人员。

4 要求

4.1 通则

4.1.1 有机产品生产、加工、经营者应有合法的土地使用权和合法的经营证明文件。

4.1.2 有机产品生产、加工、经营者应按 GB/T 19630.1、GB/T 19630.2、GB/T19630.3 的要求建立和保持有机生产、加工、经营管理体系，该管理体系应形成本部分4.2要求的系列文件，加以实施和保持。

4.2 文件要求

4.2.1 文件内容

有机生产、加工、经营管理体系的文件应包括：

a) 生产单元或加工、经营等场所的位置图；

b) 有机生产、加工、经营的管理手册；

c) 有机生产、加工、经营的操作规程；

d) 有机生产、加工、经营的系统记录。

4.2.2 文件的控制

有机生产、加工、经营管理体系所要求的文件应是最新有效的，应确保在使用时可获得适用文件的有效版本。

4.2.3 生产单元或加工、经营等场所的位置图

应按比例绘制生产单元或加工、经营等场所的位置图，并标明但不限于以下内容：

a) 种植区域的地块分布，野生采集区域、水产捕捞区域、水产养殖场、蜂场及蜂箱的分布，畜禽养殖场及其牧草场、自由活动区、自由放牧区、粪便处理场所的分布，加工、经营区的分布；

b) 河流、水井和其他水源；

c) 相邻土地及边界土地的利用情况；

d) 畜禽检疫隔离区域；

　　e）加工、包装车间、仓库及相关设备的分布；

　　f）生产单元内能够表明该单元特征的主要标示物。

4.2.4　有机产品生产、加工、经营管理手册

应编制和保持有机产品生产、加工、经营组织管理手册，该手册应包括但不限于以下内容：

　　a）有机产品生产、加工、经营者的简介；

　　b）有机产品生产、加工、经营者的管理方针和目标；

　　c）管理组织机构图及其相关岗位的责任和权限；

　　d）有机标识的管理；

　　e）可追溯体系与产品召回；

　　f）内部检查；

　　g）文件和记录管理；

　　h）客户投诉的处理；

　　i）持续改进体系。

4.2.5　生产、加工、经营操作规程

应制定并实施生产、加工、经营操作规程，操作规程中至少应包括：

　　a）作物种植、食用菌栽培、野生采集、畜禽养殖、水产养殖/捕捞、蜜蜂养殖等生产技术规程；

　　b）防止有机生产、加工和经营过程中受禁用物质污染所采取的预防措施；

　　c）防止有机产品与非有机产品混杂所采取的措施；

　　d）植物产品收获规程及收获、采集后运输、加工、储藏等各道工序的操作规程；

　　e）动物产品的屠宰、捕捞、提取、加工、运输及储藏等环节的操作规程；

　　f）运输工具、机械设备及仓储设施的维护、清洁规程；

　　g）加工厂卫生管理与有害生物控制规程；

　　h）标签及生产批号的管理规程；

　　i）员工福利和劳动保护规程。

4.2.6　记录

有机产品生产、加工、经营者应建立并保持记录。记录应清晰准确，为有机生产、加工、经营活动提供有效证据。记录至少保存 5 年并应包括但不限于以下内容：

　　a）生产单元的历史记录及使用禁用物质的时间及使用量；

　　b）种子、种苗、种畜禽等繁殖材料的种类、来源、数量等信息；

　　c）肥料生产过程记录；

　　d）土壤培肥施用肥料的类型、数量、使用时间和地块；

　　e）病、虫、草害控制物质的名称、成分、使用原因、使用量和使用时间等；

　　f）动物养殖场所有进入、离开该单元动物的详细信息（品种、来源、识别方法、数量、进出日期、目的地等）；

　　g）动物养殖场所有药物的使用情况，包括：产品名称、有效成分、使用原因、用药剂量；被治疗动物的识别方法、治疗数目、治疗起始日期、销售动物或其产品的最早日期；

　　h）动物养殖场所有饲料和饲料添加剂的使用详情，包括种类、成分、使用时间及数

量等；

i）所有生产投入品的台账记录（来源、购买数量、使用去向与数量、库存数量等）及购买单据；

j）植物收获记录，包括品种、数量、收获日期、收获方式、生产批号等；

k）动物（蜂）产品的屠宰、捕捞、提取记录；

l）加工记录，包括原料购买、入库、加工过程、包装、标识、储藏、出库、运输记录等；

m）加工厂有害生物防治记录和加工、贮存、运输设施清洁记录；

n）销售记录及有机标识的使用管理记录；

o）培训记录；

p）内部检查记录。

4.3 资源管理

4.3.1 有机产品生产、加工、经营者应具备与有机生产、加工、经营规模和技术相适应的资源。

4.3.2 应配备有机产品生产、加工、经营的管理者并具备以下条件：

a）本单位的主要负责人之一；

b）了解国家相关的法律、法规及相关要求；

c）了解 GB/T 19630.1、GB/T 19630.2、GB/T 19630.3，以及本部分的要求；

d）具备农业生产和（或）加工、经营的技术知识或经验；

e）熟悉本单位的有机生产、加工、经营管理体系及生产和（或）加工、经营过程。

4.3.3 应配备内部检查员并具备以下条件：

a）了解国家相关的法律、法规及相关要求；

b）相对独立于被检查对象；

c）熟悉并掌握 GB/T 19630.1、GB/T 19630.2、GB/T 19630.3，以及本部分的要求；

d）具备农业生产和（或）加工、经营的技术知识或经验；

e）熟悉本单位的有机生产、加工和经营管理体系及生产和（或）加工、经营过程。

4.4 内部检查

4.4.1 应建立内部检查制度，以保证有机生产、加工、经营管理体系及生产过程符合GB/T 19630.1、GB/T 19630.2、GB/T 19630.3 以及本部分的要求。

4.4.2 内部检查应由内部检查员来承担。

4.4.3 内部检查员的职责是：

a）按照本部分，对本企业的管理体系进行检查，并对违反本部分的内容提出修改意见；

b）按照 GB/T 19630.1、GB/T 19630.2、GB/T 19630.3 的要求，对本企业生产、加工过程实施内部检查，并形成记录；

c）配合认证机构的检查和认证。

4.5 可追溯体系与产品召回

有机产品生产、加工、经营者应建立完善的可追溯体系，保持可追溯的生产全过程的详细记录（如地块图、农事活动记录、加工记录、仓储记录、出入库记录、销售记录等）以及可跟踪的生产批号系统。

有机产品生产、加工、经营者应建立和保持有效的产品召回制度，包括产品召回的条件、召回产品的处理、采取的纠正措施、产品召回的演练等。并保留产品召回过程中的全部记录，包括召回、通知、补救、原因、处理等。

4.6 投诉

有机产品生产、加工、经营者应建立和保持有效的处理客户投诉的程序，并保留投诉处理全过程的记录，包括投诉的接受、登记、确认、调查、跟踪、反馈。

4.7 持续改进

组织应持续改进其有机生产、加工和经营管理体系的有效性，促进有机生产、加工和经营的健康发展，以消除不符合或潜在不符合有机生产、加工和经营的因素。有机生产、加工和经营者应：

a）确定不符合的原因；

b）评价确保不符合不再发生的措施的需求；

c）确定和实施所需的措施；

d）记录所采取措施的结果；

e）评审所采取的纠正或预防措施。

附录七

国家认证认可监督管理委员会关于发布《有机产品认证实施规则》的公告

2014 年第 11 号

为进一步完善有机产品认证制度，规范有机产品认证活动，保证认证活动的一致性和有效性，根据《中华人民共和国认证认可条例》和《有机产品认证管理办法》（国家质检总局 155 号令）等法规、规章的有关规定，国家认监委对 2011 年发布的《有机产品认证实施规则》（国家认监委对 2011 年第 34 号公告，以下简称旧版认证实施规则）进行了修订，现将修订后的《有机产品认证实施规则》（以下简称新版认证实施规则）予以公布。国家认监委 2011 年第 34 号公告自本公告发布之日起废止。

请各相关认证机构结合《有机产品认证管理办法》（质检总局 155 号令），一并贯彻执行好新版认证实施规则。加强对获证组织和新申请认证组织的宣传贯彻，共同维护有机认证市场的健康发展。

附件：有机产品认证实施规则（CNCA－N－009：2014）

中国国家认证认可监督管理委员会

2014 年 4 月 23 日

附件

编号：CNCA – N – 009：2014

有机产品认证实施规则

中国国家认证认可监督管理委员会发布

目 录

1 目的和范围

1.1 为规范有机产品认证活动，根据《中华人民共和国认证认可条例》和《有机产品认证管理办法》（质检总局第 155 号令，下同）等有关规定制定本规则。

1.2 本规则规定了从事有机产品认证的认证机构（以下简称认证机构）实施有机产品认证活动的程序与管理的基本要求。

1.3 在中华人民共和国境内从事有机产品认证以及有机产品生产、加工、进口和销售的活动，应当遵守本规则的规定。

对从与中国国家认证认可监督管理委员会（以下简称"国家认监委"）签署了有机产品认证体系等效备忘录或协议的国家（或地区）进口有机产品进行的认证活动，应当遵守备忘录或协议的相关规定。

1.4 遵守本规则的规定，并不意味着可免除其所承担的法律责任。

2 认证机构要求

2.1 从事有机产品认证活动的认证机构，应当具备《中华人民共和国认证认可条例》规定的条件和从事有机产品认证的技术能力，并获得国家认监委的批准。

2.2 认证机构应在获得国家认监委批准后的 12 个月内，向国家认监委提交可证实其具备实施有机产品认证活动符合本规则和 GB/T 27065《产品认证机构通用要求》能力的证明文件。认证机构在未提交相关能力证明文件前，每个批准认证范围颁发认证证书数量不得超过 5 张。

2.3 认证机构应当建立内部制约、监督和责任机制，使受理、培训（包括相关增值服务）、检查和作认证决定等环节相互分开、相互制约和相互监督。

2.4 认证机构不得将是否获得认证与参与认证检查的检查员及其他人员的薪酬挂钩。

3 认证人员要求

3.1 从事认证活动的人员应当具有相关专业教育和工作经历；接受过有机产品生产、加工、经营与销售管理、食品安全和认证技术等方面的培训，具备相应的知识和技能。

3.2 有机产品认证检查员应取得中国认证认可协会的执业注册资质。

3.3 认证机构应对本机构的全体认证检查员的能力做出评价，以满足实施相应认证范围的有机产品认证活动的需要。

4　认证依据

GB/T 19630《有机产品》。

5　认证程序

5.1　认证机构受理认证申请应至少公开以下信息：

5.1.1　认证资质范围及有效期。

5.1.2　认证程序和认证要求。

5.1.3　认证依据。

5.1.4　认证收费标准。

5.1.5　认证机构和认证委托人的权利与义务。

5.1.6　认证机构处理申诉、投诉和争议的程序。

5.1.7　批准、注销、变更、暂停、恢复和撤销认证证书的规定与程序。

5.1.8　对获证组织正确使用中国有机产品认证标志、认证证书和认证机构标识（或名称）的要求。

5.1.9　对获证组织正确宣传有机生产、加工过程及认证产品的要求，以及管理和控制有机认证产品销售证的要求。

5.2　认证机构受理有机产品认证申请的条件：

5.2.1　认证委托人及其相关方生产、加工的产品符合相关法律法规、质量安全卫生技术标准及规范的基本要求。

5.2.2　认证委托人建立和实施了文件化的有机产品管理体系，并有效运行3个月以上。

5.2.3　申请认证的产品应在国家认监委公布的《有机产品认证目录》内。

5.2.4　认证委托人及其相关方在五年内未出现《有机产品认证管理办法》第四十四条所列情况。

5.2.5　认证委托人及其相关方一年内未被认证机构撤销认证证书。

5.2.6　认证委托人应至少提交以下文件和资料：

（1）认证委托人的合法经营资质文件的复印件，包括营业执照副本、组织机构代码证、土地使用权证明及合同等。

（2）认证委托人及其有机生产、加工、经营的基本情况：

①认证委托人名称、地址、联系方式；当认证委托人不是直接从事有机产品生产、加工的农户或个体加工组织的，应当同时提交与直接从事有机产品的生产、加工者签订的书面合同的复印件及具体从事有机产品生产、加工者的名称、地址、联系方式。

②生产单元或加工场所概况。

③申请认证的产品名称、品种、生产规模包括面积、产量、数量、加工量等；同一生产单元内非申请认证产品和非有机方式生产的产品的基本信息。

④过去三年间的生产、加工历史情况说明材料，如植物生产的病虫草害防治、投入物使用及收获等农事活动描述；野生植物采集情况的描述；动物、水产养殖的饲养方法、疾病防治、投入物使用、动物运输和屠宰等情况的描述。

⑤申请和获得其他认证的情况。

（3）产地（基地）区域范围描述，包括地理位置、地块分布、缓冲带及产地周围临近地块的使用情况；加工场所周边环境（包括水、气和有无面源污染）描述、厂区平面图、工艺流程图等。

（4）有机产品生产、加工规划，包括对生产、加工环境适宜性的评价，对生产方式、加工工艺和流程的说明及证明材料，农药、肥料、食品添加剂等投入物质的管理制度，以及质量保证、标识与追溯体系建立、有机生产加工风险控制措施等。

（5）本年度有机产品生产、加工计划，上一年度销售量、销售额和主要销售市场等。

（6）承诺守法诚信，接受认证机构、认证监管等行政执法部门的监督和检查，保证提供材料真实、执行有机产品标准、技术规范及销售证管理的声明。

（7）有机生产、加工的质量管理体系文件。

（8）有机转换计划（适用时）。

（9）其他相关材料。

5.3 申请材料的审查

对符合 5.2 要求的认证委托人，认证机构应根据有机产品认证依据、程序等要求，在 10 日内对提交的申请文件和资料进行审查并作出是否受理的决定，保存审查记录。

5.3.1 审查要求如下：

（1）认证要求规定明确，并形成文件和得到理解。

（2）认证机构和认证委托人之间在理解上的差异得到解决。

（3）对于申请的认证范围，认证委托人的工作场所和任何特殊要求，认证机构均有能力开展认证服务。

5.3.2 申请材料齐全、符合要求的，予以受理认证申请；对不予受理的，应当书面通知认证委托人，并说明理由。

5.3.3 认证机构可采取必要措施帮助认证委托人及直接进行有机产品生产、加工者进行技术标准培训，使其正确理解和执行标准要求。

5.4 现场检查准备

5.4.1 根据所申请产品对应的认证范围，认证机构应委派具有相应资质和能力的检查员组成检查组。每个检查组应至少有一名相应认证范围注册资质的专职检查员，并担任检查组组长。

5.4.2 对同一认证委托人的同一生产单元，认证机构不能连续 3 年以上（含 3 年）委派同一检查员实施检查。

5.4.3 认证机构在现场检查前可向检查组下达检查任务书，应包含以下内容：

（1）检查依据，包括认证标准、认证实施规则和其他规范性文件。

（2）检查范围，包括检查的产品种类、生产加工过程和生产加工基地等。

（3）检查组组长和成员；计划实施检查的时间。

（4）检查要点，包括管理体系、追踪体系、投入物的使用和包装标识等。

（5）上年度认证机构提出的不符合项（适用时）。

认证机构可向认证委托人出具现场检查通知书，将检查内容告知认证委托人。

5.4.4 检查组应制订书面的检查计划，经认证机构审定后交认证委托人并获得确认。

（1）检查计划应保证对生产单元的全部生产活动范围逐一进行现场检查。

对由多个农户、个体生产加工组织（如农业合作社，或"公司＋农户"型组织）申请有机认证的，应检查全部农户和个体生产加工组织；对加工场所要逐一实施检查，需在非生产加工场所进行二次分装或分割的，应对二次分装或分割的场所进行现场检查，以保证认证产品生产、加工全过程的完整性。

（2）制订检查计划还应考虑以下因素：

①当地有机产品与非有机产品之间的价格差异。

②申请认证组织内的各农户间生产体系和种植、养殖品种的相似程度。

③往年检查中发现的不符合项。

④组织内部控制体系的有效性。

⑤再次加工分装分割对认证产品完整性的影响（适用时）。

5.4.5　现场检查时间应安排在申请认证产品的生产、加工过程或易发质量安全风险的阶段。因生产季等原因，初次现场检查不能覆盖所有申请认证产品的，应当在认证证书有效期内实施现场补充检查。

5.4.6　认证机构应当在现场检查前至少提前 5 日将认证委托人、检查通知及检查计划等基本信息登录到国家认监委网站"自愿性认证活动执法监管信息系统"。

地方认证监管部门对认证机构提交的检查方案和计划等基本信息有异议的应至少在现场检查前 2 日提出；认证机构应及时与该部门进行沟通，协调一致后方可实施现场检查。

5.5　现场检查的实施检查组应当根据认证依据要求对认证委托人建立的管理体系的符合性进行评审，核实生产、加工过程与认证委托人按照条款所提交的文件的一致性，确认生产、加工过程与认证依据。

5.5.1　检查过程至少应包括以下内容：

（1）对生产、加工过程和场所的检查，如生产单元有非有机生产或加工时也应对其非有机部分进行检查。

（2）对生产、加工管理人员、内部检查员、操作者进行访谈。

（3）对 GB/T 19630.4 所规定的管理体系文件与记录进行审核。

（4）对认证产品的产量与销售量进行汇总和核算。

（5）对产品和认证标志追溯体系、包装标识情况进行评价和验证。

（6）对内部检查和持续改进进行评估。

（7）对产地和生产加工环境质量状况进行确认，评估对有机生产、加工的潜在污染风险。

（8）采集必要的样品。

（9）对上一年度提出的不符合项采取的纠正和纠正措施进行验证（适用时）。

检查组在结束检查前，应对检查情况进行总结，向受检查方和认证委托人确认检查发现的不符合项。

5.5.2　**对产品的样品检测**

（1）认证机构应当对申请认证的所有产品安排样品检验检测，在风险评估基础上确定需检测的项目。

认证证书发放前无法采集样品并送检的，应在证书有效期内安排检验检测，并得到检验检测结果。

（2）认证机构应委托具备法定资质的检验检测机构进行样品检测。

（3）有机生产或加工中允许使用物质的残留量应符合相关法律法规或强制性标准的规定。有机生产和加工中禁止使用的物质不得检出。

5.5.3 对产地环境质量状况的检查

认证委托人应出具有资质的监测（检测）机构对产地环境质量进行的监测（检测）报告，或县级以上环境保护部门出具的证明性材料，以证明产地的环境质量状况符合 GB/T 19630《有机产品》规定的要求。

5.5.4 对有机转换的检查

有机转换计划须事前获得认证机构认定。在开始实施转换计划后，每年须经认证机构派出的检查组核实、确认。未按转换计划完成转换并经现场检查确认的生产单元不能获得认证。未能保持有机认证的生产单元，需重新经过有机转换才能再次获得有机认证

5.5.5 对投入品的检查

（1）有机生产或加工过程中允许使用 GB/T 19630.1 附录 A、附录 B 及 GB/T 19630.2 附录 A、附录 B 列出的物质。

（2）对未列入 GB/T 19630.1 附录 A、附录 B 及 GB/T19630.2 附录 A、附录 B 的投入品，国家认监委可在专家评估的基础上公布有机生产、加工投入品临时补充列表。

5.5.6 检查报告

（1）认证机构应规定本机构的检查报告的基本格式。

（2）检查报告应叙述 5.5.1 至 5.5.5 列明的各项要求的检查情况，就检查证据、检查发现和检查结论逐一进行描述。

对识别出的不符合项，应用写实的方法准确、具体、清晰描述，以易于认证委托人和申请获证组织理解。不得用概念化的、不确定的、含糊的语言表述不符合项。

（3）检查报告应当随附必要的证据或记录，包括文字或照片摄像等音视频资料。

（4）检查组应通过检查记录等书面文件提供充分信息对认证委托人执行标准的总体情况作评价，对是否通过认证提出意见建议。

（5）认证机构应将检查报告提交给认证委托人，并保留签收或提交的证据。

5.6 认证决定

5.6.1 认证机构应基于对产地环境质量的现场检查和产品检测评估的基础上作出认证决定，同时考虑产品生产、加工特点，认证委托人或直接生产加工者的管理体系稳定性，当地农兽药使用、环境保护和区域性社会质量诚信状况等情况。

5.6.2 对符合以下要求的认证委托人，认证机构应颁发认证证书（基本格式见附件1、附件2）。

（1）生产加工活动、管理体系及其他审核证据符合本规则和认证标准的要求。

（2）生产加工活动、管理体系及其他审核证据虽不完全符合本规则和认证依据标准的要求，但认证委托人已经在规定的期限内完成了不符合项纠正纠正措施，并通过认证机构验证。

5.6.3 认证委托人的生产加工活动存在以下情况之一，认证机构不应批准认证。

（1）提供虚假信息，不诚信的。

（2）未建立管理体系或建立的管理体系未有效实施的。

（3）生产加工过程使用了禁用物质或者受到禁用物质污染的。

（4）产品检测发现存在禁用物质的。

（5）申请认证的产品质量不符合国家相关法律法规和（或）技术标准强制要求的。

（6）存在认证现场检查场所外进行再次加工、分装、分割情况的。

（7）一年内出现重大产品质量安全问题，或因产品质量安全问题被撤销有机产品认证证书的。

（8）未在规定的期限完成不符合项纠正和纠正措施，或提交的纠正和纠正措施未满足认证要求的。

（9）经检测（监测）机构检测（监测）证明产地环境受到污染的。

（10）其他不符合本规则和（或）有机产品标准要求，且无法纠正的。

5.6.4　申诉

认证委托人如对认证决定结果有异议，可在 10 日内向认证机构申诉，认证机构自收到申诉之日起，应在 30 日内处理并将处理结果书面通知认证委托人。

认证委托人如认为认证机构的行为严重侵害了自身合法权益，可以直接向各级认证监管部门申诉。

6　认证后的管理

6.1　认证机构应当每年对获证组织至少安排一次现场检查。认证机构应根据申请认证产品种类和风险、生产企业管理体系的稳定性、当地质量安全诚信水平总体情况等，科学确定现场检查频次及项目。同一认证的品种在证书有效期内如有多个生产季的，则每个生产季均需进行现场检查。

认证机构还应在风险评估的基础上每年至少对 5% 的获证组织实施一次不通知的现场检查。

6.2　认证机构应及时了解和掌握获证组织变更信息，对获证组织实施有效跟踪，以保证其持续符合认证的要求。

6.3　认证机构在与认证委托人签订的合同中，应明确约定获证组织需建立信息通报制度，及时向认证机构通报以下信息：

6.3.1　法律地位、经营状况、组织状态或所有权变更的信息。

6.3.2　获证组织管理层、联系地址变更的信息。

6.3.3　有机产品管理体系、生产、加工、经营状况、过程或生产加工场所变更的信息。

6.3.4　获证产品的生产、加工、经营场所周围发生重大动植物疫情、环境污染的信息。

6.3.5　生产、加工、经营及销售中发生的产品质量安全重要信息，如相关部门抽查发现存在严重质量安全问题或消费者重大投诉等。

6.3.6　获证组织因违反国家农产品、食品安全管理相关法律法规而受到处罚。

6.3.7　采购的原料或产品存在不符合认证依据要求的情况。

6.3.8　不合格品撤回及处理的信息。

6.3.9　销售证的使用、产品核销情况。

6.3.10　其他重要信息。

6.4　销售证

6.4.1　认证机构应制定有机认证产品销售证的申请和办理程序，要求获证组织在销售认证产品前向认证机构申请销售证（基本格式见附件3）。

6.4.2　认证机构应对获证组织与销售商签订的供货协议的认证产品范围和数量进行审核。对符合要求的颁发有机产品销售证；对不符合要求的应当监督其整改，否则不能颁发销售证。

6.4.3　销售证由获证组织在销售获证产品时交给销售商或消费者。获证组织应保存已颁发的销售证的复印件，以备认证机构审核。

6.4.4 认证机构对其颁发的销售证的正确使用负有监督管理的责任。

7 再认证

7.1 获证组织应至少在认证证书有效期结束前 3 个月向认证机构提出再认证申请。

获证组织的有机产品管理体系和生产、加工过程未发生变更时，认证机构可适当简化申请评审和文件评审程序。

7.2 认证机构应当在认证证书有效期内进行再认证检查。

因生产季或重大自然灾害的原因，不能在认证证书有效期内安排再认证检查的，获证组织应在证书有效期内向认证机构提出书面申请说明原因。经认证机构确认，再认证可在认证证书有效期后的 3 个月内实施，但不得超过 3 个月，在此期间内生产的产品不得作为有机产品进行销售。

7.3 对超过 3 个月仍不能再认证的生产单元，应当重新进行认证。

8 认证证书、认证标志的管理

8.1 认证证书基本格式

有机产品认证证书有效期为 1 年。认证证书基本格式应符合本规则附件 1、2 的要求。

认证证书的编号应当从国家认监委网站"中国食品农产品认证信息系统"中获取。认证机构不得仅依据本机构编制的证书编号发放认证证书。

8.2 认证证书的变更

按照《有机产品认证管理办法》第二十八条实施。

8.3 认证证书的注销

按照《有机产品认证管理办法》第二十九条实施。

8.4 认证证书的暂停

按照《有机产品认证管理办法》第三十条实施。

8.5 认证证书的撤销

按照《有机产品认证管理办法》第三十一条实施。

8.6 认证证书的恢复

8.6.1 认证证书被注销或撤销后，认证机构不能以任何理由恢复认证证书。

8.6.2 认证证书被暂停的，需在证书暂停期满且完成对不符合项的纠正或纠正措施并确认后，认证机构方可恢复认证证书。

8.7 认证证书与标志使用

8.7.1 获得有机转换认证证书的产品只能按常规产品销售，不得使用中国有机产品认证标志以及标注"有机""ORGANIC"等字样和图案。

8.7.2 认证证书暂停期间，认证机构应当通知并监督获证组织停止使用有机产品认证证书和标志，封存带有有机产品认证标志的相应批次产品。

8.8 认证证书被注销或撤销的，获证组织应将注销、撤销的有机产品认证证书和未使用的标志交回认证机构，或由获证组织在认证机构的监督下销毁剩余标志和带有有机产品认证标志的产品包装，必要时还应当召回相应批次带有有机产品认证标志的产品。

8.9 认证机构有责任和义务采取有效措施避免各类无效的认证证书和标志被继续使用。

对于无法收回的证书和标志，认证机构应当及时在相关媒体和网站上公布注销或撤销认证证书的决定，声明证书及标志作废。

9　信息报告

9.1　认证机构应当及时向国家认监委网站"中国食品农产品认证信息系统"填报认证活动的信息，现场检查计划应在现场检查 5 日前录入信息系统。

9.2　认证机构应当在 10 日内将暂停、撤销认证证书相关组织的名单及暂停、撤销原因等，通过国家认监委网站"中国食品农产品认证信息系统"向国家认监委和该获证组织所在地认证监管部门报告，并向社会公布。

9.3　认证机构在获知获证组织发生产品质量安全事故后，应当及时将相关信息向国家认监委和获证组织所在地的认证监管部门通报。

9.4　认证机构应当于每年 3 月底之前将上一年度有机认证工作报告报送国家认监委。报告内容至少包括：颁证数量、获证产品质量分析、暂停和撤销认证证书清单及原因分析等。

10　认证收费

认证机构应根据相关规定收取认证费用。

　　附件：1. 有机产品认证证书基本格式
　　　　　2. 有机转换认证证书基本格式
　　　　　3. 有机产品销售证格式
　　　　　4. 有机产品认证证书编码规则
　　　　　5. 国家有机产品认证标志编码规则

附件1

有机产品认证证书基本格式

证书编号：

有机产品认证证书

认证委托人（证书持有人）名称：＊＊＊＊＊＊＊＊＊＊＊

地址：＊＊＊＊＊＊＊＊＊＊＊

生产（加工）企业名称：＊＊＊＊＊＊＊＊＊＊＊

地址：＊＊＊＊＊＊＊＊＊＊＊

有机产品认证的类别：*生产/加工（生产类注明植物生产、野生植物采集、畜禽养殖、水产养殖具体类别）*

认证依据：GB/T 19630.1　有机产品：生产

（GB/T 19630.2　有机产品：加工）

GB/T 19630.3　有机产品：标识与销售

GB/T 19630.4　有机产品：管理体系

序号	基地（加工厂）名称	基地（加工厂）地址	基地面积	产品名称	产品描述	生产规模	产量

（可设附件描述，附件与本证书同等效力）

以上产品及其生产（加工）过程符合有机产品认证实施规则的要求，特发此证。

初次发证日期：　　年　月　日

本次发证日期：　　年　月　日

证书有效期至：　　年　月　日

负责人（签字）：　　　　　　　　　　　　（认证机构印章）

认证机构名称：

认证机构地址：

联系电话：

（认证机构标识）　　　　　　　　（认可标志）

附件 2

有机转换认证证书基本格式

证书编号：＊＊＊＊＊＊＊＊＊＊

有机转换认证证书

认证委托人（证书持有人）名称：＊＊＊＊＊＊＊＊＊＊

地址：＊＊＊＊＊＊＊＊＊＊

生产（加工）企业名称：＊＊＊＊＊＊＊＊＊＊

地址：＊＊＊＊＊＊＊＊＊＊

有机产品认证的类别：*生产/加工（生产类注明植物生产、野生植物采集、畜禽养殖、水产养殖具体类别）*

认证依据：　　GB/T 19630.1　有机产品：生产

（GB/T 19630.2　有机产品：加工）

GB/T 19630.3　有机产品：标识与销售

GB/T 19630.4　有机产品：管理体系

序号	基地（加工厂）名称	基地（加工厂）地址	基地面积	产品名称	产品描述	生产规模	产量

（可设附件描述，附件与本证书同等效力）

以上产品及其生产（加工）过程符合有机产品认证实施规则的要求，特发此证。

初次发证日期：　　年　月　日

本次发证日期：　　年　月　日

证书有效期至：　　年　月　日

负责人（签字）：　　　　　　　　　　　　　　　　　（认证机构印章）

认证机构名称：

认证机构地址：

联系电话：

（认证机构标识）　　　　　　　　（认可标志）

注：依据《有机产品认证管理办法》规定，获得有机转换认证的产品不得使用中国有机产品认证标志及标注含有"有机""ORGANIC"等字样的文字表述和图案。

附件 3

有机产品销售证基本格式

有机产品销售证

编号（TC#）：

认证证书号：

认证类别：

获证组织名称：

产品名称：

购买单位：

数（重）量：

产品批号：

合同号：

交易日期：

售出单位：

此证书仅对购买单位和获得中国有机产品认证的产品交易有效。

发证日期：　　　年　　月　　　日

负责人（签字）：　　　　　　　　（认证机构印章）

认证机构名称：

认证机构地址：

联系电话：

附件4

有机产品认证证书编号规则

有机产品认证采用统一的认证证书编号规则。认证机构在食品农产品系统中录入认证证书、检查组、检查报告、现场检查照片等方面相关信息后，经格式校验合格后，由系统自动赋予认证证书编号，认证机构不得自行编号。

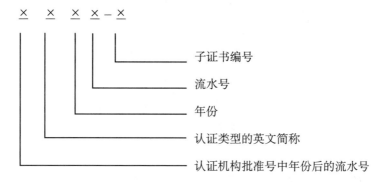

（一）认证机构批准号中年份后的流水号

认证机构批准号的编号格式为"CNCA – R／RF – 年份 – 流水号"，其中 R 表示内资认证机构，RF 表示外资认证机构，年份为 4 位阿拉伯数字，流水号是内资、外资分别流水编号。

内资认证机构认证证书编号为该机构批准号的 3 位阿拉伯数字批准流水号；外资认证机构认证证书编号为：F + 该机构批准号的 2 位阿拉伯数字批准流水号。

（二）认证类型的英文简称

有机产品认证英文简称为 OP。

（三）年份

采用年份的最后 2 位数字，例如 2011 年为 11。

（四）流水号

为某认证机构在某个年份该认证类型的流水号，5 位阿拉伯数字。

（五）子证书编号

如果某张证书有子证书，那么在母证书号后加"－"和子证书顺序的阿拉伯数字。

（六）其他

再认证时，证书号不变。

附件5

国家有机产品认证标志编码规则

　　为保证国家有机产品认证标志的基本防伪与追溯，防止假冒认证标志和获证产品的发生，各认证机构在向获证组织发放认证标志或允许获证组织在产品标签上印制认证标志时，应当赋予每枚认证标志一个唯一的编码，其编码由认证机构代码、认证标志发放年份代码和认证标志发放随机码组成。

　　示例：

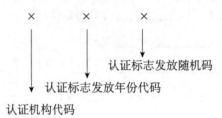

认证标志发放随机码

认证标志发放年份代码

认证机构代码

（一）认证机构代码（3 位）

　　认证机构代码由认证机构批准号后三位代码形成。内资认证机构为该认证机构批准号的 3 位阿拉伯数字批准流水号；外资认证机构为：9 + 该认证机构批准号的 2 位阿拉伯数字批准流水号。

（二）认证标志发放年份代码（2 位）

　　采用年份的最后 2 位数字，例如 2011 年为 11。

（三）认证标志发放随机码（12 位）

　　该代码是认证机构发放认证标志数量的 12 位阿拉伯数字随机号码。数字产生的随机规则由各认证机构自行制定。

附录八

有机水稻生产与研究者公开发表的专业论文选编

选编说明

为了更好地促进有机水稻生产单元和生产者对 NY/T 2410—2011《有机水稻生产质量控制技术规范》理解、实施和应用，我们选取了相关有机水稻生产与研究者在近 12 年来撰写并发表的专业论文（共计 18 篇），编入本书的附录中。

这些论文的撰写，作者均以有机农业原则为准则，以国家相关法律法规和标准为依据，以生产实践和科学实验为基础，从有机水稻生产的现状、特点与难点、技术支撑的需求、对接认证的规范、生产发展的对策等不同角度，总结了理论与实践结合的成果，较系统地阐述了专业学术观点。为本标准（规范）的编制、发布、实施及对应生产过程的质量控制提供了理论支撑和实际佐证。这些专业论文有的发表在国家中文核心刊物上，有的发表在省级以上专业刊物上，有的被收录于国际学术会议会刊和国家专业会议论文集文献中，在专业领域上具有较大的影响力。

因此，这些专业论文的公开发表，对我国有机水稻生产与发展有着非常重要的借鉴作用和参考作用。

浅谈我国有机稻米生产发展前景与对策[*]

许立　金连登

中国水稻研究所　农业部稻米及制品质量监督检验测试中心

（浙江　杭州　310006）

　　来自于有机农业生产体系，按照有机稻米标准生产、加工并经过权威独立认证机构认证的稻米称为有机稻米。有机稻米在生产过程中不使用化肥、农药、生长调节剂等物质，也不采用转基因技术及其产物，而是遵循自然规律和生态学原理，采用一系列可持续发展的农业技术来生产。因此，有机稻米是真正源于自然、富营养、高品质的环保型安全食品。

一、有机稻米生产发展前景

　　1. 发展有机稻米生产的重要意义

　　（1）有利于我国农业结构的战略性调整。我国是稻米生产和消费大国。2001年我国水稻种植面积2 860万公顷，年产稻谷1.82亿吨。在粮食作物中水稻种植面积占28%，而总产量却占到了40%左右。全国近8.5亿人以稻米为主食，稻米生产在我国粮食生产中有着举足轻重的地位。但水稻生产投入大、附加值低、产品质量不高的问题一直困扰着稻米产业的发展。由于水稻面积巨大、生态差异及稻区农民长期形成的耕作习惯和对市场把握等原因，目前将稻田大面积改种其他作物的难度非常大，效果也不理想。因此，通过生产技术的改进，提高水稻产品的质量和经济效益是稻米产业得以稳定发展的根本。虽然有机稻米种植在我国起步很晚，但近年开始迅速发展，根据国家环保局有机食品发展中心（OFDC）统计，2001年通过该机构认证的有机稻米种植面积达300公顷。有机转换稻米（即已经开始按有机稻米标准生产，但尚未得到认证）种植面积有近1万公顷。为此，大力发展有机稻米将从很大程度上改变稻米生产现状．有利于我国农业结构的战略性调整，并满足国内市场和出口贸易的发展需求。

　　（2）有利于农业增效、农民增收。据国际有机农业运动联合会（IFOAM）的统计，有机食品在国际市场上的销售价格一般比普通食品高20%～50%，有的高出一倍，甚至更多。笔者在浙江金华进行的连续两年半的有机水稻种植试验表明，种植有机水稻农民每公顷可增收2 500元左右，比种常规水稻高35%。同时有机农业是一个劳动密集型产业，有利于投入较多的农村劳动力；发展有机稻米生产、加工不仅能提高稻米产品的价值，还能改善稻区农业的生产结构，提高农村的经济效益。

　　（3）有利于充分利用自然资源，改善农业生态环境，促进农业的可持续发展。目前常规农业过分依赖化肥、农药的做法尚未从根本上改变。据统计，我国近几年化肥用量在

---

　　* 本文原发表于《中国稻米》，2002年第6期，18－19页

4 100万吨、农药用量120 万吨（折纯40 万吨）左右。其中使用在稻田中的化肥、农药占总量的40%左右，这些化肥、农药的大部分都进入了土壤、水系及大气中，对环境造成持久的污染，由此给工农业生产及人们的身体健康造成的负面影响已越来越大，其危害也已越来越为人们所认识。有机稻米在种植过程中不施用化学合成的农药、化肥、植物生长调节剂，依靠种植绿肥、稻草还田和系统内生态养殖等方法来获得养分，提高土壤肥力；利用抗病虫品种、培育健壮群体及种养结合、生物防治等方法来控制病虫草害。其种植过程对生态环境有显著的改善作用，其环境生态效益不可估量。

（4）有利于农业产业化水平与农民技术素质的提高。有机稻米生产是个系统工程，它涉及的种植、加工、贮运、贸易等领域都需标准化运作及认证。一方面，要有适当的规模进行产业化运作，才能体现有机稻米的价值和效益。另一方面，种植有机稻米需有一定的技术支撑，对种植者也有较高的要求，必须对农户进行广泛的技术培训，让广大农户掌握质量标准和生产技术要求，才能保证有机稻米的质量。实践表明，采用"公司＋基地＋农户"的产业化运作模式，比较符合我国的国情，有利于加快我国稻米生产从小个体、松散型向集约型、产业化转变，而且，对农民技术素质的提高也十分有利。

（5）有利于提高我国稻米产品在国际市场的竞争力。我国虽是稻米生产大国，但长期以来重"量"不重"质"，稻米产品质量安全程度不高，在国际市场缺乏竞争力，出口数量也呈逐年下降趋势，从 1998 年出口 375 万吨，占世界稻米贸易总量的 19%，下降到2001 年的 186 万吨，出口量只占世界稻米贸易量的 8%，已退居世界出口量第四位。这与我国稻米第一生产大国的地位很不相称，主要原因是我国稻米的质量水平还跟不上国际市场的需求变化。有机稻米与其他有机食品一样是具有较高技术含量和附加值的农产品，市场售价比同类产品要高出30%以上，它顺应国际市场食品消费新潮流，并可打破相关的绿色贸易壁垒，有望改变我国稻米产品出口的被动局面，对提高我国食用稻米面向发达国家及地区的国际市场竞争力作用将会很大。

2. 我国发展有机稻米生产的有利因素

（1）环境条件。中国幅员辽阔，许多地方环境优美、生态良好。虽然近几十年来我国化肥、农药的用量相当大，但仍有许多水稻主产区和山区的生态环境没有遭到破坏和污染，其土壤、大气、灌溉水完全能满足有机稻米生产的需要；还有一些边远山区和贫困地区在生产中几乎不使用化肥、农药。在这些地区现在就已在生产着无污染的稻米，只要进行合理的组织。规范生产，通过认证即能转换为有机稻米。

（2）劳动力优势。我国有庞大而廉价的农村劳动力，发展劳动密集型的有机稻米生产，可充分利用劳动力资源，降低生产成本，使有机稻米具有较强的市场竞争力。

（3）基础条件。我国于1990 年5 月由农业部推出绿色食品工程，建立了一整套绿色食品标准体系及覆盖全国的管理和监测工作系统，已批准使用绿色食品大米标志产品220多个，全国各地正在启动实施无公害农产品行动计划，全国已建立生态农业示范县200 多个；已出台了第一个有机稻米地方标准——"浙江省有机稻米标准"，有机稻米农业行业标准也正在酝酿制定之中。这些工作的开展极大地提高了人们的环保和安全质量意识，为有机稻米的发展创造了良好的思想和物质基础。

（4）技术优势。我国水稻种植历史悠久，劳动人民在长期的水稻生产实践中积累了丰富的生产经验。在传统的水稻种植中不施用化肥和化学农药，实际上就是有机稻米生产方式。我国农业科技工作者在研究上取得的许多成果，如稻田复种轮作技术、病虫草综合防治技术、稻鸭共育技术，以及近几年开发的有机肥、生物肥、植物农药、生物农药产品，都可以应用到有机稻米生产中。这些经验和技术都为我国有机稻米生产发展奠定了坚实的技术基础。

（5）市场优势。我国有机稻米市场潜力巨大，生产稻米总量的 86% 用于居民食用，年消费总量在 1.2 亿吨左右。随着我国经济的不断发展和人们生活水平的提高，对稻米质量的要求也越来越高，许多居民开始把有机、绿色、无公害等质量安全型稻米产品作为消费的首选。据有关方面预测，未来几年这类稻米的国内市场需求将在 4 500 万吨左右。国际市场，2001 年大米贸易总量为 2 347 万吨，高质量大米在国际市场十分受欢迎，发达国家对稻米质量尤其是安伞质量的要求也越来越高，有机稻米也将成为世界稻米贸易的主流产品。

二、有机稻米生产发展对策

1. 转变观念，提高认识，加大投入

有机农业发展至今，已成一门新兴学科、一个朝阳产业。国际有机运动联盟（IFOAM）自 1972 年成立以来，已发展成有 100 多个国家参与、会员总数达 720 多个的庞大的国际民间组织。2001 年有机食品国际贸易总额已达 200 亿美元且增长迅猛，预计至 2006 年将达 1 000 亿美元。随着我国加入世界贸易组织（WTO），作为最大宗农作物的水稻产业既面临严峻挑战、又是难得的发展机遇：有关农业主管部门应把发展有机稻米作为改善稻区农业生产结构、增加农民收入、改善生态环境、维持农业可持续发展的重要事情来抓。要利用有利时机，制订发展计划，加大立项与资金投入力度，推动有机稻米产业的迅速发展。

2. 制定相关政策，扶持有机稻米生产

有机稻米的生产需要做大量的组织领导、试验示范、技术培训等系统性工作；有机稻米的生产需根据不同的基础条件经过 1 ~ 3 年不等的转换过渡期。在转换期内，必须按有机稻米的要求从事生产，严禁使用化肥、农药等化学合成品。而转换期内的稻米只能作为有机转换期产品出售，一时还享受不到有机稻米的较高价格；有机稻米还得通过国内外有资质的颁证机构认证，才能成为有机农产品；其生产过程的技术控制与把关也需要有相应的费用。因此，在开始进行有机稻米生产初期，生产者通常要付出一定的代价。这就要求政府能充分利用 WTO 允许的"绿箱政策"，出台相应的政策和措施加以扶持。

3. 制定相关标准，规范有机稻米生产

标准是对重复性事物和概念所作的统一规定，制定农业行业标准可在全国范围内统一基本概念、质量要求、技术规范；但我国水稻区域广大、情况复杂，也需要因地制宜制定一些地方标准，才能更好地指导具有地方特点的有机稻米生产。浙江省已出台的我国第一个地方有机稻米标准，值得借鉴。

4. 建立有机稻米生产协作体系，加快形成产业优势

建立有机稻米生产协作体系，一方面可相互交流、取长补短，有利于新技术、新方法、新成果的迅速推广应用；另一方面，待条件成熟时可形成几个区域性的有机稻米生产联合体或产业集团，统一品牌、统一标准、统一价格，使松散的生产单元尽快形成规模产业，这有利于我国有机稻米产业的健康发展，提高竞争能力。

5. 加强有机稻米生产技术体系研究

有机稻米在生产过程中不使用化肥、农药、生长调节剂、化学添加剂等化学合成物质。因此，在种植制度、品种选择、栽培技术、病虫草防治等方面需要研究新的技术，形成成套的有机稻米生产技术体系；在肥料、农药、农具等生产资料方面也需要研究开发适宜有机稻米生产的替代产品等。因此，各相关机构或单位，应高度重视并加强这一领域的研究工作。有了技术和物质基础，有机稻米的规模化生产才有保障。

6. 加大宣传力度，培育有机稻米消费市场

我国有机农业起步较晚，宣传力度也不够，目前大多数有机农产品主要用于出口，国内市场销售很少，有机食品还远没有为广大消费者所知，这就需要政府、媒体、研究机构、生产单位等部门多层次、多渠道、多方位的开展宣传工作，促使人们转变观念、提高参与意识与消费意识，致力于培育消费市场。购买有机稻米不仅是购买了健康食品，也是支持发展有机稻米生产，为保护生态环境和农业的可持续发展作出了一份贡献。

编者按： 稻米是我们的主食，也是我国出口的主要粮食种类。随着我国加入 WTO 及人民生活水平的提高，稻米的安全性、健康性越来越受到人们的重视。但目前稻米的安全性评价标准很多，如无公害食品、绿色食品、有机食品，以及通过质量安全认证的 QS 标记产品等。其中有机食品是最近才有的评价标准，是与国际接轨的一种标准，有些广告把它称为是安全食品的最高标准。那么，何为有机食品？怎么样的稻米才符合有机食品，即有机稻米的标准呢？了解有机食品和有机稻米，这些新名词及其具体含义，如何生产和检测，对我们每个稻米生产者、经营者和消费者都具有非常重要的现实意义。为此，我刊特约请农业部稻米及制品质量监督检验测试中心的同志撰写了有关有机稻米的知识讲座，希望读者能从中得到有益的收获。

有机稻米生产的基本技术要素及市场前景浅述*

金连登　朱智伟　许立　陈铭学　施建华

中国水稻研究所

（浙江　杭州　310006）

有机稻米是有机食品的重要种类之一，在国际市场上越来越受到人们的青睐。我国有机稻米的生产起步较晚，20 世纪末才开始在黑龙江、吉林、江苏、浙江、云南等省小面积生产。进入 21 世纪后，国家倡导实施"绿色消费""绿色市场""绿色通道工程"和"无公害食品行动计划"，在大力发展无公害食品稻米、绿色食品稻米的基础上，各地依据自身的生态环境特点，积极启动并推进有机稻米的生产。有机食品是国内众多健康产品（如绿色食品、无公害食品）中唯一与国际接轨的健康食品，在我国加入 WTO 后的今天，尤具有重要意义。为了有序指导各地有机稻米的规范化生产，我们根据食品法典委员会（CAC）、联合国粮农组织（FAO）与世界卫生组织（WHO）编制的《有机食品生产、加工、标识及销售准则（GL32 - 1999，Rev. 1 - 2001）》，以及国际有机农业运动联合会（IFOAM）编制的《有机生产和加工的基本标准》，参照欧盟及美国、日本等国家有机农业协会或组织的标准和规定，按照我国现行的有关有机食品生产的行业标准、地方技术标准及相关认证机构的认证技术准则等规定，结合近几年中开展的相关研究，对有机稻米生产的基本技术要素及市场前景作一浅述。

一、有机稻米的概念

有机稻米属有机食品范畴，目前有机稻米尚未制定国家或行业的标准，因此，有机稻米还没有形成统一的权威性的定义。笔者认为，理解有机稻米的概念，可以从以下 3 点加以把握。

1. 含义

有机稻米是指按相关有机农业标准进行生产、加工，经有资质的独立认证机构认证并许可使用有机食品标志的产品。有机稻米在生产和加工过程中不使用农药、化肥、生长激素、化学添加剂、防腐剂等化学合成物质，不使用基因工程技术及其产物，提倡使用有机

---

* 本文原发表于《中国稻米》，2003 年第 5 期，39 - 40 页

肥和病虫草生物防治等方法，它是具有现代科技含量的，集天然性、品质好、安全卫生为一体的健康食品之一。

2. 分类

有机稻米按产品可分为有机稻谷（粳稻谷、籼稻谷、糯稻谷）、有机大米（粳稻米、籼稻米、糯稻米）。

3. 用途

主要包括作口粮，碾米后食用；作原料，加工成有机米制食品（年糕、米粉、米粉丝、汤圆、米糕、粽子等）；作有机稻种子；作牲畜饲料，用于有机养殖和作工业产品原料用等。

二、有机稻米生产的主要技术控制要素

有机稻米区别于常规稻米的最大特点在于其注重生产过程的全程有机方式控制（从产地到餐桌）。因此，有机稻米生产主要应抓住以下技术控制要素。

1. 产地选择控制

（1）环境质量必须符合国家相关的标准并进行检测评价。

（2）生产地块应相对集中连片（有机生产地块中间不能夹杂常规生产地块），周边一定距离内没有污染源，与常规生产地块间有一定的缓冲区，排灌水渠道有分离设施等。

2. 田间生产过程控制

（1）初次生产应有相应的转化（换）期，时间一般为 18～24 个月（根据年内种稻茬期制定）。

（2）选用水稻种子原则上应是有机种子或有机转化种子，禁用基因工程产品（种子）。

（3）在同一生产区块必须保持有缓冲措施状态下的有机和常规生产方式的隔离，禁止存在混杂的平行生产状态。

（4）在同一有机生产地块，应提倡和鼓励采用有机方式下的作物轮作、间作、套作或适度土地休闲。

（5）土壤追肥、培肥，讲求无害化方式，不提倡使用未经处理的集约化饲养场的牲畜粪便。

（6）病虫草害防治提倡选用农业的、生物的、物理的等方式，禁用任何化学合成物质。

（7）保持清洁生产状态下农机具的选用和使用。

（8）坚持生产过程相关环节的记录或台账的连续性、完整性，实现有据可验证。

3. 收获过程控制

（1）提倡人力收割稻谷并稻草还田。

（2）使用机械收割稻谷，应确保稻谷不受污染。

（3）稻谷干燥处理应确保无污染，禁止在泥土或沥青公路路面上直接晾晒。

（4）种子初级加工处理要防止混杂和污染，包装应符合国家规定。

（5）稻谷运输、贮藏应满足卫生、安全、专运、分贮、通气等条件。

4. 大米加工过程控制

（1）加工场所的环境条件、生产设备、稻谷原料、产品质量、人员素质、贮运、检验、包装及质量管理等都应符合国家质监总局关于实行食品质量安全市场准入制度（QS）对大米生产许可证管理的基本要求。

（2）有机食品大米的加工应保证其原料的质量，尽量不用添加剂和加工助剂。如确需使用，则应符合相关认证机构的认证条件要求。

（3）禁止有机稻谷与普通稻谷在同一设备中同时加工大米。

（4）在加工贮藏场所遭受害虫严重侵袭情况下，提倡使用中草药进行喷雾和熏蒸处理，禁止使用硫黄等。允许使用中草药或维生素 D 为基本有效成分的杀鼠剂。

（5）确保从稻谷原料到终极大米产品加工各个环节的台账或记录的完整性，提倡使用加工随行单，注重相关凭证的建档工作，以便有据可溯源。

三、有机稻米生产与贸易的市场前景简析

我国目前有机稻米的生产尚处在起步阶段，据不完全统计，通过相关认证机构认证的有机转化（换）期水稻的生产面积在 1.5 万 ~ 2.0 万公顷，正式为有机水稻的在 1 000 ~ 2 000公顷。两者稻谷的产量之和也只有 10 万吨左右。这与世界有关产稻国的有机稻米生产现状相比，存在较大差距。究其原因有四：一是我国对有机食品发展的重要性认识较晚，广泛宣传不够；二是以小型农户小面积稻田为主的生产模式不利于有机稻米的生产推广；三是有机生产的标准化工作滞后；四是相关的生产技术保障措施尤其是病虫草害的有效防治方法研究与推广力度不足。

但随着我国农业与农村经济结构战略性调整的深入发展，以及农产品质量安全水平提升力度的增强，有机稻米的生产及贸易将面临一次难得的发展机遇，其市场前景必将看好，主要基于以下因素。

1. 全国提升农产品质量安全水平的发展形势及政府的鼓励引导作用增强

国务院及相关国家主管部门从新世纪初就将发展无公害食品、绿色食品、有机食品与发展质量安全型食品相提并论，并相继出台了一系列鼓励扶持政策。农业部明确提出了无公害、绿色、有机三类食品"三位一体、整体推进"的战略，并一体化地组建了相应的认证机构，指定了一批检测机构与技术服务机构。各级地方政府因地制宜地积极推进生态农业、绿色农业和效益农业的发展举措，大力促进有机稻米的发展。

2. 国际市场的引领和国内部分高收入人群的需求拉动

当前在欧洲、美国、日本、韩国及南亚等发达国家，以大米为主食的人群选购食用有机大米已成为主流，需求量在不断地扩大。据相关专家预测，就日本而言，有机大米的消费将占大米需求总量的10% ~ 15%，即每年 100 万吨以上。随着我国人们生活水平的不断提高，部分经济富裕的人群对吃大米宁可吃得少，也要吃得好。要求吃得安全放心的人数也在不断增长。因此，市场对有机稻米的需求量增加是今后发展的一种必然趋势。

3. 稻区土地流转等措施的推行与完善及种粮大户规模化生产的发展，为较大面积推行有机稻米的生产提供了可能

有机农业的特点之一就是规模化、集约化、标准化生产方式的运用。有机稻米的生产需要田块相对集中连片，有一定的规模面积，便于实施全程控制。为此，只要产地环境条

件符合，土地越相对集中，规模化生产经营的种粮大户越多，就会越有利于推行有机稻米的生产。

4. 有机生产技术保障措施的研究发展和成果的推广应用，将保证有机稻米的生产发展无后顾之忧

有机稻米生产的重点是过程控制严密，难点是病虫草害防治和土壤培肥等安全措施是否得当。近些年来，相关的科研技术机构不断加大了对此方面的研究攻关力度，部分研究成果已经取得。一批生物农药、生物肥料等得到了较好的应用和推广。一些种养结合（如稻鸭共育、稻鱼共养等）、天敌利用等节本增效农业技术不断成熟，且成效明显，越来越受稻农欢迎。为此，在广大科技人员的努力下，适宜于中国不同稻区的一套有利于有机稻米生产的技术保障平台正在进一步形成。

5. 相关农业龙头企业的产业化示范带动作用明显

随着有机食品风靡全球、深入人心，部分从事稻米加工的农业龙头企业开始瞄准有机稻米。他们往往推行"公司＋基地＋农户"的生产机制，最适合于有机稻米的产业化经营与发展。据调研，目前，全国范围的有机稻米生产点，绝大部分采用的都是这种模式，对农民增收、企业增效有"双赢"作用。

6. 有机食品国际标准的采用或有机稻米标准化工作的推进。将成为有机稻米生产与贸易发展的动力

有机食品是国际公认的质量安全性食品，联合国相关机构及有关国际组织均制定了通行的国际标准，对全球有机食品的发展起到了引导和推动作用。我国的有机食品标准化工作已引起相关部门的重视，在先行普遍采用国际标准的前提下，正在规划制定部分农产品从生产到认证管理的系列化国家标准或行业标准。农业部已颁布了《有机茶》的系列行业标准，浙江省也已颁布了《有机稻米》的系列地方标准等。可以相信，我国有机食品和有机稻米的标准化工作必将与其生产贸易一样，进入快速发展的轨道。

有机稻米基地建设及生产过程控制技术简述 *

许立　金连登　朱智伟　陈铭学　施建华

中国水稻研究所　农业部稻米及制品质量监督检验测试中心

（浙江　杭州　310006）

有机稻米生产，选择具有良好环境条件的生产基地并注重基地建设是其生产发展的重要基础。而强化生产过程控制技术，又是有机农业生产方式得以实施的关键。为此，笔者对有机稻米基地建设及生产过程控制技术参照有关国际标准和国内有关技术规范作一简述。

一、有机稻米生产基地建设

1. 生产基地基本要求

（1）田块必须集中连片，其内不能夹杂非有机田块。

（2）基地产区应远离污染源（如化工、电镀、水泥、工矿等企业；污水污染区；废渣、废物、废料堆放区；交通干线边；大型养殖场及生活垃圾等）。

（3）生产基地与常规农业区之间必须有隔离带（山、河、道路、人工林带等）或设立不少于 8 米的缓冲带。隔离带或缓冲带应有明显的标志。缓冲带上若种植作物，必须按有机方式栽培，但收获的产品只能按常规处理。

（4）建立相对独立的排灌系统或采取有效措施保证所用的灌溉水不受禁用物质污染。

2. 环境质量要求

（1）土壤有机稻米生产基地选择时，土壤环境质量应符合国家 GB 15618—1995《土壤环境质量标准》二级标准中有关农田或水田部分的要求。并应根据土壤环境和农药施用历史，选择性检测重金属和农药残留。

（2）灌溉水有机稻米生产基地灌溉用水应符合国家标准 GB 5084 – 1992《农田灌溉水质标准》中有关水质部分的要求。尽可能选择优质水源灌溉，即便达标排放的各类污水、废水也不得使用。

（3）空气有机稻米生产基地的空气质量应符合国家标准 GB 3095 – 1996《环境空气质量标准》二级标准要求。

3. 农田及农事管理要求

有机稻米生产是一项技术性很强的工作，其每一个生产环节都需严格把关。建立相应的管理机构、制定相关的管理措施是必须的。有机稻米生产过程需经专门的认证机构认证，其产品才能成为有机产品，管理上也要符合认证机构的要求。因此，在农田及农事管理上需要做好以下 4 个方面的工作。

（1）建立相应的组织机构，统一协调、统一农事管理。

---

* 本文原发表于《中国稻米》，2003 年第 6 期，41 – 42 页

（2）制订统一的生产技术规程。

（3）加强环境监控和生产过程监管，防止不符要求的情况出现。

（4）建立基地档案，做好过程记录，内容包括：第一，田块/农场地图。地图应清楚地表示出基地内田块的大小和位置、田块号、边界、缓冲区、相邻田块使用情况。地图也要表示出种植的作物、建筑物、树木、河流、排灌设施和其他相应的地块标志物。第二，田块历史。田块历史要以表格的形式，详细说明最近 3 年种植的作物和投入情况。一般标明田块号、面积、有机/常规田块布局、每年的作物生长和投入品情况。第三，农事管理记录。农事管理记录应真实反映整个生产过程，如种植作物的日期和品种、耕作及中耕的日期和方式、病虫草发生防治记录、物质投入记录、气候条件、出现的问题及处理结果、收获日期、产量、干燥方法、贮存地点和其他观察的过程记录。第四，投入品记录。投入品记录要以表格的形式详细记载基地以外的投入，包括使用物质的类型、来源、购买量、使用量、使用原因、日期和田块号。第五，收获记录。收获记录表格应显示作物/产品的类型、收获设备、设备清洁程序、田块号、收获日期、产量。此时开始设计批号。第六，贮存记录。贮存记录要显示仓库号、贮存能力、日期、产品种类、批号、进库量、出库量、出库日期及运往目的地。对于仓库清洁，害虫发生情况和控制措施也要详细记录。第七，销售记录。销售记录包括销售发票、销售日记、购买定单、提货单等，内容包含销售日期、产品名称、批号、销售量、购买者、销售证书号。第八，标贴。标贴应包括产品的类型和数量、生产者的姓名和地址、认证机构和认证号、批号。第九，批号。批号是从生产基地开始，是有机稻米产品在有机体系中流动起到重要鉴别作用的代码系统。批号代码使生产田块相连接，要包含基地名称、作物类型，田块号和生产年份等信息内容。

4. 有机转换期要求

常规稻米生产可以施用化肥、农药、激素，这些物质的降解和清除需要一定的时间，为此，从常规稻米生产转到有机稻米生产需要有一个过渡时期，称为转换期。转换期稻米生产有以下 3 点要求。

（1）有机稻米生产基地的转换期一般为 18 ～ 24 个月以上，新开荒地或撂荒多年的稻田的转换期也至少要 12 个月。

（2）转换期内生产基地的一切农事活动必须按有机农业要求操作。但其生产的稻米只能按有机转换期产品处理。

（3）转换期内，生产基地应采取各种措施来恢复稻田生态系统的活力，降低土壤有毒有害物质含量，不断提高基地的环境质量。

二、有机稻米生产过程控制技术

有机稻米生产过程控制技术是一项综合技术，各单项技术环环相扣，缺一不可。但其技术核心是提高土壤肥力、提高环境质量，促进有机稻米生产可持续发展。其技术难点是病虫草害的控制。现将有机稻米生产过程控制技术简述如下。

1. 种植制度

（1）建立有利于提高土壤肥力和有机质含量，减少病虫草害的稻田轮作制度。轮作体系中应包括豆科作物或绿肥。

（2）建立有利于培肥土壤，减轻病虫草害；有利于有机生产体系综合效益提高的种养结合（如稻鸭共作、稻田养鱼）的稻田生态体系。

2. 品种选择

（1）选择品质优良、适应当地生态环境、抗病虫能力强、非转基因的水稻品种，在品种选择中遗传多样性应予以考虑。

（2）在有机种植时期，应选用有机水稻种子。在转换期初始年份，允许选用未经化学物质处理的常规水稻种子。

3. 播种

应根据当地的气候因素和病虫害发生规律，确定适宜的播种期，趋利避害，使水稻的抽穗、开花、灌浆期处在最适宜的气候时段。

4. 育秧

按照有机农业生产要求进行育秧，不使用化学合成物质。

5. 栽培

宽行窄株或宽窄行种植，适当稀植以利于水稻的健康生长，减轻病虫草害的发生。

6. 施肥

制订切实可行的土壤培肥计划，建立尽可能完善的土壤营养物质循环体系。主要通过系统自身的力量获得养分、提高土壤肥力。可用以下做法。

（1）以有机种植基地内种植绿肥和豆科作物作为主要肥源。

（2）有机种植基地内提倡稻草还田，培肥土壤，严禁火烧秸秆。

（3）可使用有机基地内的农家肥、农产品残渣及其他有机物质；使用有机基地外的农家肥、农产品残渣及有机物质需经认证机构认可。

（4）有机肥施用前应沤制腐熟，总量应控制，以免对环境造成污染。

（5）基地内有机肥源不足时，可适量施用经有机认证机构认证的商品有机肥、生物肥。

（6）禁止使用任何化学合成肥料。

（7）不能直接使用集约化养殖场畜禽粪便及其产物。

7. 灌排水

应充分利用灌排水来调节稻田的水、肥、气、热，创造适宜水稻各生育阶段生长的田间小气候。

8. 病虫草害防治

制订因地制宜的有效的病虫草防治计划，充分利用品种抗性及生态系统的自我调节机制减轻病虫草害的发生，再辅之以生物、物理的方法进行综合防治。

（1）应采用以下方法防治病虫草害选用抗病虫水稻品种；选择合理的茬口、播种时期以避开病虫的高发期；采用合理的栽培措施、轮作措施减轻或控制病虫草害；采用种养结合（稻鸭共作、稻田养鱼）等方法来控制病虫草害；充分利用和保护天敌来控制病虫草害；采用机械诱捕、灯光诱捕和物理性捕虫设施防治病虫害；采用人工、动物、机械、秸秆覆盖的方法除草。

（2）紧急情况时可施用经认证机构认证的植物农药、生物农药。

（3）禁止使用化学合成的杀虫剂、杀菌剂、除草剂、植物生长调节剂。

（4）禁止使用基因工程产品防治病虫草害。

（5）禁止使用抗生素制剂及其复配剂。

9. 收获

（1）有机稻谷收获提倡人力收割，使用机械收割应防止稻谷受污染。对收获工具应进行彻底清理，防止普通稻谷混入和受禁用物质的污染。

（2）收割后的稻谷应及时干燥，可采用机械低温烘干或在用竹、木、席草等自然材料做成的垫子上晾晒。禁止在公路、沥青路面、泥土地或粉尘、大气污染较严重的地方晾晒。

（3）有机稻谷的包装应选用自然材料或符合卫生标准要求的材料。包装上应带有标贴。

（4）有机稻谷的运输工具应无污染并清洗干净，专车专用，不得与其他物品混装。运输过程中应防止普通稻谷混入和受禁用物质的污染。

（5）用于贮藏有机稻谷的仓库，必须用自然或环保材料建造。周边没有污染源。有机稻谷仓库应专用，确实无法做到专用，则必须在仓库内划出特定区域并采取必要的隔离或明示措施。有机稻谷在仓库内的堆放，必须留出一定的地距、墙距、柱距、货距、顶距，保证货物之间有足够的通风。有机稻谷仓库应用物理的、机械的、动物的方法来进行清洁、消毒、防治病虫鼠害。

有机稻米生产技术应用研究 *

朱凤姑[1]　金连登[2]　许立[2]　丰庆生[3]　王伟平[3]

1. 浙江省婺城区农业技术推广站　（浙江　金华　321000）；
2. 中国水稻研究所　（浙江　杭州　310000）；
3. 婺城区汤溪镇农技站　（浙江　金华　321075）

摘　要：2000—2002 年在浙江省金华市婺城区从应用研究有机稻米生产技术方法为切入点，探索有机农作物生产技术。有机农作物生产立足于系统内物质（肥料、种子等）循环，以建立健康肥沃土壤为中心，选用优质丰产抗病品种，全面实施稻鸭共育技术和标准化健身栽培技术，运用农艺的、生物的、人工的、物理的方法和保护利用自然天敌资源，综合治理病虫草害；建成有机稻米生产技术模式；良化农田生态；实验基地通过国家级认证，分别确认为有机农场、有机转换期农场；取得了较好的社会经济效益，农民增收76.43 万元。

关键词：水稻；有机农业；土壤；有机生产技术方法；稻鸭共育技术；有机农场

1972 年 11 月 5 日英国、瑞典、南非、美国和法国等 5 个国家在法国成立了有机农业运动国际联盟（International Federation of Organic Agriculture Movements，IFOAM），在 IFOAM 的推动下，有机农业和有机食品的生产和加工得到迅速发展。2000 年全球有机农业种植面积达到 680 万公顷。我国有机食品开发较晚，但近几年发展较快，1998 年后，有机食品年出口增长率都在 30% 以上。本研究以有机稻米生产技术应用和研究为切入点，创建有机农场，探索有机农产品生产技术和方法。

一、材料与方法

（一）供试基地及其环境质量

实验基地设置在西门畈汤溪镇上徐村。基地的灌溉水、土壤、大气等环境要素，经环保局监测全部达到 GB 5084—1992（灌溉水）二级标准、GB 15618—1995（农田土壤）二级标准、GB 3059—1996（环境空气）二级标准；以基地为中心，方圆 5 平方千米内无"三废"污染物和厂矿企业，具备有机生产的环境条件。

（二）建立有机栽培技术方法应用实验区

实验区 2000 年为 8.47 公顷，从 2001 年起另增加 59.7 公顷。均按有机生产技术规程进行生产操作；有机生产区位居中心部位，南北两端和西部地段为有机转换期生产区；其外，分别以机耕路、渠道、山丘间隔，隔离带宽 7 米以上；隔离带外侧设置

---

*　本文原发表于《浙江农业科学》，2003 年增刊，45 - 49 页

缓冲地带，种植物以水稻为主，实行无公害生产。有机生产技术以国家农业行业标准有关文本为依据，参考国外有机食品生产技术指标，结合本地生产资源条件和经验而成。

（三）调查和试验

调查：在实验区和常规稻区（常规施用化肥、农药区，下同）各确定有代表性的稻田3～5块，定期调查主要害虫和天敌消长；考查病虫害为害程度；检测肥力的变化等。

试验：对种子处理、稻鸭共育的技术效果、有机叶面肥、生物杀虫剂等分别进行生产性试验。凡有农药、化肥参与对照的试验，试验场地设置在缓冲带以外。

二、结果分析

（一）实验基地通过国家级认证

2002年8月国家环保总局有机食品发展中心（OFDC）按程序对基地的环境质量、有机生产技术方法、农田操作过程、物质投入、生产器械管理、产品收购运输、质量管理体制等118项指标全面进行了考核评估，同时，抽检了产品（有机稻谷）质量。认证确认并颁发了"有机农场证书"和"有机转换期农场证书"，确认基地中的8.47公顷为有机农场，59.67公顷为有机转换期农场。

（二）有机稻米生产效果

1. 土壤肥力效应

采取稻肥轮作、扩种绿肥（紫云英），各季稻本田稻草还田，使用菜籽饼肥和人畜粪尿；全面实施稻鸭共育技术，以鸭粪肥田；补施有机叶面肥和有机菌肥。到达实验区的71%面积即48.5公顷种植绿肥，每亩返回绿肥鲜草1 000千克；连作晚稻基肥或秋冬季改良土壤用肥，返回本田鲜稻草700～800千克/亩，施用腐熟饼肥50～80千克/亩，人畜粪尿1 000千克/亩。按各种肥源的营养含量计算，实际使用的养分量见表1。

表1　2001—2002年有机稻田肥料年使用量　　　　　　（千克/亩）

稻作类型	氮（N）	磷（P）	钾（K）
连作早稻	10.5	6.5	11.2
连作晚稻	13.7	7.8	11.7
单季晚稻	15.6	9.9	14.4

采用上述肥源和相应的使用技术，对改善土壤理化性状、土壤肥力和健康状况起到了较好作用。据取样检测，有机农场的土壤有机质、全氮量（N）、有效磷（P_2O_5）、有效钾（K_2O）均有提高（表2）。

表 2　土壤肥力指标的变化

取样时间	有机质 （％）	全氮量 （％）	有效磷 （％）	有效钾 （％）	pH 值
2000 年 4 月	4.11	2.46	4.94	7.97	5.4 ~ 6.6
2002 年 10 月	5.12	2.89	5.72	8.38	6.2 ~ 6.8

2. 有机液肥和有机菌肥应用效果

卢博士有机液肥是经 OFDC 认证的有机液肥料，据试验，秧苗期（2002 年 4 月 29日）、孕穗期（6 月 5 日）、齐穗期（6 月 22 日）使用 300 倍 2 号液各喷施 1 次，其处理区表现秧苗健壮，比 CK（喷清水）分蘖增加 0.3 个、白根数增加 2 根、百株干重提高 1.58克（表 3），同时分蘖旺盛、株高穗长、穗大粒多，处理区比 CK 有效穗增加 2.9 万/亩，每穗总粒数增加 5.01 粒，结实率提高 2.58 个百分点，千粒重增加 0.51 克，增产 6.36％。

表 3　卢博士有机液肥对秧苗素质、分蘖情况及经济性状的影响

处　理	单　株 分蘖数	单　株 白根数	百株干 重（克）	基本苗 （万）	最高苗 （万）	有效穗 （万）	株高 （厘米）	穗长 （厘米）	每穗总 粒数	结实率 （％）	千粒重 （克）	产量 （千克）
A	0.7	11.9	18.25	16.43	35.58	27.73	79.21	18.85	113.43	84.02	25.85	439.8
B	0.4	9.9	16.67	15.26	32.60	24.83	76.31	18.50	108.42	81.44	25.34	413.5

注：①A 为液肥处理区，B 为对照区（CK）；②直播早稻，面积各 336 平方米，重复 1 次，品种金早 47，4 月 4 日播种，4 月 29 日处理，5 月 14 日考查；③单位面积以亩计，下表同

据测定，该实验基地无效磷含量较高，因此使用土壤磷活化剂 PG 微生物肥料增加有效磷，表现较明显的促进水稻生长、增蘖、增穗、增粒、增重的作用（表 4）。

表 4　PG 微生物肥料试验结果

处　　理	株高（厘米）	有效穗（万）	每穗总粒数	结实率（％）	千粒重（克）	产量（千克）
喷施＋拌种	77.2	33.85	78.50	81.7	27.8	603.2
拌种	76.8	33.33	71.03	88.4	27.5	575.6
CK	69.3	32.80	70.90	81.8	27.2	517.5

注：①"拌种"指每亩播种量拌"PG"20 克，于 2000 年 4 月 8 日拌后播种；②"喷施＋拌种"即在"拌种"基础上每亩用"PG"35 克对水 50 千克，于 5 月 1 日"苗期"喷施；③品种：嘉育 948

3. 实施稻鸭共育技术的效果

稻鸭共育技术在 2000 年"百亩田、千只鸭"的试验示范基础上，2001 年和 2002 年扩大到 88 公顷，即全部连作早、晚稻和单季稻放养鸭子。分别在水稻移栽后 10 ~ 15 天，每亩投放 0.5 千克的雏鸭 12 只，稻鸭共育期早稻为 40 天，连作晚稻为 44 天，单季晚稻64 天。

（1）鸭粪的实际肥效测定：1 只鸭子在稻田共生活 40 ~ 50 天，排出鸭粪 10 千克，每亩放养 12 只，等于施入鸭粪 120 千克，含纯 N 564 克、P_2O_5 840 克、K_2O 372 克。据鸭粪肥效试验结果，养鸭田比施用化肥的对照田，表现最高苗偏低、成穗率提高、穗大粒多，产量持平（表 5）。

表5　PG 微生物肥料试验结果

| 处　理 | 有效穗（万） | 成穗率（％） | 每　穗 | | 产量（千克） |
			总粒数	结实率（％）	
A	15.57	87.87	83.22	84.4	263.3
B	17.11	87.11	78.62	83.0	265.8

注：①试验品种：早稻红米；②处理：A 为每亩稻田放鸭 12 只，共生期 45 天；B 为每亩施用碳酸氢铵 40 千克、过磷酸钙 20 千克、尿素 22.5 千克

（2）水稻生长效果：鸭子在稻田不停地走动游泳，起到了中耕松土搅浑田水的作用，提高田水中的含氧量，促进根系生长，促进早期分蘖，鸭子在稻丛间本能地穿梭觅食，嘴、脚、身体频繁接触稻株，对水稻产生刺激作用。表现植株开张，形成扇型株型，群体长期健壮整齐，增加抗倒、抗逆力，病害减轻。这一作用最终表现在：单位基本苗所产生的有效分蘖个数增多，如表 5 所示，养鸭处理单株产生有效穗为 3.99 个，施用化肥处理则为 2.97 个；每穗总粒数和实粒数提高。

（3）除虫防病效果：鸭子在稻田昼夜觅食，非常喜欢捕食昆虫和水生小动物。调查表明：对稻飞虱的防效十分显著，对二化螟，稻纵卷叶螟、稻螟蛉也有一定的控制作用，养鸭田早稻分蘖末期、孕穗期和抽穗期稻飞虱虫量在 1.4 头/丛、0.83 头/丛和 4 头/丛以下，晚稻的上述生长期中的虫量分别在 0.5 头/丛、0.17 头/丛和 3.9 头/丛。全生育期中稻飞虱虫量均控制在药剂防治指标以下。2002 年各次调查平均值养鸭田比常规稻田虫量低 90％，同期虫量减少 80％以上，鸭子回收后，虫量有所回升。其虫量消长曲线是低量平行微波型，而常规稻"虫峰"突出，靠施药"压峰"，消长曲线升跌幅度大（图）。

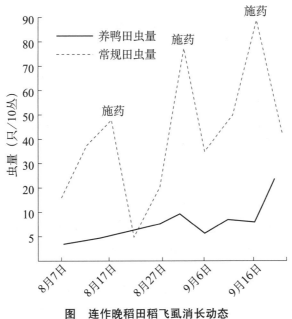

图　连作晚稻田稻飞虱消长动态

（4）除草效果：鸭子的不断觅食和活动踩踏，起到了很好的除草功能。据 2002 年调查，养鸭田的防除效果略高于化学除草田（表 6），究其原因，化学除草田中的恶性除草多于养鸭田。可见，稻鸭共育不仅可以替代除草剂除草，且对除草剂防效差的恶性杂草也

有很好的防除效果。

表6 养鸭田除草效果调查结果

稻作类型	处理	杂草数量 （株/平方米）	株防效 （%）
早稻	养鸭田	12	93.1
	化学除草田	28	84.0
	CK	175	–
连作晚稻	养鸭田	9	88.0
	化学除草田	18	76.0
	CK	75	–
单季晚稻	养鸭田	15	91.9
	化学除草田	42	77.3
	CK	185	–

注：各处理均于养鸭田放鸭后20天同步调查；牛毛毡不计入防效；CK为未除草的对照

4. 病虫草综合治理工程化技术的发展

（1）选用高产抗病品种：实验区种植的金早47、嘉育948、浙鉴21、丰优香占等品种（组合），不仅米质优，且抗病性能好，在有机栽培条件下，极少发生稻瘟病、细菌性条纹病、白叶枯病。株型紧凑挺立，有利田间通风透气，纹枯病的发生也较轻。

（2）建立农艺的、人工的促控系统：基地使用的种子全部进行筛选、风选、精选种子，去杂去稗（籽）；采用1%石灰水浸种处理，杜绝种子带菌；秧田播前半个月，翻耕并淹水封杀，灭除老草，播前再次翻耕，灭除萌草杂草；控制秧田播种量，培育带蘖壮秧；采用宽行窄株，保持行间通风透光；实行水浆管理标准化，控制无效分蘖，增强水稻抗逆力，减轻病虫发生程度。

（3）稻鸭共育、生物治理病虫草害。

（4）生物农药和无机矿物质的应用：做好害虫发生和天敌消长的调查，对大发生的代别，使用生物农药进行应急防治。掌握在卵孵高峰期施药，使用药剂为认证许可的Bt，据试验结果，每亩用50%苏特灵（Bt）50～70克，间隔3～4天，施药第2次，对二化螟的防效达到87.7%，对稻纵卷叶螟的防效为90.5%。预防种传病害，采用石灰水浸种，替代药剂处理。据2000年试验，供试品种早稻中组1号采用1%石灰水浸种36小时，于秧苗3～4叶（4月28日）调查，各处理调查500株，恶苗病发病率石灰水浸种处理为1.4%；10%浸种灵5 000倍浸种处理0.7%。对照（未处理）为23.6%。

（5）保护和利用自然天敌资源，良化稻田生态系统：据天敌资源调查记载，寄生性的有20科178种，捕食性天敌21科124种。实施有机栽培技术方法，不使用农药、化肥，保护周边植被，创造了自然天敌繁生环境，优势种群密度显著高于常规稻田。

蜘蛛是稻田主要捕食天敌类群，在养鸭情况下，狼蛛、圆株、蛸蟏虫等大型蜘蛛有所减少，但优势种群草间小黑蛛、球腹株等微蛛类蜘蛛密度仍然高于常规稻田（表7），总蛛量比常规稻田高1.37～3.1倍，蛛虫（稻飞虱）比控制在1∶0.96以下，而常规稻田的蛛虫比高达1∶（1.91～28.2）。蛛∶虫在1∶4以下，可依靠天敌控制稻虱为害。

能控制当代害虫发生量的寄生性天敌主要是软寄生蜂和幼虫寄生蜂。褐腰赤眼蜂是寄生稻飞虱卵的优势种群，其生活力强、种类庞大。据系统协调查结果（表8），有机稻田卵粒被寄生率早稻为49.1%～53.2%，晚稻为60%～89%。比常规稻田要高。

表7　蜘蛛稻飞虱密度调查结果

稻作类型	年　份	类　型	日　期	数量（头/50丛）	
				蜘　蛛	稻飞虱
早　稻	2000	有机稻区	7月14日	106	102
		常规稻田		45	53
	2001	有机稻区	7月9日	105	145
		常规稻田		86	155
	2002	有机稻区	7月8日	116	110
		常规稻田		38	81
晚　稻	2000	有机稻区	8月28日	452	1 673
		常规稻田		110	3 014
	2001	有机稻区	9月3日	370	220
		常规稻田		150	1 080
	2002	有机稻区	8月26日	328	306
		常规稻田		224	3511

表8　稻虱卵被寄生率调查结果

稻作类型	年　份	类　型	日　期	寄生率（%）	
				卵　块	卵　粒
早　稻	2000	有机稻区	6月17～19日	61.8	51.0
		常规稻田		36.7	18.5
	2001	有机稻区	7月1日	67.7	53.2
		常规稻田		31.7	19.1
	2002	有机稻区	6月18～20日	62.0	49.1
		常规稻田		28.0	15.5
晚　稻	2000	有机稻区	9月20～25日	79.7	60.0
		常规稻田		40.4	24.4
	2002	有机稻区	9月3～5日	83.8	89.0
		常规稻田		45.1	29.0

　　稻纵卷叶螟是常发性、多发性的害虫，但其寄生天敌的作用大。除寄生卵的寄生蜂褐腰赤眼蜂外，寄生幼虫的稻纵卷叶螟绒茧蜂和赤带扁股小蜂，被寄生的寄主致死于3龄前后，故能控制进入暴食期的虫量。据调查，有机稻区幼虫被寄生率早稻田为29.4%～38.3%，晚稻田为53.0%～61.3%（表9）。稻纵卷叶螟嚼食叶片，1～3龄幼虫食量小，占总食量的8.96%，4龄和5龄的食量各占19.74%和71.3%，为暴食期。有机稻区稻纵卷叶螟幼虫被寄比常规稻区高1.05～3.21倍。发挥了直接控制害虫的发生量。

表9 稻丛卷叶螟幼虫被寄生率调查结果

稻作类型	年 份	类 型	日 期	被寄生率（%）
早 稻	2000	有机稻区	7月7~10日	29.4
		常规稻田		14.3
	2001	有机稻区	7月5~9日	32.1
		常规稻田		14.8
	2002	有机稻区	7月3~4日	38.3
		常规稻田		14.6
晚 稻	2000	有机稻区	8月20~22日	53.0
		常规稻田		12.4
	2001	有机稻区	8月25~31日	56.5
		常规稻田		13.3
	2002	有机稻区	8月10~12日	61.3
		常规稻田		18.9

（三）经济效益

有机农产品生产在开始阶段尤其是转换期生产产量常低于常规稻区（表10），但由于有机农产品增值较大，加上种养结合复合型的农业结构，其经济效益显而易见。实验基地2000年和2001—2002年分别以无公害稻谷和有机稻谷由购销企业收购，分别比市场同类产品高15%和53%出售，除去成本和常规稻产量，3年产地农民合计增收76.43万元，其中养鸭收入12.35万元。

表10 水稻产量比较

（单位：千克）

年 份	连作早稻			连作晚稻			单季晚稻		
	A	B	C	A	B	C	A	B	C
2000	—	304	327	—	337	385	—	—	—
2001	—	292	315	—	389	408	—	426	441
2002	318	308	317	399	370	401	440	430	438

注：表中A代表有机农场，B为转换期农场，C为常规稻区

三、小结

有机农作物生产不仅仅是不使用化学肥料、农药，而是建立以生产优质有机农产品和丰产高效为目标的生态稻田。实验基地以选用优质抗病丰产品种和使用"四肥"（绿肥、稻草还田、菜籽饼肥、农家有机肥）为基础，以稻鸭共育技术为骨干，实行标准化田间管理，辅以应用有机液肥、菌肥和生物农药的有机生产技术方法，初步形成生态稻田的雏形。体现了建立系统内封闭式的物质（肥料、种子）循环体系和建设健康肥沃的土壤为本，体现了运用农艺的、生物的、人工的方法治理病虫草害等有害生物，并获得了丰产高

效和农民增收的效果。然而，有机稻米生产刚刚起步，其生产技术方法还存在较多的缺陷，有机生产资料较少，有待农业和相关科学工作者的共同努力。

参考文献

［1］杜相革，王慧敏，王瑞刚，等．有机农业原理和种植技术［M］．北京：中国农业大学出版社，2001.

［2］徐汉虹，张志祥，查友贵．中国植物性农药开发前景［J］．农药，2003（3）：1－2.

［3］浙江农业大学系作物科研组．水稻栽培［M］．杭州：浙江科学技术出版社，1997.

［4］诸葛梓，童彩文，陈桂华．稻麦害虫天敌的调查及应用［M］//粮油作物疾虫鼠害预测预报．上海：上海科学技术出版社，1995.

［5］张古生，钱冬兰．稻纵卷叶螟［M］//粮油作物病虫鼠害预测预报．上海：上海科学技术出版社，1995.

有机稻米产品的质量要求及检测技术 *

朱智伟　陈铭学　陈能　闵捷　金连登

中国水稻研究所　农业部稻米及制品质量监督检验测试中心

（浙江　杭州　310006）

有机稻米的质量是检验有机生产操作者按照有机稻米生产技术规程要求生产产品的效果，间接地反映有机生产操作者是否严格执行技术操作规程。国际食品法典委员会在 1999 年第 23 届会议上通过了 GL32—1999《有机食品生产、加工、标识及销售准则》，2001 年第 24 届会议上通过了修订标准，即 GL32—2001《有机食品生产、加工、标识及销售准则》，现行标准中包括了说明与定义、标识与声明、生产与制作规程、有机生产中准许使用物质标准、检验与认证系统、进口管理等内容，未提及对产品质量的要求。在国际准则的统一规定下，各国的有机食品认证准则，包括我们中国认证机构国家认可委员会 2003 年 8 月 10 日发布的 CNAB—SI21：2003《有机产品生产和加工认证规范》也均未提及对产品质量要求。

有机农业的宗旨是促进和加强农业生态系统健康，维护农业生产的可持续发展，虽然在国际及各国的有机食品准则中未将产品质量要求列入，但作为检验有机食品生产效果的产品质量，在有机认证中起到关键作用，一票否决。

一、有机食品认证准则及对有机稻米产品质量的相关要求

（1）从常规生产向有机生产转型的转型期至少 18 个月。

（2）水稻种子源于有机生产方式获得，至少前一代是在有机生产方式下耕种。禁止使用转基因水稻品种。

（3）产地远离城镇、工厂、交通干道线等有污染源的地区，与常规农业区之间必须有隔离带。

（4）禁止使用化学合成的杀虫剂、杀菌剂、除草剂、植物生长调节剂。

（5）禁止使用转基因产品。

（6）禁止使用抗生素类制剂。

（7）严禁在公路、沥青路面或粉尘、大气污染较严重的地方晒谷。

（8）加工设备禁止使用含铅材料，禁止使用铅含量超过 5% 的铅铝焊条，铅含量少于 5% 的铅铝焊条只有在 pH 值为 6.7 ~ 7.3 的条件下才可使用。

（9）贮藏时，禁止使用会对有机稻米产生污染或产生潜在污染的仓贮设施与物品，严禁与化学合成物质接触。不使用会对有机稻米产生污染或产生潜在污染的化学合成物质进行消毒。

（10）必须专车运输，严禁与化肥、农药及化学物品一起运输。禁止带入有污染或潜

---

* 本文原发表于《中国稻米》，2004 年第 2 期，49 – 50 页

在污染的化学物品。

二、有机稻米的质量要求

1. 理化指标

有机稻米对稻米品质没有特殊要求，但就提高有机稻米的市场竞争力而言，有机稻米还应该具有良好的品质，其碾磨品质、加工品质、外观品质、食味品质和营养品质的质量要求和等级划分应符合有关国家和行业标准的要求和规定。

2. 卫生指标

（1）重金属：由于水稻对金属有良好的吸收能力，稻米中含有一定量的各种金属。有机稻米的重金属含量应符合国家相关标准的规定（下表）。

表　各金属含量指标

项　目	指标（克/千克）
砷（以 As 计）	≤0.5
汞（以 Hg 计）	≤0.02
铅（以 Pb 计）	≤0.4
镉（以 Cd 计）	≤0.2
铬（以 Cr 计）	≤1.0

（2）农药残留、添加剂：有机稻米不得有任何人工合成化学农药的残留，因此所有化学合成的杀虫剂、杀菌剂、除草剂、植物生长调节剂、添加剂均不检出。

（3）其他卫生指标：氟（以 F 计），≤1.0 毫克/千克；黄曲霉毒素 B_1 不得检出；细菌、霉菌及其毒素符合国家相关标准要求。

三、有机稻米的检验要求

1. 检验方法

（1）检验的一般规则按 GB/T 5490—1985《粮食、油料及植物油脂检验一般规则》执行。

采样时必须使所采的有机稻米样品具有代表性和均匀性，要认真填写采样记录，写明样品生产日期、批号、采样条件、包装情况、采样数量和采样的单位、地点、日期等基本情况，并填写检测项目及采样人。无采样记录的样品，不得接受检验。

外地调入的有机稻米应根据运货单、食品检验部门或卫生部门的化验单了解起运日期、来源、地点、数量和品质，以及有机稻米的运输、贮藏等基本情况。

采样的数量必须能反映该有机稻米的卫生质量和满足检验项目对试样量的需求，并且一式 3 份供检验、复验与备查或仲裁用。

（2）扦样、分样按 GB 5491—1985《粮食、油料检验扦样、分样法》执行。

（3）碾磨品质、加工品质、外观品质、食味品质和营养品质等理化指标的分析和测试按有关国家和行业标准的要求和规定。

（4）化学合成的杀虫剂、杀菌剂、除草剂、植物生长调节剂、添加剂检验按相关的国家标准和行业标准执行。

（5）其他参数检验：砷按 GB/T 5009.11—1996《食品中总砷的测定方法》检验；铅按 GB/T 5009.12—1996《食品中铅的测定方法》检验；镉按 GB/T 5009.15—1996《食品中镉的测定方法》检验；汞按 GB/T 5009.17—1996《食品中总汞的测定方法》检验；铬按 GB/T14962—1994《食品中铬的测定方法》检验；氟按 GB/T 5009.18—1996《食品中氟的测定方法》检验；黄曲霉毒素 B_1 按 GB/T 5009.22—1996《食品中黄曲霉毒素 B_1 的测定方法》检验。

2. 检验规则

有机稻米的检验分为交收检验和型式检验。

（1）交收检验：产品交收前应由生产技术检验部门按本标准进行检验，符合本标准并出具质量合格证方可交付。交收检验项目稻谷包括出糙率、整精米率、杂质、水分、色泽、气味；大米包括加工精度、黄粒米、不完善粒、水分、碎米、杂质。卫生指标应根据土壤环境污染情况、土壤环境背景值、农药使用等情况和合同要求选择适当项目进行测定。

（2）型式检验：型式检验包括本标准的全部技术要求。卫生指标除表 1 规定的项目外，还应根据土壤环境污染情况、土壤环境背景值、农药使用等情况以及相关机构的指定进行增补相应项目。

型式检验每半年至少进行 1 次，有下列情况之一时，也应进行型式检验：①新产品申请使用有机稻米认证标志时；②产品的原料、工艺、生产设备、管理等方面有较大改变（包括人员素质的改变）而影响到产品的性能时；③出厂检验的结果与上次型式检验有较大差异时；④有机食品认证组织或机构提出进行型式检验的要求时；⑤国家质量监督机构提出进行型式检验的要求时。

3. 判定规则

（1）有机稻米的碾磨品质、加工品质、外观品质、食味品质和营养品质的质量要求和等级划分按国家和行业有关标准要求和规定判定。

（2）对于卫生指标，若全部检验项目均符合标准要求时，判该批产品为合格品；有一项（或多项）不符合标准要求时，可自同批产品中加倍随机取样进行该项目的复验，在复验项目均符合标准要求时，判该批产品为合格品；如仍有一项不符合标准要求时，则判该批产品为不合格品。

有机稻米认证与管理的基本要求 *

金连登　许立　施建华　朱智伟　陈铭学　闵捷

中国水稻研究所　农业部稻米及制品质量监督检验测试中心

（浙江　杭州　310006）

　　我国当前的认证活动可分为产品、服务和管理体系三大范围，有机稻米认证是产品认证的范围之一。为此，有机稻米的认证是指由依法认可注册的有机食品认证机构对委托人申报的产品证明其符合相关技术规范或标准的合格评定活动。为了帮助涉及稻米的生产者、消费者及相关管理者了解并掌握有机稻米认证与管理的基本要求，笔者对此作一简述。

一、认证的依法原则

　　随着我国融入全球经济一体化步伐的加快，认证活动与国际接轨日趋明显，认证工作的规范化和认证活动的法制化正在不断加强。因此，开展有机稻米的认证必须遵循"依法认证"的原则。

（一）认证活动的依法性

　　（1）经国务院第 18 次常务会议通过并于 2003 年 11 月 1 日正式施行的《中华人民共和国认证认可条例》是我国市场经济条件下规范认证行为的基本法律依据。该法律文本较全面地阐明并规定了认证认可原则、认证机构、认证、认可、监督管理、法律责任等准则，共分 7 章 78 条。这部行政法规，是当前国内认证活动进行必须遵守的重要文件。

　　（2）中国认证机构国家认可委员会于 2003 年 8 月依法颁布实施的《有机产品生产和加工认证规范》是我国依法批准设立的有机产品认证机构当前开展认证工作的基本规范。该规范根据联合国食品法典委员会（CAC）和国际有机农业运动委员会（IFOAM）的标准并参照欧盟和有关国家与组织的标准及规定对有机产品的生产和加工，以及贸易、贮藏和运输、包装和标识等作出了较系统的规定，其也是当前国内认证机构的操作性文件。

　　（3）经依法批准设立的认证机构为规范法人、组织和个人自愿委托进行产品认证的活动而制定的实施技术准则、工作细则或属于认证新领域、国家有关部门尚未依法制定认证规则而由其自行制定的认证规则均需以《中华人民共和国认证认可条例》为依据并报国务院认定认可监督管理部门备案。

（二）认证机构的合法性

　　（1）依法设立。设立认证机构，必须经国务院认证认可监督管理部门批准，并依法取

---

　　* 本文原发表于《中国稻米》，2004 年第 3 期，41－43 页

得法人资格后，方可从事批准范围内的认证活动。设立认证机构必须符合《中华人民共和国认证认可条例》规定的条件和申请及批准程序。其中，从事产品认证活动的机构还应符合从事相关产品认证活动相适应的检测、检查等技术能力。境外认证机构在我国境内设立代表机构须经批准，并向工商行政管理部门依法办理登记手续后，方可从事与所从属机构的业务范围相关的推广活动，但不得从事认证活动。依法设立的认证机构名录由国务院认证认可监督管理部门公布。

（2）认证活动守法。凡未经依法批准（包括外资认证机构和境外认证机构的代表机构），任何单位和个人不得从事认证活动。凡经依法批准的认证机构，从事认证活动应当公布认证基本规范、认证规则、认证收费标准等信息。认证机构不得与行政机关和认证委托人存在资产、管理方面的利益关系。认证机构应当完成认证基本规范、认证规则规定的程序，确保认证的完整、客观、真实，不得增加、减少、遗漏程序。

（3）认证结论合法。认证机构在实施产品认证后应当及时作出认证结论，并保证认证结论的客观、真实。对符合认证要求的，应当及时向委托人出具认证证书。认证机构可自行制定认证标志，但应报国家认证认可监督管理部门备案。

（三）认证人员的资质合法性

从事认证的人员应当熟悉相关领域有机产品生产与加工等的认证技术法规、国内外相关标准以及有机食品管理知识等。并经认证机构培训及由法定的认可机构考核合格，取得相应的注册认可资格，才可开展认证活动并对认证结果依法负责。认证人员不应是委托人的雇员，也不应是与认证产品有利益关系单位或个人的雇员。认证人员对其所知悉的国家秘密和商业秘密有承担保密的法定义务。

二、有机稻米认证的程序要求

（一）认证的一般程序

有机稻米认证可分为五大程序阶段来实施。即委托人申请、实地认证检查、综合评估、颁证委员会结论、颁证或不颁证。具体程序要点可见下页图所示。

有机程序的主要内容如下。

（1）委托人向认证中心提出正式申请，填写申请表和交纳申请费。

（2）认证中心核定费用预算并制订初步的检查计划。

（3）委托人交纳申请费等相关费用，与认证中心签订认证检查合同，填写有关情况调查表并准备相关材料。

（4）认证中心对材料进行初审并对委托人情况进行综合审查。

（5）实地检查评估。认证中心在确认委托人已经交纳颁证所需的各项费用后，派出经认证中心认可并注册的认证检查员，依据《有机产品生产和加工认证规范》和相关认证规则，对委托人的产地、生产、加工、仓储、运输、贸易等进行实地检查评估，必要时需对土壤、水体、产品取样检测。

（6）编写检查报告。检查员完成检查后，编写产地、加工厂、贸易等检查报告。

（7）综合审查评估意见。认证中心根据委托人的调查表、相关材料和检查员的检查报

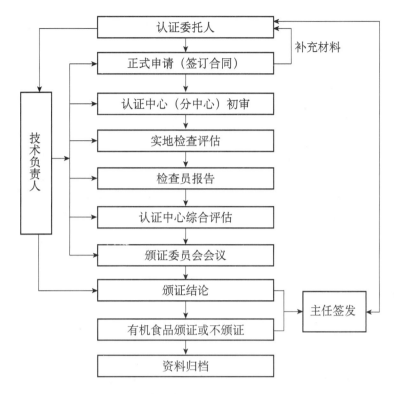

图　有机稻米（产品）认证流程

告进行综合审查评估，编制颁证评估表，提出评估意见提交颁证委员会审议。

（8）颁证委员会决议。颁证委员会对委托人的基本情况调查表、检查员的检查报告和认证中心的评估意见等材料进行全面审查，作出是否颁发有机认证证书的决定。

（9）颁发证书。根据颁证委员会决议，向符合条件的委托人颁发证书。获证委托人在领取证书之前，需对检查员报告进行核实盖章，获有条件颁证委托人要按认证中心提出的意见进行改进并做出书面承诺。

（10）有机食品标准的使用。根据有机食品认证证书和《有机食品标志管理规则》等要求，办理有机产品认证标志的使用手续。

（二）认证程序进行的时限要求（以中绿华夏有机食品认证中心为例）

1. 目的

有机产品认证机构认证检查和操作认证程序的目的是在客户与其之间建立起合作关系和有效的建设性的调查和决策机制。以及在有机产品认证机构保证下对有机食品商业贸易的控制。该程序是为有机产品生产者、认证机构以及消费者的利益而制定的。

2. 认证程序的时限

（1）申请（1周）：直接向认证机构申请，认证机构将询问有关项目的一些信息，以便进行严格而可信的费用预算。

（2）合同和费用预算（1周）：在所提供信息的基础上，第二周委托人会收到一份检查合同以及一份费用预算、检查程序、时间表和有关技术细节的说明。

（3）检查（根据地区、产地情况及时间可能不同为 3~7 天）：认证机构指派有经验的认证检查员执行检查，他将提供一份详尽的检查时间表，并要求通知委托人在当地合作伙伴等细节。检查包括委托人的有机生产内部规章制度，生产地及参观包装、房屋、仓库和加工厂，最新文件、记录等，最终与委托人讨论交流相关看法。

（4）检查员报告（2 周）：检查中的调查报告与有关文档一起寄到认证机构办公室。如检查员有疑问，可随时提出追加 1 次检查。认证检查员报告将在其检查完成后的 2 周内提交认证机构。

（5）综合审查评估（3 周）：认证机构将检查员报告的结果与《有机产品生产与加工认证规范》及相关认证规则进行对照，如经事先同意，还将应用附加标准。形成一份包括有机生产是否符合规范、规则要求以及改进措施在内的"综合审查评估报告"。

（6）颁证决议（2 周）：认证机构将"综合审查评估报告"提交颁证委员会，颁证委员会将作出是否颁证的决议（结论）。

（7）付款及颁证（2 周）：在检查开始之前须付款 50%，当认证决议生效时必须付清余额并得到发票。认证机构将会在认证检查员检查后 60 天内颁发证书。

（三）认证证书的有效期

参照国际通行的做法，为确保有机产品经认证后能持续符合认证要求，遵照《中华人民共和国认认可条例》中要求的"认证机构应当对其认证的产品、服务、管理体系实施有效的跟踪调查，认证的产品、服务、管理体系不能持续符合认证要求的，认证机构应当暂停其使用直至撤销认证证书，并予公布"。目前，我国依法批准设立的产品认证机构一般均采用一年一认证的规则，即认证证书的有效期为 1 年。

三、有机稻米认证实地检查的重点

有机稻米认证的实地检查是完成认证程序的重要环节，其检查的重点可概括为以下 3 个体系的建立并实施方面。

（一）质量管理体系

认证的委托人建立和完善自身的质量管理体系是开展认证的基础，其主要要素如下。

（1）质量管理手册，包括企业概况、质量方针、质量目标、生产管理措施、组织机构、企业章程、相关岗位职责等；

（2）生产的年度计划及保障措施；

（3）有机产品内部检查的方案及措施；

（4）相关人员技术培训的计划及措施；

（5）安全生产及产品质量的保障措施；

（6）资源管理方案及措施。

（二）生产过程控制体系

认证的委托人建立并完善自身的生产过程控制体系是开展认证的关健。其主要要素如下。

（1）技术队伍建设与工作管理规程；

（2）生产操作技术规程，包括水、土、气等产地环境保持要求，病、虫、草防除要求，种子、肥料、农药选用要求等；

（3）稻谷收获与装运的管理技术规程；

（4）稻谷贮藏的技术规程；

（5）大米加工的操作技术规程；

（6）加工机械的维修和清洗技术规程；

（7）大米包装、贮运的技术规程；

（8）质量检验的技术规程；

（9）从生产到加工再到贸易的各工序记录管理规程；

（10）客户质量投诉的处理规程。

（三）可追踪体系

认证的委托人建立并完善自身的产品认证可追踪体系是开展认证的必要手段，其主要要素以相关记录、图、表等为标志，包括：①地块分布及地块现状图；②产地历史记录；③农事活动记录；④投入物记录；⑤收获记录；⑥贮藏记录；⑦加工记录；⑧产品质量检测记录；⑨贸易销售记录；⑩批次号（随行单）记录；⑪产品包装使用记录；⑫产品装箱单记录；⑬原料及产品运输记录；⑭经认证机构认可的投入品使用记录；⑮内部检查记录。

四、有机稻米认证的管理

对有机稻米的认证管理是当前落实"依法认证"原则重要保障，涉及认证机构和认证委托人的合法权益问题，对有机产品认证的可持续开展至关重要。

（一）对认证机构的监督管理要求

有机产品认证机构经依法批准设立开始，其所有认证活动的进行，均受国务院认证认可监督管理部门和社会公众的"双重"监督，其监督管理的主要内容有：①认证范围限于认可批准范围内，不得超范围认证；②认证人员只能在一个认证机构从事认证活动，不得同时在两个以上认证机构执业；③不得以委托人未参加认证咨询或认证培训等为理由，拒绝提供业务范围内的认证服务，不得向委托人提出与认证活动无关的要求或限制条件；④自行制定认证标志的式样、文字和名称不得违反法律、法规的规定并须报国务院认证认可监督管理部门备案等；⑤不得增加、减少、遗漏认证基本规范、认证规则规定的程序；⑥对认证过程必须作出完整记录并归档留存；⑦不得出具虚假认证结论；⑧认证收费应当符合国家有关价格法律、法规的规定等。

（二）对认证委托人的监督管理要求

有机稻米的认证委托人是依法认证活动开展的重要一方，为此，在当前市场经济条件下加强此一方监督管理同样非常重要。其主要内容有：①按认证基本规范、认证规则的规定，向认证机构客观提供受理认证和实施现场检查的相关信息与记录资料等；②积极配合认证人员开展现场检查的各项认证活动；③按与认证机构达成的认证收费额度，按时支付认证费用及相应开支；④在认证范围内使用认证证书和认证标志，不得利用产品认证证书、认证标志、相关文字与符号，误导公众为其管理体系已通过认证；⑤重视认证机构认证人员在现场检查中交流的不足部分信息整改并向认证机构按时沟通反馈。⑥配合并接受认证机构对其认证的产品实施有效的跟踪调查，并在其认证产品不能持续符合认证要求的，对其暂停使用直至撤销认证证书的结论。

我国有机稻米生产发展的现状、特点与难点 *

金连登　　许立　　闵捷

中国水稻研究所　农业部稻米及制品质量监督检验测试中心

（浙江　杭州　310006）

摘　要：随着世界有机农业的发展，我国有机稻米的生产已经启动并有较快的发展。本文结合中国国情，概要评述了我国有机稻米生产发展的基本现状，阐述了现阶段其生产发展的 8 个特点，并提示了按照生产标准化、发展规范化的要求，需注重的三大主要难点。

关键词：有机稻米；生产发展；现状；特点与难点

我国是水稻生产的大国，每年种植面积在 4.2 亿 ~ 4.5 亿亩（0.28 亿 ~ 0.3 亿公顷），占全球种植面积的 22% 多，年产稻谷在 1 800 亿 ~ 2 000 亿千克，占世界总产量的 30% 左右。我国又是稻米消费的大国，直接食用占稻谷总产的 80% ~ 85%，饲料用占 6% ~ 7%，工业用占 1.5% 左右，种子用占 1.6% 左右，出口为 30 亿千克左右，其余为损耗量。

有机食品是当今世界公认的质量安全食品，已成为人们食用首选产品。有机稻米既是重要食用产品之一，又是相关有机食品开发的重要原料，在我国已引起广大百姓的高度关注。随着国家农业结构战略性调整力度加大，全面建设小康社会步伐加快，以及国内外市场需求的拉动和各级政府的引导，有机稻米在国内稻区的生产发展将从起步阶段进入一个逐渐趋盛的时期。

一、我国有机稻米生产发展的基本现状

（一）我国有机稻米生产的主要动因

20 世纪 90 年代，在国家有关主管部门的部署下，全国农业与农村经济结构进行战略性调整，不仅为水稻产业结构从以高产为主兼顾优质转向以优质安全为主兼顾高产的策略上来，而且其为稻农的生产观念更新、生产技术创新带来了重大的促进作用。使部分生态环境条件较好的稻区农民对有机稻米的生产有了正确的认识，产生了较大的生产积极性。至今，形成我国有机稻米生产的主要动因如下。

1. 农业与农村经济结构战略性调整的推动

从传统农业向现代农业转型，以追求农产品的数量型向质量型转变，以现代工业理念谋划农业发展，是我国新时期农业和农村经济结构战略性调整的重要目标。稻米是中国粮食结构的基石，更是国家粮食安全的基础。"用途调多、品质调优、机制调

---

* 本文原发表于《粮油加工与食品机械》，2005 年第 10 期，14 - 17 页

活、效益提高"是水稻产业结构调整的重要目标。中华人民共和国农业部按照党和国家抓好粮食安全工程及促进农产品质量安全体系建设的时代要求，自 2001 年起就部署了"无公害食品行动计划"，继而又提出了无公害农产品、绿色食品、有机农产品"三位一体、整体推进"的发展战略。当前水稻生产倡导的方向是朝"高产、优质、高效、生态、安全"迈进，因此，国家重视粮食安全和农民增收的举措，将有效推动有机稻米的生产、加工和消费。

2. 具有良好农业资源和生态区域环境的促动

由农业部种植业管理司和中国水稻研究所编著出版的《中国稻米品质区划及优质栽培》专著，将我国水稻生产划分为四大产区，即：华南食用籼稻区，华中多用籼、粳稻区，西南高原食用、多用籼、粳、糯稻区和北方食用粳稻区。每个产区中又划分为若干个亚区和次亚区。据有关专家按此调研分析，在这些产区中的部分亚区或次亚区中，都具有一定面积规模的比较适宜有机稻米生产的良好生态环境条件。如北方食用粳稻区中的黑龙江省、内蒙古自治区、新疆维吾尔自治区高纬度早熟粳稻亚区，以及辽宁省、吉林省单季中熟粳稻亚区，种植面积分别为 2 711.1 万亩（180.74 万公顷）、1 450.1 万亩（96.67 万公顷）。这两个亚区中的较大范围生态环境条件是非常适宜种植有机水稻的。而在目前我国现有的有机稻米生产面积上，该亚区占有约 2/3 比例。再如华中多用籼、粳稻区中的湖南省、江西省、湖北省、安徽省多用双季稻、食用单季稻亚区和浙江省、上海市、江苏省食用单季稻、多用双季稻亚区，种植面积分别为 1 7197.61 万亩（1 146.5 万公顷）、6 809.5 万亩（454.0 万公顷），是我国水稻的重要生产基地，总共有 539 个县种植水稻。在这两个亚区中也有一定的区域范围其生态环境条件也是比较适宜于种植有机稻米的。而华南食用籼稻区中的两个亚区和西南高原食用、多用籼、粳、糯稻区中的两个亚区也有相当的次亚区生态环境条件比较适宜种植有机稻米。由于我国水稻生产的四大产区中均具有相当区域的水源充沛、水质优越、灌溉便利、土壤条件良好、大气环境清洁等农业资源优势及生态条件，对区域性有机稻米的生产将具极大的促动作用。

3. 无公害、绿色食品水稻生产基地的带动

目前，我国绿色、无公害食品大米的生产发展势态良好。据相关统计显示，截至 2004 年年底，经过依法认证的绿色食品大米品牌有近 240 个，年总产量达 225.6 万吨（22.56 亿千克），涉及生产面积有 1 000 多万亩（66.67 万公顷多）；无公害食品大米品牌有 300 多个，年总产量在 400 万吨（40 亿千克）左右，涵盖生产面积 2 000 多万亩（133.4 万公顷多）。这些基数将作为有机稻米的重要生产基础，并有力提升和带动其发展。

4. 百姓生活质量提高过程中对食用大米新需求的拉动

随着我国改革开放程度的推进和全面建设小康社会步伐的加快，在国家综合国力不断增强的同时，百姓的生活水平有了很大的改善，从而人们开始追求生活质量的提高。以大米为主食的人群对其的选择要求已从求"量多价低"变为"质高健康"，价格已不再成为最主要影响因素。部分经济发达的大中城市居民，对无公害、绿色、有机食品专销店（区）情有独钟，并成为消费市场的一大亮点。其中，有约 10% 的居民有选购食用有机稻米的强烈意向，这种百姓的新需求对生产发展的拉动作用将是不可估量的。

（二）当前有机稻米生产的面积与产量

据不完全统计，至 2004 年年底，经合法认证机构依法认证的中国水稻产区生产有机稻米的面积为约 40 万～50 万亩（3 万公顷左右），总产量为稻谷 18 万～20 万吨（1.8 亿～2.0 亿千克），精制有机大米在 12 万吨（1.2 亿千克）左右。目前，生产所涉及的省（自治区）主要有黑龙江、吉林、辽宁、内蒙古、新疆、宁夏、湖南、湖北、江西、四川、江苏、浙江、广东、云南、贵州、广西等。

（三）有机食品大米的主消费对象

作为以食用为主的有机食品大米，当前在中国的消费群体主要是以大中城市居民中的 5 类人口为主消费对象，即企业经理阶层、高级知识阶层、中高层公务员、高收入务工阶层、外国驻华机构人士等。

随着百姓生活质量和消费观念的不断更新，对食用稻米质量安全选择的日趋理性，在未来的 3～5 年中，预测城市和较大城镇的普通工薪阶层中有 20% 左右将会选购有机食品大米。

二、我国有机稻米的生产发展特点

回顾我国近 10 年来有机稻米生产发展过程，依据中国的国情，其具有自身的明显特点。

（一）生产起步晚，发展进度快

我国有机稻米生产源自于有机农业的发展。国际有机农业最初可以追溯到 20 世纪 40 年代，1972 年国际有机农业运动联合会（简称 IFOAM）成立，有机农业进入了一个新的发展时期，现已有 650 多个团体会员，遍布 100 多个国家和地区。我国有机食品产业起步较晚，20 世纪 80 年代初，由于出口需求，一些企业按外商要求自发生产有机食品，但产品多集中在经济作物。1992 年农业部成立了中国绿色食品发展中心，设置了 AA 级绿色食品（类似有机食品）认证，启动了我国的有机农业生产；1994 年国家环保总局的有机食品发展中心（OFDC）成立，推动了我国有机食品的发展。在这段时期，才出现了少量的有机食品大米。为此，至 20 世纪末，全国有机稻米的生产面积只有 3 万亩（0.2 万公顷）左右。2001 年我国开始试点"无公害食品行动计划"，2002 年农业部又成立了中绿华夏有机食品认证中心（COFCC），并提出有机、绿色、无公害农产品"三位一体、整体推进"的发展战略，使我国的有机农业进入了一个新的发展时期。有机稻米的生产与认证也迎来了一个良好的发展势态，生产增长进度明显加快。

我国有机稻米的生产发展与世界其他国家的有机食品生产历程一样，已经过了 20 世纪 90 年代至 2002 年的起步阶段，自 2003 年开始转入规范化发展阶段。预测，再经过若干年努力，我国有机食品及有机稻米生产必将会进入一个适应国内外市场需求的规模化发展阶段。

（二）生产种植北多南少，品种类型粳多籼少，消费群体城多乡少

根据我国水稻种植的区域气候特征和水稻品种特征，以及人们的食用习惯，现全国有机稻米生产种植的数量是北方多南方少，而品种类型也同样是粳稻米多籼稻米少。消费的主要对象还集中于大中城市，乡村则很少。

（三）以传统技术与现代技术相结合合为支撑

近些年来，水稻产区广大的稻农及相关农业科技工作者，在充分认识有机稻米质量安全过程控制技术要求的基础上，在生产实践和科技攻关中，总结了传统农业生产方式的技术精华，积累并创新了许多有利于有机稻米生产的新型配套技术。一是对产地生态环境持续保持的技术方式主要有：对水、土、气环境污染源的普查及控制措施；对水体保护和水资源的综合利用技术措施；对稻田的节水技术；对土壤农药残留、重金属残留等的降解修复技术；对产地大气质量的跟踪监测措施等。二是对病虫草害持续控制的技术方式主要有：新型的生物农药推广与应用；种养结合的"稻鸭共育""稻鱼共养""稻田养鹅"等生产技术运用；昆虫性诱器、频振式杀虫灯等的普及与利用；吸引并保护候鸟的憩息措施等。三是对土壤肥力持续支持的技术方式主要有：农家肥的沤制利用；新型生物肥料及有机肥的推广与应用；稻草、秸秆还田的普及；有机生产方式下的作物轮作及套作技术的运用，以及农田的有序休耕休种方式等。这些生产的配套技术，不仅为解决当前生产中的相关难题提供因地制宜的方式上选择或储备，而且还可为各地生产者及科技工作者提供技术积累的平台，并以此为基础不断研究和创新技术，为强力支撑有机稻米的更大发展奠定了更具保障的技术基础。

（四）以公司加基地加农户并依托科技为基本模式

目前，我国有机稻米生产提倡市场化运作，其基本模式是企业（公司）牵头或组织，以租赁、承包或订单的方式建立一定面积的生产基地（有机农场），将有一定经验的种植者（农户）组织起来从事生产，并聘请水稻科研单位或农业技术专家作为技术依托，建立有机稻米的生产和技术保障体系，最终由企业（公司）实施加工营销。

（五）注重生产的标准化实施

我国有机稻米生产起步虽晚，但从一开始就非常重视标准化的实施。主要体现于3个层面：第一，生产者（企业或有机农场）按照认证机构的要求建立实施标准（企业标准），以指导生产行为；第二，认证机构参照CAC、IFOAM及有关国家或国际组织的标准，制订生产认证技术准则等，以约束认证行为；第三，国家及地方政府制定国家法规、标准或制度，以规范有机生产和认证。如中国认证机构国家认可委员会（CNAB）2003年8月发布了《有机产品生产和加工认证规范》；国家质量技术监督检验检疫总局2005年1月发布了国家标准GB/T 19630.1~4《有机产品》；2002年浙江省已颁布了《有机稻米》系列地方标准等。

（六）质量管理既讲求过程控制，又讲求产品达标

国际有机食品质量管理的控制方式是重在过程控制管理，对最终产品原则上不作检测

评价。但根据中国的文化传统及食用者的消费心理，比较注重有机产品必须有质量保证的依据，否则，是难以选购的。因此，鉴于中国的国情，我国的国家标准《有机产品》中既规定了有机产品生产过程的控制要求，也规定了有机产品（含大米）的质量检验达标要求。如在"作物种植"的"4.2.5 污染控制"中规定，"有机产品的农药残留不能超过国家食品卫生标准相应产品限值的 5%，重金属含量也不能超过国家食品卫生标准相应产品的限量"。因此，有机稻米生产者也将据此从事生产。

（七）认证工作面向法制化、规范化，与国际惯例接轨

在 2003 年实施的《中华人民共和国认证认可条例》规范下，农业部系统、国家环保总局系统、国家质检总局系统以及相关高等院校、科研机构等相继建立的有机食品认证机构，已有部分得到了国家认证认可监督管理委员会（CNCA）的登记批准。在中国认证机构国家认可委员会（CMAB）公布的《有机产品生产与加工认证规范》及新颁布的《有机产品》国家标准和《有机产品认证管理办法》指导下，各依法登记批准的认证机构在开展有机产品（食品）认证工作中，都相继制定了规范性的《有机食品生产及认证实施细则》等。如农业部建立的中绿华夏有机食品认证中心、国家环保总局建立的南京国环有机产品认证中心等都建立了规范性的认证管理文件体系和注册检查员队伍。这体现了我国有机产品认证工作不断面向法制化、规范化并实现了与国际惯例接轨。

（八）政府重视并推动发展

由于有机农业是重要的生态农业表现形式，符合对农业的可持续发展要求。有机食品是 21 世纪世界追踪的健康安全食品，有利于人类的生命质量、生活质量改善，有利于我国的农业与农村经济结构战略性的合理调整，为此，我国各级政府越来越重视并制定了相应的政策来支持鼓励发展有机农业和有机食品，包括有机稻米。《中华人民共和国农业法》第八章"农业资源与农业环境保护"中明确指出，发展农业和农村经济必经合理利用和保护土地、水、森林、草原、野生动植物等自然资源，发展生态农业，保护和改善生态环境。2002 年农业部根据党和国家的要求，决定在全国范围内全面推进"无公害食品行动计划"，并在"实施意见"中明确提出了"大力发展品牌农产品。绿色食品、有机食品作为农产品质量认证体系的重要组成部分，要按照'政府引导，市场运作'的发展方向，加快认证进程，扩大认证覆盖面，提高市场占有率"，还相继推行了无公害农产品、绿色食品、有机农产品"三位一体、整体推进"的发展战略。继而，2003 年 2 月，农业部又会同国家认监委等九部委联合印发了《关于建立农产品认证认可工作体系的实施意见》，提出了"以与国际接轨为目标，结合我国国情，建立国家农产品认证标准。以现阶段我国已开展的'无公害食品''绿色食品'和'有机食品'等认证为基础，统一、完善相关的认证标准体系，逐步使我国的农产品认证与国际通行的认证标准和认证形式接轨"。2004 年商务部（中华人民共和国商务部，全书简称商务部）、科技部（中华人民共和国科学技术部，全书简称科技部）等 11 个部委局为了加快有机食品产业发展，也联合印发了《关于积极推进有机食品产业发展的若干意见》，其中明确指出"目前，我国有机食品占全部食品的市场份额不到 0.1%，远远低于 2% 的世界水平，为此，要通过 5～10 年努力，力争使我国有机食品产量提高 5～10 倍，优先发展一批与人民群众生活密切相关的有机蔬菜、粮食、畜牧、茶叶等"。最近，农业部以农市发〔2005〕11 号

文《关于发展无公害农产品、绿色食品、有机农产品的意见》，同步对有机农产品发展作出了全面部署。水稻产区的各级政府，也有的放矢地制定了相关的指导政策和扶持措施。因此，各级政府高度重视的各种举措，都将有力推动有机农业和有机稻米的有序发展。

三、我国有机稻米生产发展的难点

面对水稻生长的特征，针对有机稻米生产发展的标准化、规范化要求，从宏观层面看，其仍然存在不容忽视的难点及矛盾。

（一）小型农户生产方式与有机稻米生产的相应集约化、规模化发展要求之间的矛盾

由于我国目前水稻生产的单元是以农户为主，存在小面积、小型化、小生产的种植方式，这与有机稻米生产要求中技术控制手段的集约统一、标准化推行的规范一致、区域面积具有一定规模，以避免在同一地块的平行生产或交叉污染影响等规范化运作存在很大矛盾。如在一定面积的生产基地范围内，有几亩田块是普通水稻生产状态，就会形成有机生产区域与常规生产地块的交叉污染和平行生产。这对有机稻米的过程有效控制、按标准化组织生产及可持续发展将产生一定的区域性制约影响。

（二）水稻产区区域性病虫害的发生与有机稻米生产有效防治手段之间的矛盾

水稻生产实践证明，水稻产区阶段性区域性的病虫害发生是自然现象，如是常规水稻则可有针对性的施用相关药剂控病治虫或实施紧急有效控制手段。但对处于同一区域的有机稻米因国际通行认证要求和我国国家标准《有机产品》及认证规则对防病治虫药剂使用有禁用和限用范围，因此，在目前还尚无大面积大规模按有机生产要求的有效防治方式情况下，其将对有机稻米的生产保障构成较大的威胁。

（三）与普通水稻相比，有机稻米存在生产成本大，销售市场不稳定的矛盾

因有机稻米生产从实际技术应用的形式上讲，是传统稻作技术精华加现代稻作技术集成的结合体，其生产的特征是技术方式应用和过程控制投入成本较大。主要有农田的基本建设、生产技术的引进与推广、生产资料的选用、人员素质的培训、加工与包装成本的增加、市场营销网络的铺设及运行体系管理与认证的保持等开支，再加上，一般状况下产量也会低于普通水稻，如再出现市场销售数量和价格不稳定因素，有可能构成投入与产出的不成正比矛盾状态，其也将对生产者形成效益回报的不确定性，这对保护生产积极性存有负面影响。

参考文献

[1] 杜青林. 中国农业和农村经济结构战略性调整［M］. 北京：中国农业出版社，2003.

[2] 蔡洪法. 中国稻米品质区划及优质栽培［M］. 北京：中国农业出版社，2002.

[3] 金连登，朱智伟. 中国有机稻米生产加工与认证管理技术指南［M］. 北京：中

国农业科学技术出版社，2004.

　　［4］张文，罗斌. 绿色食品基础培训教程——种植业［M］. 北京：化学工业出版社，2004.

　　［5］武兆瑞. 全面加强无公害农产品认证步伐——访农业部农产品质量安全中心主任马爱国［J］. 农业质量标准，2004（2）：4－7.

我国有机稻米生产发展的策略研究[*]

金连登　朱智伟　施建华

农业部稻米及制品质量监督检验测试中心

（浙江　杭州　310006）

摘　要：本文以国内外市场需求为背景，以坚持科学发展观和建设和谐社会为指导，从拟采取的策略研究角度，阐述了我国生产发展有机稻米的重要意义；分析了有机稻米在我国的发展前景；提出了其生产发展应把握的原则及培育市场体系的内涵。

关键词：有机稻米；生产发展；策略

在当今世界有机农业迅猛发展的形势背景下，随着国际和国内市场对有机食品需求量的加大，有机稻米在我国今后一个时期内的较大生产发展也必将成为一种趋势。为了借鉴国外有机农业的发展"以完善的理论体系为指导、以成熟的市场需求为驱动、以坚实的技术服务为依托、以严格的质量监控为保证"的成功经验；为了使坚持科学的发展观在我国的有机稻米生产发展中得以体现，无论是生产者、管理者和消费者都必须尊重我国的国情和各地的实际，既要反对不顾现状、急功近利的生产盲目性，又要克服难字当头、放弃发展的生产畏难性。在坚持科学、合理、有序、积极的发展理念指导下，努力探索具有中国特色并与国际接轨的我国有机稻米生产之路、发展之策。

一、审视生产发展有机稻米的重要意义

面对我国是稻米生产和消费大国的实际，在当今人们对食物结构和消费理念因生活质量提升而发生重大变化的情况下，抓好有机稻米生产及有序发展有着重要的现实意义和深远的战略意义。

1. 有利于水稻生产结构和产品结构的战略性调整

我国实施农业与农村经济结构战略性调整的重要范围是水稻生产结构和产品结构的调整。稻谷是稻区农民生存与生活的主打产品，大米是农村经济来源的主要资源。因此，新时期我国水稻生产结构和产品结构调整的目标在于：品质调优、产量调稳、技术调新、用途调广、食用调安、收益调高。有机稻米的诸多要素正符合这些目标的要求，其生产发展将十分有利于产区发挥农业资源优势，对适宜种植区域的水稻生产结构和产品结构进行战略性调整，促进水稻产业增效。

2. 有利于稻区生态环境的利用和保护，促进农业的可持续发展

国际公认的实施有机农业的重要宗旨有3个：一是充分利用现有的农业生态环境组织农产品生产，发挥良好的生态效应；二是有的放矢地对某些农业生态环境要素已受轻度污染的区域，采用有控制的过渡期措施，以推行有机农业生产方式来组织农产品生产，实现

---

* 本文原发表于《粮油加工与食品机械》，2005年第11期，13－18页

农业生态环境的有序修复及可持续利用与保护；三是生产出质量安全有保障的农产品，为人类的健康起到促进作用，努力保持人与自然的和谐，人与环境的共存。因此，有机稻米的生产发展有利于稻区生态环境的利用和保护，促进农业的可持续发展并有利于建设和谐社会。

3. 有利于产区稻农在生产方式观念上的更新和技术进步

在有机稻米的生产方式上需要强调从"产地到产品"的全程质量控制。因此，对各个生产环节过程要力求严密管理。这对处于传统的、粗放式、散户型的我国稻作生产方式既是一种冲击，又是一种挑战。采用有机农业生产方式生产有机稻米，对产区的稻农具有四大重要作用：一是必须改变凭经验、粗放式的种植模式，增强生产组织化、技术集约化、控制标准化的观念；二是必须改变靠化学合成的农药、化肥、除草剂等维持水稻生产的模式，增强有毒有害投入品禁用并保护产地环境的观念；三是必须在挖掘运用传统稻作生产技术精华的同时，学习并采用物理的、生物的、农业的和人工的病虫草害防治技术，促进自身技术水平的进步和产品科技含量的提高；四是必须坚持推行规范化、标准化生产，学习掌握相关标准要求，增强实施质量安全管理体系观念，注重生产过程必要的记录，实现有机生产方式的可追踪可溯源并讲诚信的目标。

4. 有利于满足国内外市场需求，促进产区稻农增收

经依法认证的有机稻米就是国际通行的质量安全食品之一。随着众多以稻米为主食的人群青睐有机稻米的势态与日俱增，其在国内外市场需求的增量已将成为必然。与此同时，不可估量的领域广泛的有机米制食品生产开发，也必将成为今后市场需求的一大亮点。由于国际市场有机食品的售价比一般食品要普遍高30%～50%。因此，稻农只要生产方式得当，市场需求把握准确，有机稻米的增利空间也就会比较大，这对稻农的增收将具很大的吸引力和保障性。

5. 有利于整体提升中国稻米产品质量安全层次，提高国际竞争力

有机稻米以实施标准化为前提，以确保生产过程全程控制为手段的生产方式，已成为确保最终产品达到质量、卫生、安全、健康等要求的基石。它对于我国其他大量常规稻米产品的生产有着重大的借鉴作用。从而，也必将对整体提升稻米的质量安全层次起到典型引路的效果。尤其对当前我国稻米产品出口，要达到相关进口国家标准要求的安全卫生指标，破除有关贸易壁垒，以及对增强国际贸易信心和提高国际竞争力都有着直接或潜在的战略意义。

二、我国有机稻米生产发展的前景展望

据2003年在泰国召开的"第七届国际有机农业运动联盟（IFOAM）有机产品贸易国际会议"的参会各国代表分析表明，有机食品的销售在2010年前会呈持续快速增长的势头，全球平均年增长将达20%～30%。发展中国家也将不断地推动有机农业实施，如泰国、马来西亚、印度、菲律宾等亚洲国家。会议期间一些国家的代表还认为，中国有机农业起步较晚，但具有极大的发展优势。未来几年中国将成为有机农业的大国。为此，我国生产发展有机稻米，既有良好的生产基础及空间，也有广阔的市场前景。

1. 国际有机食品需求势态将拉动其发展

面对当前巨大的有机食品国际市场空间，越来越多外商想进口中国的有机大豆、稻

米、花生、蔬菜、茶叶、蜂蜜等产品。这将对我国有机稻米的生产与出口带来难得机遇。有关专家指出：在稻米的国际贸易中，如以我国的出口配额为每年30亿千克（最高年份为1998年37.5亿千克）普通稻米计算，在今后的3~5年内，将有机稻米的出口比例能占到20%约6亿千克，再按每公顷平均产出有机稻谷6 000千克，折合成精米3 600千克测算，则需要16.6万公顷的面积来种植供出口。那么，该数量将是我国现有有机稻米种植面积的5倍多，其拉动生产发展的力度将是很大的。

2. 国内市场需求的空间将促使其发展

对国内市场需求而言。随着人们对有机食品的认知度加深，对其需求的空间也是潜在的和巨大的。从市场调研的相关信息分析，现比较青睐有机稻米的有4种情形：一是经济发达地区及大中城市高消费居民；二是有较高文化素养或追求较高生活质量的人群；三是部分驻华机构及外资企业人士；四是部分米制食品开发企业。前三种为直接食用大米，后一种为食品加工原料。如按前三种需求情形测算，在3~5年内全国能增长到每年2 000万人口（约占现城市人口的5%）每人平均需求50千克大米，那么年总需求量将达到10亿千克。再以每公顷产出3 600千克精米计算，则需要有27.5万公顷的种植面积。该数量也将是现有种植面积的8倍之多。再加上可预测的未来巨大的有机米制食品开发市场需求量，其国内外市场需求总量必然会有一个较大的上升趋势。预计，有机稻米在近几年的国内市场趋旺态势，也必将促使其生产的较大发展。

三、把握有机稻米生产发展的原则

根据我国推行的有机食品"政府引导、市场运作"的总策略，对有机稻米的生产发展需坚持"顺应国情、接轨国际、市场导向、循序渐进"的总思路，在相关区域的具体实施中，拟把握的生产发展原则有以下6个方面。

1. 利用农业资源优势，因地制宜原则

无论是何种类型的生产者（单个农户、种粮大户、龙头企业、专业合作社、农庄或农场等），要善于按有机农业和有机稻米生产的技术要求和认证标准，分析本地农业资源的优势和劣势，善于利用自身的条件优势，研究资源的符合性、实施的可行性、效果的可测性。注重把握产地条件要素、人力资源要素、生产技术要素、质量控制要素等的自我评价，并依据自身的优势特点等情况来决定实施生产的规模和幅度。千万杜绝各种不顾现状的盲目性实施，坚持做到利用农业资源优势与条件因势利导，确定生产发展规模与进程因地制宜。

2. 研究市场需求，以销定产原则

有机稻米在生产上要防止与常规水稻同产于一处田块的平行生产和同加工于一套机器的平行加工现象存在。因此，要讲求生产区域的集中连片和适度规模。但这个规模定的多大为宜，需要生产者去研究分析各类市场的需求率来确定，比如本地市场需求、全国城市消费需求、经济发达地区市场需求、有机食品深加工企业需求和外贸出口需求等。千万要杜绝没有任何市场调研与分析的盲目确定生产规模的做法，以防止生产规模与市场对接的失衡、产销对路的失态等事与愿违的结果发生。

3. 科研支撑，农技保障原则

从实践看，有机稻米生产过程控制最大的问题在于：产地环境条件的持续保障和病虫草害的有效防治。因此，生产者必须依托相应的科研机构和农技队伍来发挥支撑作用。要着重开展对各种影响产地环境要求的污染源动态监测和控制；对种植区缓冲带以外周边施用化学合成农药、化肥、除草剂等的漂移及交叉感染监控；对种子处理及育苗等的技术措施使用的研究；对灌排水及土壤肥力的保持等管理措施施行的探索；对各种病虫草害的前置预防和发生时紧急防治措施的采用等大量技术性控制工作。以江苏省丹阳市"嘉贤"牌有机大米依托中国水稻研究所，吉林省图们市"凉水"牌有机大米依托延边有机水稻研究所，浙江省金华市"一枝秀"牌有机大米依托当地农技推广站等生产有机稻米的大量事例说明，科研支撑与农技保障是当前乃至一个较长阶段有机稻米生产不可或缺的第一保障。

4. 公司加基地加农户的产业化联动原则

有机稻米从品种变成稻谷，再经加工变成食用大米进入市场，其"从产地到产品"的过程，事实上就是产业化实施和实现的过程。因此，农业龙头企业或农村专业经济合作组织等的作用重大。它们上接市场、下联产地，自己承担加工，实施品种、品质、品牌"一体化"运作，实行生产、收购、营销"一条龙"运转，有效地克服了各种盲目性。依据我国现阶段市场经济的特色及现有成功的无数事实证明，有机稻米的生产发展，没有农业龙头企业或农村专业经济合作组织等的牵头组织实施也是难以面向市场而成功的。因此，实施公司加基地加农户的产业化联动体制和机制是当前有机稻米生产发展的有效途径。

5. 推行标准化生产，全程受控原则

有机稻米"从产地到产品"的生产过程应是标准化的推行过程，有机稻米生产的全程受控应体现于实施质量管理保证体系、过程控制技术体系和可追踪体系的诸多要素之中。对此的有效实施，既是有机稻米的质量保障，也是有机认证检查的重要基础。因此，无论何种类型的生产者，在有机稻米推行标准化生产和全程受控上要抓住 3 个关键控制点，即：一是按照国家标准《有机产品》建立健全并切实实施上述三大体系要求，在年复一年中不断完善；二是切实从人力、技术、财力等方面按标准要求加强对各种农业投入品使用的严格管制；三是切实搞好依据标准和规程要求的记录及档案，以诚信生产为根本，确保过程可追踪，记录可溯源，并经得起市场的认证与监督检查，确保有机稻米的社会公信力。

6. 统筹规划，政府鼓励原则

有机稻米的生产起步阶段，非常需要产地所在政府的统筹规划、协调发展，并制订切实可行的措施和办法，给予引导及鼓励。现行许多成功的范例也充分说明，政府的统筹规划、协调引导主要体现于信息服务和政策鼓励两个方面。在信息服务上，主要是向生产者及时提供生产技术信息、市场行情信息、自然灾害气象信息及主要病虫草害预测预报等，帮助生产者有计划地安排农事操作方案，提前制订相关的应对措施，指导其稳产稳收。在政策鼓励上，主要是保障收购资金的调剂、产品市场的促销及认证实施的奖励等，帮助生产者有目标地维持生产、发展生产，指导并促进农民增收、企业增效、地方增税。在条件成熟时，从中央到产区的各级政府要列财政专项，并适时推行有机农产品生产基地认定和有机农业的生产补贴政策。

四、培育有机稻米多元化市场体系

借鉴当前国际上生产及销售有机农产品的基本做法，对我国尚未完全启动的有机食品和有机稻米市场体系建设筹划十分重要。就生产发展趋势而言，积极培育有机稻米的多元化市场体系显得很有必要，它对于拉动生产与发展具有举足轻重的作用。

1. 积极建设国内有机稻米市场营销网络

随着我国有机水稻生产发展的逐步推进，没有完善配套的市场营销网络和手段，将会对稻农与企业的生产积极性产生制约作用，对消费者的选购也会形成盲点。因此，坚持在做好有机稻米外贸营销的同时，积极建设国内的市场营销网络显得势在必行。结合我国的国情及居民选购食品的习惯方式，参考国际通行的营销手段，建设有机稻米的国内营销网络可以考虑采用 3 种模式，即现货直销模式、网上订购模式、期货交易模式。

2. 着力开拓有机米制食品市场领域

我国不仅是稻米的生产与消费大国，也是米制食品生产的王国。历来米制食品的种类繁多，生产工艺既有传统的，又有现代科技水平的。千百年来，其深受广大百姓的喜爱，每年用于米制食品生产的稻米需数十亿千克。米制食品对于丰富人们的食物结构，拓宽食用稻米的领域，改善居民的营养需求起到了功不可没的作用。

由于我国有机稻米的生产处于起步阶段，仅供人们直接食用的数量还十分有限，所以，可供有机米制食品的原料仍是寥寥无几。为此，当前有机米制食品的生产开发几乎没有启动。但随着有机稻米生产的发展，尚处有机米制食品生产开发处女地的这块市场领域将会在觉醒中发展，在发展中壮大，以不断满足日益昌盛的市场需求，并反过来又会以强势促进有机稻米生产的更大发展。

鉴于我国米制食品国内市场的需求现状和瞄准国际市场对高端产品的需求趋势，有机米制食品生产开发既要立足于传统现状，又要致力于开拓创新。其生产加工开发的领域可涵盖以下方面。

一是传统米制品。其主要范围有米线（米粉干）、年糕、粽子、汤圆（元宵）、米糕等。

二是方便米制食品。其主要范围有方便米饭（快速冲泡米饭、罐头米饭、速冻米饭等）、方便米粥、方便米粉等。

三是发酵米制食品。其主要范围有米酒（糯米酒）、黄酒、白酒、红曲、合成啤酒（全部有机原料）等。

四是膨化米制食品。其主要范围有膨化米雪饼、膨化米条（米片）、膨化米粉等。

五是老幼特殊营养米制食品。其主要范围有功能性米粉（降血糖、降血压等）米糠蛋白饮料、米糠纤维饮料、发芽糙米饮料、大米乳酸饮料、营养米奶、营养米粥、营养米粉等。

六是米制调味品。其主要范围有米醋、米果酱（全部有机原料）、米糠油、味精等。

3. 关注有机水稻种子与稻米副产品的市场研发

按照有机食品认证的国际惯例并日趋规范的我国开展认证的要求，有机稻米生产者除初次转换或初次认证等特殊情况外，如需获持续认证，必须使用非经基因工程的有机水稻种子，这对有机水稻种子开发带来了需求空间。而有机稻米经加工处理后剩余的稻草、谷壳、米糠、碎米等副产品资源量也将会很大，这些都将是今后有待研究开发的潜在市场领域。

参考文献

[1] 蔡洪法. 中国稻米品质区划及优质栽培［M］. 北京：中国农业出版社，2002.

[2] 金连登，朱智伟. 中国有机稻米生产加工与认证管理技术指南［M］. 北京：中国农业科学技术出版社，2004.

[3] 张文，罗斌. 绿色食品基础培训教程——种植业［M］. 北京：化学工业出版社，2004.

[4] 武兆瑞. 全面加强无公害农产品认证步伐——访农业部农产品质量安全中心主任马爱国［J］. 农业质量标准，2004，(2)：4－7.

[5] 张勇. 农产品质量安全与认证［M］. 沈阳：辽宁科学技术出版社，2004.

[6] 宗会来，金发忠. 国外农产品质量安全管理体系［M］. 北京：中国农业科学技术出版社，2003.

我国"三品"大米生产与认证的法规及技术标准要素研究[*]

金连登　朱智伟　许立

中国水稻研究所　农业部稻米及制品质量监督检验测试中心

（浙江　杭州　310006）

摘　要：本文以国家现行的相关法规和技术标准为基础，结合对现行水稻生产结构调整的实际，开展了对有机、绿色、无公害食品大米在生产与认证方面的重点要素研究，就当前各级政府和稻米产业及百姓普遍关注的"三品"大米的基本概念进行了描述，提示了今后生产发展中需注重把握的技术关键点问题。

关键词：大米生产发展；质量安全认证；技术标准要素

"民以食为天、食以安为先"。水稻是我国第一大粮食作物，大米是我国 65% 左右人口的主食。随着当今时代的进步和人们生活质量的提高，对食用大米的质量安全更为关注，"有机、绿色、无公害食品大米"（简称"三品"大米）作为质量安全型的食用大米必将不断受到老百姓欢迎并成为今后首选的目标。为此，水稻生产方式的转型、大米加工质量安全控制技术以及产品市场准入的认证要求等也必将成为生产者、企业家和消费者关心的问题。对我国现行"三品"大米生产与认证的法规及技术标准要素进行必要的研究并引导贯彻实施显得尤为重要。

一、涵盖"三品"大米生产与认证的现行法规及技术标准体系建设现状

（一）法规及部门规章建设已显推进势态

随着我国对农产品及食品质量安全的高度关注日趋明显，国家对此的立法工作也不断加强。国务院已于 2003 年 9 月发布了《中华人民共和国认证认可条例》，明确规定了我国产品、服务和管理体系认证的规范性要求；同时，对认证机构、检查机构、实验室以及从事评审、审核等认证活动人员的能力和执业资格，予以承认的合格评定活动也作出了认可的规范性要求。为了更好地推动面向我国人民群众保障基本消费食用安全的无公害农产品产业发展，农业部和国家质检总局于 2002 年以第 12 号令发布了部门规章《无公害农产品管理办法》。继而农业部和国家认证认可监督管理委员会（以下简称认监委）又于 2002年、2003 年分别以 231 号、264 号公告发布了《无公害农产品标志管理办法》《无公害农产品产地认证程序》《无公害农产品认证程序》等，对无公害农产品的生产与认证从启动之初就作出了规范性的要求。2005 年，社会企盼已久的《中华人民共和国农产品质量安全法》已进入全国人大常委会审议。

---

* 本文原发表于《中国稻米》，2006 年第 2 期，1－6 页

近几年来，国家相关部门为了有力贯彻国务院对加强农产品与食品生产的质量安全工作方针及部署，也相继出台了相关的"实施意见"，以推动发展。国家认监委、国家质检总局会同农业部等九部委于 2003 年联合印发了《关于建立农产品认证认可工作体系的实施意见》；国家商务部等十一部委于 2004 年联合印发了《关于积极推进有机食品产业发展的若干意见》；农业部作为主抓"三农"的职能部门，除了在 2002 年印发了《全面推进'无公害食品行动计划'的实施意见》外，还于 2002 年印发了《关于加快绿色食品发展的意见》和 2005 年印发了《关于发展无公害农产品绿色食品有机农产品的意见》等。国家质检总局也于 2005 年印发了《有机产品认证管理办法》。

（二）生产与认证的技术标准体系建设已日趋完善

从我国近几年来加强农业标准化工作力度看，强化农产品质量安全体系建设已涵盖了农产品质量标准、农产品检验检测、农产品认证和农业技术服务及农产品市场体系的诸多领域。其中有机、绿色、无公害食品大米的标准体系建设也得到了长足的推进，为生产的标准化和规范化带来了有利条件。

现时，有机食品大米执行的标准主要是国家标准 GB/T 19630.1～4—2005《有机产品》，以及相关的环境质量和大米产品质量卫生等国家标准。绿色食品大米执行的标准主要有 NY/T 419—2000《绿色食品大米》及《绿色食品农药使用准则》等 6 个相关的农业行业标准。无公害食品大米执行的标准主要有 NY 5115—2002《无公害食品大米》等 4 个相关的农业行业标准。为此，"三品"大米生产与认证的技术标准体系已具备了较好的工作基础。

（三）认证体系架构已基本形成

我国农产品的认证体系应涵盖有机、绿色、无公害三大产品范围。我国最早启动农产品认证的机构是 1990 年成立的中国绿色食品发展中心。现不仅内设机构齐全，而且在每个省份都设立了绿色食品办公室（中心）。至 2006 年 6 月，认证的产品总量已达 7 219 个。其也是目前我国拥有绿色食品证明商标权的唯一认证机构。成立于 2002 年农业部农产品质量安全中心是目前我国依据《无公害农产品管理办法》从事无公害农产品认证的唯一性认证机构。其开展工作以来，至 2006 年 6 月，认证的产品总量已达 16 679 个，而且在每个省份也相继设立了承办机构，从事产地认定及产品认证的受理等工作。我国有机食品的认证实施与国际接轨的市场化运行机制，在《中华人民共和国认证认可条例》的规范下，农业部系统、国家环保总局系统、国家质检总局系统以及相关高等院校、科研机构相继建立了有机食品的认证机构，至今一部分认证机构已得到了国家认监委（CNCA）的登记批准。现这些认证机构认证的有机食品（产品）已有近 1 800 个，其中农业部系统的"中绿华夏有机食品认证中心"已占 40% 左右。为此，至今我国从事农产品认证的体系架构已基本形成，并将有序地步入不断完善和规范化阶段。

（四）与法规及技术标准体系实施相关的检测体系建设已日渐完备

我国农产品的质量安全水平提高离不开检测体系的技术支撑，有机、绿色、无公害农产品的生产与认证更需要检测体系的参与。依据我国现行的相关法规及技术标准的规定，现有的农产品检测体系中部分检测机构已获得了相应认证机构的委托授权，或取得了国家认监委的登记备案，开展了农产品认证的环境及产品的检测或监督抽检工作。其中，可从事无公害农产品类的已授权有 270 家；可从事绿色食品类的授权有 90 家；可从事有机农产品（食品）类的正在办理登记及授权中（国家认监委于 2005 年年底在其网站公告）。

二、从标准化角度明确"三品"大米的基本概念及相互关系

（一）有机食品大米

有机食品大米指来自有机农业生产体系，按照有可持续发展原则和有机农业或有机食品相关标准要求进行生产、加工，生产过程中不使用化学合成的农药、肥料、生长调节剂、食品添加剂等物质，不采用基因工程获得的产物，产品质量卫生等符合国家有关质量标准要求，并经国家专管机构依法批准的独立认证机构认证的、许可使用有机食品统一标志的食用大米（包括稻谷和成品米）。

（二）绿色食品大米

绿色食品大米指遵守可持续发展原则，按照特定生产方式生产，经专门机构认定，许可使用绿色食品标志，无污染的安全、优质、营养类食用大米。绿色食品大米分为 A 级和 AA 级两种。

A 级绿色食品大米：指产地环境质量符合 NY/T 391—2000 农业行业标准的要求，生产过程中严格按照绿色食品生产资料使用准则和生产操作规程要求，允许限量使用限定的化学合成生产资料，产品质量符合绿色食品专项标准，经专门机构认证，许可使用 A 级绿色食品标志的食用大米。

AA 级绿色食品大米：指产地环境质量符合 NY/T 391—2000 农业行业标准要求，生产过程中不使用化学合成的肥料、农药、食品添加剂和其他有害于环境和身体健康的物质，按有机生产方式生产，产品质量符合绿色食品专项标准，经专门机构认证，许可使用 AA 级绿色食品标志的食用大米。

（三）无公害食品大米

无公害食品大米指产地环境、生产过程中除生物性农用资料外，允许定性定量使用化学合成生产资料，产品加工及质量卫生等符合相关国家标准或行业标准、技术规范的要求，经专门机构认证，获得产地认定证书和产品认证证书并允许使用无公害农产品标志的食用大米。

（四）"三品"大米的联系与区别

根据现有质量安全型"三品"大米的种类，它们之间相互关系的核心表现是既有联系又有区别。

第一，"三品"大米均属《中华人民共和国认证认可条例》的调整范围，其中无公害食品大米可理解为具有市场准入的政府推行认证的性质；绿色、有机食品大米具有自愿认证的性质。

第二，"三品"大米的认证及市场准入必须首先取得质量安全 QS 标志的审定认可资

格。否则，即使获得了认证机构的认证，也缺乏产品市场准入的必备基础。

第三，"三品"大米的认证除依据《中华人民共和国认证认可条例》的规定外，还应遵循相关的国家标准或行业标准规定，三者之间的区别主要是与标准规定的相关差别，如生产过程控制方式、产品质量指标要求、化学合成农业投入品的使用限定等。

第四，从申请认证的角度讲，"三品"大米三者之间既可以单独认证，也可以从无公害到有机食品递进式认证。

三、需掌握的"三品"大米生产与认证的法规及标准要素

"三品"大米是不同种类的质量安全食用大米，其在生产技术、质量控制、市场准入认证的法规及标准要素上有着不同的规范，主要体现于五大方面。

（一）产地条件及环境要求

"三品"大米的产地环境都有相关的标准和要求，它们须共同遵守 GB 15618《土壤环境质量标准》、GB 5084《农田灌溉水质标准》、GB 3095《环境空气质量标准》，但具体指标略有差异。绿色、无公害大米产地环境必须经相关机构的检测和认定，有机食品大米产地环境的检测由认证机构依据国家相关标准来确定。

"三品"大米除产地环境外，在产地建设上也有较多的技术要求并形成各自的不同点。有机大米与绿色食品 AA 级大米产地选择的田块必须集中连片，其内不能夹杂非有机田块，而绿色食品 A 级大米、无公害大米的产地要求没有那么严格；有机大米与绿色食品 AA 级大米生产基地与常规农业区之间必须有一定距离的隔离带或缓冲区，而绿色食品 A 级大米、无公害大米的产地没有作此明确的要求；有机大米与绿色食品 AA 级大米产地要求排灌设施及条件尽可能做到分离，而绿色食品 A 级大米、无公害大米的产地尚没有这样严格要求。"三品"大米生产产地及环境技术要求，见表1。

表1 "三品"大米的产地及环境要求简表

项 目		有机食品大米	绿色食品大米	无公害食品大米
环境要求	土 壤	符合 GB 15618 标准要求	符合 NY/T 391—2000 4.5 的要求	符合 NY 5116—2002 3.4 的要求
	大 气	符合 GB 3095 标准要求	符合 NY/T 391—2000 4.1 的要求	符合 NY 5116—2002 3.2 的要求
	灌溉水	符合 GB 5084 或 GB 3838 标准要求	符合 NY/T 391—2000 4.2 的要求	符合 NY 5116—2002 3.3 的要求
产地要求	田块要求	集中连片，其内不能穿插非有机田块	相对集中	相对集中
	缓冲区要求	周边设隔离带或缓冲区	绿色与非绿色地块有明确区分（AA 级类同有机要求）	暂无明确的要求
	灌溉设施要求	有独立的排灌系统，灌排分离（或有措施保证灌溉水不受污染）	一般要求（AA 级类同有机要求）	一般要求

（二）基地生产过程控制技术要求

"三品"大米的基地生产过程控制技术要求主要体现于 4 项内容上（表 2）。

一是水稻种子选择上。有机大米（含绿色 AA 级）要求选用有机水稻种子，并是非转基因的水稻品种。而绿色食品 A 级、无公害食品大米没有作明确的要求。

二是生产资料投入上。有机大米和 AA 级绿色食品大米禁止使用化学合成的农药、肥料、生长调节剂及城市污水污泥等物质；A 级绿色食品大米允许限量使用限定的农药、肥料及生长调节剂等人工合成物质；无公害食品大米则允许使用限定的农药、化肥、生长调节剂等人工合成物质。

三是农事及生产资料投入记录要求上。有机大米与绿色食品 AA 级，十分强调有完整详细生产全过程的记录，而绿色食品 A 级大米、无公害食品大米则没有像有机大米那样有明确要求。

四是转换期要求上。有机大米要求转换期为一般不少于 24 个月，而绿色食品 A 级大米、无公害食品大米则没有此类要求。

表 2　基地生产过程控制技术要求简表

项目	有机食品大米	绿色食品大米		无公害食品大米
		A 级	AA 级	
种子选择要求	有机种子、非转基因	不提倡用转基因	非转基因	未作特定要求
内容　生产资料投入要求	禁止使用人工合成杀虫剂、杀菌剂、生长调节剂等	允许限量使用限定的农药、化肥、生长调节剂等人工合成物质	与有机要求一致	允许使用限定的农药、化肥、生长调节剂等人工合成物质
转换期要求	一般为 24 个月	没有此要求	以 A 级为基础	没有此要求
农事及生产资料投入记录要求	要求完整详细系统并可溯源	有详细记录要求	与有机要求一致	有生产质量控制措施要求

（三）工厂加工过程控制技术要求

"三品"大米的工厂加工过程控制技术要求应注重 6 个方面（表 3）。

一是厂区环境。有机大米与绿色食品 AA 级大米加工厂区要求远离重工业区、居民区、污染源，以洁净为主，对环境要求较高，并在厂内要处理好"三废"。而绿色食品 A 级大米、无公害食品大米加工厂区环境要求相对宽松。

二是卫生要求。有机大米与绿色 AA 级大米加工厂内要求设置洗手、消毒、更衣室、淋浴室、厕所等卫生设备；还应制定各项卫生管理制度，定期进行从业人员的健康检查。绿色食品 A 级大米、无公害食品大米加工厂区卫生只作一般要求，但对从业人员的健康卫生要求比较讲究。

三是设备要求。有机大米与绿色食品 AA 级大米加工设备要求在加工时期内专用，并禁止平行加工存在。如果不得不与常规大米加工共用设备，则应在有机大米加工前对设备进行彻底清理，并用一定数量有机稻谷原料在设备中进行"冲顶"加工，将加工出来的这部分产品作为常规或转换期产品处理。此后再清理设备，才能正式开始有机大米产品的加工。绿色食品 A 级大米、无公害食品大米对加工设备没有专项要求，清理设备也没有作特别规定。

四是工艺要求。有机大米和绿色食品 AA 级大米加工要求工艺能确保产品质量，并不破坏大米的主要营养成分和质量安全指标。而绿色食品 A 级大米、无公害食品大米对加工工艺的要求只是保证产品质量并卫生为主。

五是添加剂和加工助剂使用要求。有机大米与绿色食品 AA 级大米加工过程中禁止使用人工合成的色素、香料和添加剂等；禁止使用矿物质（包括微量元素）、维生素和其他从动植物中分离的纯物质；禁止使用来自基因工程的配料、添加剂和加工助剂；禁止采用离子辐射技术处理等。绿色食品 A 级大米对添加剂和加工助剂使用的要求需符合《生产绿色绿色食品的食品添加剂使用准则》，无公害食品大米则还没有作此类具体要求。

六是加工过程记录要求。有机大米加工过程要求有完整详细的记录，并作为可追踪的重要要求；而绿色食品 A 级大米、无公害食品大米对加工过程部分记录要求则没有有机大米的相对系统性。

表3　工厂加工过程控制技术要求简表

项　目		有机食品大米	绿色食品大米		无公害食品大米
			A 级	AA 级	
内容	工厂环境要求	远离污染源，处理好"三废"，环境洁净等	符合产品质量卫生控制要求	类同有机要求	符合 NY/T 5190—2002 中 3.2.1 要求
	卫生要求	卫生设施齐全，卫生制度健全，员工健康等	符合产品质量卫生控制要求	类同有机要求	有生产车间、员工健康卫生要求
	设备要求	专用或采取特殊的清洁措施等	符合产品质量卫生控制要求	类同有机要求	有通用的生产设备要求
	工艺要求	确保产品质量，不破坏主要营养成分等	适合保持产品质量卫生的要求	类同有机要求	有通用的工艺要求
	添加剂和加工助剂使用要求	禁止使用人工合成的色素、香料、添加剂、矿物质（包括微量元素）、维生素等	符合添加剂使用准则等	类同有机要求	符合国家相关标准
	加工过程控制记录	完整详细并有系统性	有规定范围记录要求	类同有机要求	有加工质量管理档案记录要求

（四）产品质量安全达标要求

"三品"大米产品的常规质量都必须符合 GB 1354—1986《大米》、GB 1350—1999《稻谷》的基本要求，但在质量安全指标上则有明显不同。绿色食品大米要求 15 种农药、5 种重金属和黄曲霉毒素 B_1 共 21 种有毒有害物质必须达到 NY/T 419—2000《绿色食品　大米》标准要求；无公害食品大米要求 6 种农药、4 种重金属和磷化物、亚硝酸盐、黄曲霉毒素 B_1 共 13 种有毒有害物质必须达到 NY 5115—2002《无公害食品　大米》标准要求。并且同一指标，绿色食品大米标准规定要高于无公害食品大米标准。有机食品大米虽没有国家和行业的专项产品质量标准，国际上也没有明确具体的检验项目和指标，但有机大米生产重在过程控制，需建立三大体系进行全程质量监控和追踪；不得使用人工合成的化学肥料、农药等人工合成物质是国际通行的准则，其也直接地明确了所有化学合成的杀虫剂、杀菌剂、除草剂、植物生长调节剂、禁用添加剂等不应检出。按新颁布实施的国家标准《有机产品》要求，有机食品大米的安全卫生质量均不得超过相应国家标准的限量规定，但考虑到我国的国情及有机产品生产处在起步阶段的现实，国家标准 GB/T 19630.1～4—2005《有机产品》4.2.5 中规定：有机产品的农药残留不能超过国家食品卫生标准相应产品限值的 5%，重金属含量不能超过国家食品卫生标准相应产品的限值，具体详见表 4。

表 4　我国涉及"三品"大米质量安全及卫生的现行标准中主要指标及限值要求汇总表

（单位：毫克/千克）

项　目	有机食品大米（国家标准）	绿色食品大米（行业标准）	无公害食品大米（行业标准）	项　目	有机食品大米（国家标准）	绿色食品大米（行业标准）	无公害食品大米（行业标准）
汞	0.02	0.01	0.02	铅	0.2	0.2	0.2
无机砷	0.15	0.4	0.5	镉	0.2	0.1	0.2
铬	1.0			硒	0.3		
锌	50			稀土	2.0		
氟	1.0	1.0		铜	10		
亚硝酸盐	3		3	黄曲霉毒素 B_1	5.0	5.0	0.01
溴甲烷	5			霉变粒（%）	2.0		
苯并（a）芘	0.005			麦角（%）	不得检出		
乙酰甲胺磷	0.2			二硫化碳	10	不得检出	
敌菌灵	0.2			磷化物	0.05	不得检出	0.05
灭草松	0.1			克百威	0.2		0.5
六六六	0.05	0.05		杀螟丹	0.1		
噻嗪酮	0.3		0.3	稻丰散	0.05		
百菌清	0.2			多菌灵	2		
滴滴涕	0.05	0.05		毒死蜱	0.1		0.1
敌敌畏	0.1	0.05		溴氰菊酯	0.5		
杀虫双	0.2	0.1	0.2	丁硫克百威	0.5		
二嗪磷	0.1			乐果	0.05	0.02	
乙硫磷	0.2			敌瘟磷	0.1		
倍硫磷	0.05	不得检出		杀螟硫磷	5.0	1.0	
溴甲烷	5			水胺硫磷	0.02		

（续表）

项　目	有机食品大米（国家标准）	绿色食品大米（行业标准）	无公害食品大米（行业标准）	项　目	有机食品大米（国家标准）	绿色食品大米（行业标准）	无公害食品大米（行业标准）
多效唑	0.5			马拉硫磷	0.1	1.5	
对硫磷	0.1	不得检出		甲胺磷	0.1		0.1
二氯苯醚菊酯（氯菊酯）	2.0			久效磷	0.02		
甲拌磷		不得检出		甲基对硫磷	0.1		
磷胺	0.1			甲萘威	5.0		
三唑酮	0.5			亚胺硫磷	0.5		
敌百虫	0.1			辛硫磷	0.05		
氯化苦	2.0	不得检出		甲基嘧啶磷	5		
氰化物	5.0	不得检出		喹硫磷	0.2		
狄氏剂	0.02			杀虫环	0.2		
甲基毒死蜱	5.0			三环唑	2.0	1.0	2.0
涕灭威	0.02			艾氏剂	0.02		
丙硫克百威	0.2			七氯	0.02		
敌稗	2			磷化铝	0.05		
绿氟吡氧乙酸	0.2			苄嘧磺隆	0.05		
烯唑醇	0.05			丁草胺	0.5		
仲丁威	0.5			丙草胺	0.1		
草甘磷	0.1			二嗪磷	0.1		
磷胺	0.1			四氯苯酞	0.5		
稻瘟灵	1			甲基异柳磷	0.02		
氯菊酯	2			异丙威	0.2		
恶草酮	0.02			丙草胺	0.1		
咪鲜胺	0.5			禾草敌	0.1		
嘧啶氧磷	0.1			三唑磷	0.1		

注：①表中有机（国标）内容摘自 2005 年 1 月 25 日发布的 GB 2763—2005《食品中农药最大残留限量》和 GB 2715—2005《粮食卫生标准》，这两个标准 2005 年 10 月 1 日实施，过渡期为 1 年，2005 年 10 月 1 日前生产并符合相应原标准的稻米，允许销售至 2006 年 9 月 30 日；②GB/T 19630—2005《有机产品》标准"第 1 部分：生产"中"4.2.5　污染控制"规定：有机产品的农药残留不能超过国家食品卫生标准相应产品限值的 5%，重金属含量也不能超过国家食品卫生标准相应产品的限值；③NY 5515—2002《无公害食品大米》和 NY/T 419—2000《绿色食品大米》标准中均规定：未列项目及新增禁用、限用农药，按国家相关规定执行

（五）认证依据及基本要求

1. 认证的主要实施标准

"三品"大米均属我国《认证认可条例》规定的产品认证范畴。其各自在认证的依据上则有所不同，主要体现在执行的认证评价标准和相关的法规与管理规章上（表5）。

有机食品大米认证执行的标准主要是：国家标准 GB/T19630.1～4—2005《有机产

品》、国家质检总局颁布的《有机产品认证管理办法》和中国认证机构国家认可委员会颁布的《有机产品生产和加工认证规范》，以及经国家认监委批准、中国认可委（中国国家认证认可监督管理委员会，全书简称中国认可委）认可的有机食品认证机构制定并报备案的《有机产品认证实施细则》等。

绿色食品大米认证的依据主要有：中国绿色食品发展中心制定的《绿色食品标志管理办法》《绿色食品基地管理暂行规定》等；执行的标准是：《绿色食品大米》《绿色食品农药使用准则》《绿色食品肥料使用准则》等 6 个农业行业标准。

无公害食品大米认证的依据主要有：《无公害农产品管理办法》《无公害农产品标志管理办法》《无公害农产品产地认定程序》《无公害农产品认证程序》等；执行的标准是：《无公害食品大米》《无公害食品水稻产地环境条件》等 4 个系列农业行业标准。

表 5 "三品"大米认证依据汇总对照表

项　目	主要认证依据
有机食品大米	● 中华人民共和国国家标准 GB/T 19630.1～4—2005《有机产品》 ● 国家质检总局《有机产品认证管理办法》（2005） ● 中国认证机构国家认可委员会（CNAB）《有机产品生产和加工认证规范》（2003） ● 参考标准——环保行业标准 HJ/T 80—2001《有机食品技术规范》 ● 参考标准——中绿华夏有机食品认证中心《有机食品生产技术准则（试行）》（2003） ● 参考标准——联合国食品法典委员会（CAC）《有机食品生产、加工、标识及销售指南》（2001） ● 参考标准——国际有机农业运动委员会（IFOAM）《有机生产和加工基本规范》 ● 参考标准——欧盟（EEC NO.2092/91）《有机农业生产规定》 ● 参考标准——浙江省地方标准 DB33/T 366.1～5—2002《有机稻米》及其他相关的有机食品认证专项规定及地方标准等
绿色食品大米	● 中国绿色食品发展中心《绿色食品标志管理办法》（1993） ● 中国绿色食品发展中心《绿色食品基地管理暂行规定》（1994） ● 农业行业标准 NY/T 391—2000《绿色食品—产地环境技术条件》 ● 农业行业标准 NY/T 392—2000《绿色食品—食品添加剂使用准则》 ● 农业行业标准 NY/T 393—2000《绿色食品—农药使用准则》 ● 农业行业标准 NY/T 394—2000《绿色食品—肥料使用准则》 ● 农业行业标准 NY/T 419—2000《绿色食品—大米》 ● 农业行业标准 NY/T 658—2002《绿色食品—包装通用准则》
无公害食品大米	● 农业部、国家质检总局第 12 号令（2002）《无公害农产品管理办法》 ● 农业部、国家认监委第 231 号公告（2002）无公害农产品标志管理办法》 ● 农业部、国家认监委第 264 号公告（2003）《无公害农产品产地认定程序》和《无公害农产品认证程序》 ● 农业行业标准 NY 5115—2002《无公害食品大米》 ● 农业行业标准 NY 5116—2002《无公害食品水稻产地环境条件》 ● 农业行业标准 NY/T 5117—2002《无公害食品水稻生产技术规程》 ● 农业行业标准 NY/T 5190—2002《无公害食品稻米加工技术规范》

2. 对认证机构的规范性要求

我国当前有机食品认证机构的资质实施的是市场许可制。其必须是国家认监委（CNCA）依法批准并经中国认证机构国家认可委员会（CNAB）认可授权的法人主体。目前，在我国可从事有机食品（包括大米）认证的机构已有农业系统的、国家环保系统的、国家质检系统的以及相关高校科研机构的 20 多家。其中农业部所属的中绿华夏有机食品认证中心是国家认监委依法批准的国内第一家有机产品认证机构。

绿色食品认证机构的资质实施的是依法批准并标志注册专用制。目前，中国绿色食品发展中心是经中央机构编制委员会办公室批设、国家认监委依法批准并从事我国绿色食品认证工作的专业性法人主体。其在各省设立了绿色食品委托监督的机构（绿色食品办公室），办理绿色食品认证的受理工作。

无公害食品（农产品）认证机构的资质实施的是依法批准并标志专管专用制。目前，农业部农产品质量安全中心是经国家编委批设，农业部、国家质检总局及国家认监委共同颁布相关管理办法和认证程序的国内唯一可从事无公害食品（农产品）认证的法人机构。其下设了种植业、畜牧业、渔业产品的三个分中心，分别归口受理无公害食品（农产品）的认证申报工作。其在各省均设立了省级承办机构。

3. 对认证工作实施的规范性要求

"三品"大米认证工作实施的规范性要求主要表现于 3 个方面：①认证的程序；②认证的重点要素；③认证的重要规范。具体可见表 6 至表 8。

表6　"三品"大米认证的程序要求汇总简表

项　目	有机食品大米	绿色食品大米	无公害食品大米
内容	①申请人申报（共若干类材料） ②受理机构初审 ③双方签订《认证检查合同书》 ④认证检查员进行实地检查并视情抽样 ⑤对环境或产品可进行指定委托检测 ⑥检查员编制检查报告 ⑦综合评估并审议检查员报告 ⑧颁证委员会作出是否颁证决定 ⑨合格者颁发证书 ⑩报国家主管部门备案并公告	①申请人申报（共 15 类材料） ②受理机构初审（省级）并实地考察及检查 ③受理机构抽样委托检测 ④审核及终审认定 ⑤合格者签订《绿色食品标志使用协议书》、对产品包装审核许可 ⑥颁发绿色食品标志使用证书 ⑦认证机构统一公告	①申请人申报（产地申请材料 8 类、产品申请材料 13 类） ②受理机构审查 ③进行现场检查 ④委托抽样检测 ⑤全面评审结论 ⑥合格者颁发证书 ⑦全国统一公告

表7　"三品"大米认证的重点要素汇总简表

项　目	有机食品大米	绿色食品大米	无公害食品大米
内容	①产地规模（相对集中连片） ②产地环境检测合格 ③检验报告有效 ④检验机构具有法定资质并被认证机构认可及由国家认监委公布名录 ⑤产地周边有缓冲隔离带 ⑥产区周边设置天敌栖息地 ⑦生产过程控制措施及全程质量管理记录档案具备完整性 ⑧加工过程控制措施及全程质量管理记录档案具备严密性 ⑨仓贮及运输、销售环节的全程质量管理可溯源性 ⑩产品质量符合国家相关标准	①产地需有一定规模 ②产地环境、产品质量检测合格 ③检验报告有效 ④检验机构具有法定资质并被认证机构认可 ⑤生产过程控制措施有效 ⑥质量管理文本全面	①产地环境、产品质量检测合格 ②检验报告有效 ③检验机构具有法定资质并被依法指定 ④具有省级产地认定证书 ⑤生产过程控制措施及记录档案完整 ⑥技术队伍素质及资质达到相关要求

表8　"三品"大米认证的重要规范汇总简表

项　目	有机食品大米	绿色食品大米	无公害食品大米
内　容	①实施转换期（过渡期）规则 ②有措施防止有机方式与常规方式的平行生产（含加工）存在 ③相关农用物质、加工助剂等使用实行许可和限制办法 ④提倡选用生物的、物理的等方式防治病虫草害 ⑤实施生产基地与产品认证分步或同步的"双轨制" ⑥实行有机食品认证标志使用一年一认证的规则 ⑦实行认证检查工作的双方协议制 ⑧实行认证检查员的资格制和经济利益关系的回避制 ⑨认证检查的侧重点为全程质量控制的结果与效果 ⑩认证标志使用收费为协商制	①实施生产基地与产品（初级产品和加工产品）同步认定方法 ②申请认证主体一般为企业法人（大米加工者） ③实行绿色食品标志（质量证明商标）使用的认定 ④实施使用农药和肥料等生产资料的推荐制和准用制 ⑤推行 A 级和 AA 级认定的分级制 ⑥标志的使用期为 3 年，期间实行年检制 ⑦认定步骤为先检查后抽样监测再审定 ⑧标志使用为协议管理、有偿使用（收费标准经物价部门核准）	①实施产地与产品的分段并联带认定或认证 ②申请认证的主体（法人或自然人）需具有产业化关联性 ③检测费用由申请人承担 ④认证费用由政府承担 ⑤认证证书有效期为 3 年，期间实行不定期跟踪检查或年审 ⑥标志使用为防伪标识加贴

四、结语

根据我国推行"三品"大米由"政府引导、企业实施、市场运作"的总策略，对其的生产发展应坚持"顺应国情、依据标准、市场导向、循序渐进"的总思路，在相关区域的具体实施中，应把握生产发展原则，即因地制宜、以销定产、农技保障、产业化联动、全程受控、政府鼓励六大原则。同时，还应注重抓好生产与认证的 5 个关键点，即产地环境达标、确保生产标准化、注重适度规模、重视技术队伍建设和完善运行机制。随着水稻种植结构和市场消费结构调整步伐的加快，要在我国现行的法规及技术标准指引下，全面有序地推进"三品"大米的更大发展，以不断满足日益增长的市场消费选择性需求，促进农业增效、农民增收具有更强的可持续性。

参考文献

[1] 钱永忠，王敏，吴建坤. 试论我国农产品质量安全水平提高的制约因素及对策 [J]. 农业质量标准，2004（2）：38 - 41.

[2] 张勇. 农产品质量安全与认证 [M]. 沈阳：辽宁科学技术出版社，2004.

[3] 金连登，朱智伟. 中国有机稻米生产加工与认证管理技术指南 [M]. 北京：中国农业科学技术出版社，2004.

[4] 励建荣，张立钦，等. 绿色食品概论 [M]. 北京：中国农业科学技术出版社，2002.

[5] 金连登，朱智伟，等．我国现行稻米质量安全认证的基本要求及发展研究 [J] ．农业质量标准．2004（2）：28－30.

[6] 武兆瑞．全面加强无公害农产品认证步伐——访农业部农产品质量安全中心主任马爱国 [J] ．农业质量标准，2004（2）：4－7.

我国有机稻米生产发展的有利条件、不利因素及对策研究[*]

金连登

中国水稻研究所

（浙江　杭州　310006）

摘　要： 本文以我国有机稻米的生产发展现状为研究内容，以实施国家《有机产品》标准为载体，分析了有机稻米生产发展的六大有利条件，阐评了存在的 5 个不利因素，提出了促进发展的 6 项对策。

关键词： 有机稻米，生产发展，对策

随着我国农产品质量安全工作的加强，农产品品牌建设的推行，在水稻生产结构调整中，有机稻米的生产发展正处在一个趋旺的阶段。据不完全调研及统计，至"十五"末，我国有机水稻的生产面积已达到 50 万亩左右，产稻谷在 20 万 ~22 万吨，精制有机大米在 13 万吨左右，其中东北三省占到 60% ~70%，仅黑龙江农垦系统就已达 12 万亩左右。进入"十一五"的今年，有机稻米的申报认证又有新的进展，预计至 2006 年年底，全国新增生产面积将在 5 万亩左右。

面对我国当前有机稻米生产发展的良好势态，每个此项从业者均应保持审时度势的心态，有必要冷静分析我国有机稻米生产发展的有利条件，存在的不利因素，认真寻求促进发展的相关对策，以便把握商机，克服生产的盲目性，使我国的有机稻米产业有序发展。

一、我国有机稻米生产发展的有利条件

我国有机稻米生产起步于 20 世纪 90 年代中期，进入 20 世纪后有了较大的发展。主要体现于生产面积增加，生产区域增大（目前已有近 20 个省），生产产量提高（平均亩产从 300 千克提高到近 400 千克）。综观这个生产发展的状态，说明我国有机稻米生产发展具有许多有利条件。归结起来，主要有 6 个方面。

1. 具有良好农业资源和生态区域环境的选择范围大

由农业部种植业管理司和中国水稻研究所编著出版的《中国稻米品质区划及优质栽培》专著，将我国水稻生产划分为四大产区，即：华南食用籼稻区，华中多用籼、粳稻区，西南高原食用、多用籼、粳、糯稻区和北方食用粳稻区。每个产区中又划分为若干个亚区和次亚区。据有关专家按此调研分析，在这些产区中的部分亚区或次亚区中，都具有一定面积规模的比较适宜有机稻米生产的良好生态环境条件，面积大约可占到 300 万公顷。而在这些产区中又均具有水源充沛、水质优越、灌溉便利、土壤条件良好、大气环境清洁等农业资源优势及生态条件，对区域性有机稻米的生产将提供较大的选择。

---

* 本文原刊登在《中国有机食品市场与发展国际研讨会征文选刊》，2006 年 12 月，154 – 159 页

2. 具有无公害、绿色食品稻米生产加工产业化的宏大基础

这个基础主要体现于：第一，数量基础。目前，我国绿色、无公害食品大米的生产发展势态良好。据相关统计显示，截至 2005 年年底，经过依法认证的绿色食品大米品牌有 600 余个，年总产量达 278 万吨，涉及生产面积有 40 多万公顷；无公害食品大米品牌有 400 多个，年总产量在 300 万吨左右，涵盖生产面积约 50 万公顷。这些将作为有机稻米的重要生产基础，并有力提升和带动其发展。第二，质量控制基础。无公害、绿色食品稻米生产同样讲求全程质量管理，讲求认证程序，为发展有机食品稻米并建立健全更加严密的质量控制和追踪体系打下了良好基础。第三，生产营销的模式基础，无公害、绿色食品稻米的生产模式以公司加基地加农户为主，营销模式以企业直销加代理助销为主。这为有机稻米的生产营销模式提供了可借鉴的产业化发展基础。

3. 具有以传统技术与现代技术相结合的现代科技支撑

近些年来，水稻产区广大的稻农及相关农业科技工作者，在充分认识有机稻米质量安全过程控制技术要求的基础上，在生产实践和科技攻关中，总结了传统农业生产方式的技术精华，积累并创新了许多有利于有机稻米生产的新型配套技术。一是对产地生态环境持续保持的技术方式主要有：对水、土、气环境污染源的普查及控制措施；对水体保护和水资源的综合利用技术措施；对稻田的节水技术；对土壤农药残留、重金属残留等的降解修复技术；对产地大气质量的跟踪监测措施等。二是对病虫草害持续控制的技术方式主要有：新型的生物农药推广与应用；种养结合的"稻鸭共育""稻鱼共养"、"稻田养鹅"等生产技术运用；昆虫性诱器、频振式杀虫灯等的普及与利用；吸引并保护候鸟的憩息措施等。三是对土壤肥力持续支持的技术方式主要有：农家肥的沤制利用；新型生物肥料及商品有机肥的推广与应用；稻草、秸秆还田的普及；有机生产方式下的作物轮作及套作技术的运用，以及农田的有序休耕休种方式等。这些生产的配套技术，不仅为解决当前生产中的相关难题提供因地制宜的方式上选择或储备，而且还可为各地生产者及科技工作者提供技术积累的平台，并以此为基础不断研究和创新技术，为支撑有机稻米的更大发展奠定了相应的技术基础。

4. 具有生产与认证标准的积极引导

我国有机产品的国家标准虽制定较晚，于 2005 年 1 月才正式实施。但从有机稻米的生产与认证的开始之初，无论是生产者、认证机构都以参照相关国际组织（CAC、IFOAM）和相关国家的有机标准为基础，建立了企业的生产标准和认证机构的生产认证技术准则。进入 21 世纪后，我国的有机标准制定工作加快，对全国有机产品和有机稻米的生产与认证起到了规范化的引导作用。如 2003 年 8 月中国认证机构国家认可委员会发布了《有机产品生产和加工认证规范》。2005 年 1 月国家质监总局正式公布实施国家标准 GB/T 19630.1~4《有机产品》。据调查，于 2002 年 8 月颁布实施的浙江省 DB33/T 366.1~5《有机稻米》是我国第一个有机稻米的系列标准。

5. 具有百姓生活质量提高过程中对食用大米新需求的市场拉动

随着我国改革开放程度的推进和全面建设小康社会步伐的加快，在国家综合国力不断增强的同时，百姓的生活水平有了很大的改善，从而人们开始追求生活质量的提高。以大米为主食的人群对其的选择要求已从求"量多价低"变为"质高健康"。部分经济发达的大中城市居民，对无公害、绿色、有机食品专销店（区）非常看重，并成为消费市场的一大亮点。其中，有约 10% 的居民有选购食用有机大米的强烈意向，主要明显的是 5 类人

口，即企业经理阶层、高级知识阶层、中高层公务员、高收入务工阶层、外国驻华机构人士等。随着百姓生活质量和消费观念的不断更新，对食用稻米质量安全选择的日趋理性，在未来的 3~5 年中，预测城市和较大城镇的普通工薪阶层中有 20% 左右也将会选购有机大米。这种百姓的新需求对有机稻米生产发展的拉动作用将是不可估量的。

6. 具有政府重视并政策推动的支持

由于有机农业是重要的生态农业表现形式，符合对农业的可持续发展要求。有机食品是 21 世纪世界追踪的健康安全食品，有利于人类的生命质量、生活质量改善，有利于我国的农业与农村经济结构战略性的合理调整，有利于新农村建设。因此，我国各级政府越来越重视并制定了相应的政策来支持鼓励发展有机农业和有机食品，包括有机稻米。2002年农业部根据党和国家的要求，决定在全国范围内全面推进"无公害食品行动计划"，并在"实施意见"中明确提出了"大力发展品牌农产品。绿色食品、有机食品作为农产品质量认证体系的重要组成部分，要加快认证进程，扩大认证覆盖面，提高市场占有率"。农业部还相继推行了无公害农产品、绿色食品、有机农产品"三位一体、整体推进"的发展战略。继而，2003 年，农业部又会同国家认监委等 9 个部委联合印发了《关于建立农产品认证认可工作体系的实施意见》。2004 年商务部、科技部等 11 个部委局为了加快有机食品产业发展，也联合印发了《关于积极推进有机食品产业发展的若干意见》。其中明确指出"目前，我国有机食品占全部食品的市场份额不到 0.1%，远远低于 2% 的世界水平，为此，要通过 5~10 年努力，力争使我国有机食品产量提高 5~10 倍，优先发展一批与人民群众生活密切相关的有机蔬菜、粮食、畜牧、茶叶等"。2005 年，农业部又以农市发〔2005〕11 号文《关于发展无公害农产品、绿色食品、有机农产品的意见》。2006 年 11 月 1 日《中华人民共和国农产品质量安全法》正式实施，将对我国有机产品及有机稻米的生产发展起到法制保障作用。同时，近些年来，水稻产区的各级政府，也有的放矢地制订了相关的指导政策、扶持措施及奖励办法，有力推动并支持了有机农业和有机稻米的有序发展。

二、我国有机稻米生产发展的不利因素

我国有机稻米的生产发展虽具有许多有利条件，但随着社会的关注度提高，市场准入制加强，政府法制监管力度加大，其的生产发展仍面临着以下的不利因素。

1. 从技术保障角度讲，普遍适用的生产培肥、病虫草害防治有效手段尚未相对固定

按照国际有机农业的普遍原则及我国《有机产品》国家标准要求，有机稻米生产中禁止施用化学合成物质，这就对使用化肥、化学农药常规手段关闭了大门。因此，有机稻米生产中必须施用有机肥用作基肥和追肥。而商品有机肥目前还处在开发阶段，已通过认证的也量少价高，生产者负担过重。用农户自行沤制或堆制农家有机肥，同样还存在的肥源、堆制方法、质量达标等不确定因素。而有机稻米病虫草害防治提倡农业的、生物的、物理的方式，这在小面积状态下尚可行，但在区域性、大规模发生的情况下目前仍缺乏普遍适用的、相对固定的技术手段。如 2005 年和 2006 年南方稻区发生的稻飞虱，北方稻区发生的稻瘟病等。这些都将是有机稻米生产保障上的技术难题。

2. 生产者质量控制、可追踪体系建立并实施的到位程度普遍欠完善

有机农业生产方式注重的是非化学的、质量保证的、可追踪的方式。因此，从事有机产品的生产者，需要建立以诚信为宗旨的全程质量控制体系和可追踪体系。其是以规范的

质量管理、适用的技术保障、完善的过程记录、可靠的依据凭证为主要形式的。这也是国家标准《有机产品》从生产、加工到销售、标识及质量管理所要求的。但从目前我国有机稻米的生产者或组织者实施情况来看，除小部分大型的农业龙头企业外，大部分中小规模的仍然存在着质量管理文件、规章制度及记录文本束之高阁，不是记录不全，就是凭据难找。这种质量控制体系、可追踪体系实施的到位程度普遍欠完善的状况，将会严重影响有机稻米产品的可信度和企业的诚信度。

3. 有机食品稻米质量检测标准空缺，质量评价实施难度大

针对有机稻米生产发展的势态，其有可能成为我国有机产品数量最多的产品之一。至今，我国没有制定和颁布《有机稻米》的国家标准或行业标准是一大遗憾。在我国颁布实施的 GB/T 19630.1《有机产品　第一部分：生产》中的"4.2.5　污染控制"条款中虽规定了"有机产品的农药残留不能超过国家食品卫生标准相应产品限值的 5%，重金属含量也不能超过国家食品卫生标准相应的限量"。但就有机稻米而言，目前实施中却难以做到。主要原因：一是检测项目过多，涉及农药残留有 69 项，涉及重金属有 10 项，全检较难；二是检测费用成本过高，生产者难以承受，检测机构难以减免。因此，依据国家标准进行有机稻米的质量评价难度大已是一个客观现实。

4. 生产者与消费者对有机食品稻米售价的期望值背离较大

据市场调研，经认证上市的我国有机食品稻米售价在每千克最低 8 元左右，最高 30 元左右。生产者的售价期望值普遍在生产成本的 1 倍以上；而消费者的售价期望值普遍在每千克不高于 10 元。这就形成了两者的期望值背离较大。究其原因是：生产者考虑的是投入成本高，与其他水稻比产量会有降低，因此，物以稀为贵，不达利润 1 倍以上不卖；而消费者则会考虑比其他大米好，略贵可接受，但过高则承受不起便不买。因而，这种双方期望值的背离，必将影响市场的拓展。

5. 认证机构认证行为的规范性参差不齐有损有机产品公信力

根据我国认证认可条例的规定，从事产品认证的机构必须依法并依据国家有关标准的要求，规范性地开展认证工作。据统计，我国经国家认监委登记注册并批准开展合法认证工作的产品认证机构已达近 30 家。其中有 50% 的机构已从事了有机稻米的认证。经相关市场调研反映，这些机构的认证行为有较规范的、有欠规范的、有不规范的，均各占 1/3。其中不规范的是以盈利为目的，且缺乏专业认证和懂行的技术队伍，对认证检查，敷衍了事；还有的对部分条件未具备的申请者，只要交钱就颁证。更有少数认证机构甚至违反国际惯例和国家标准规定，颁发两年有效期的证书。这些做法，均严重损坏了有机产品认证机构的社会客观公正形象，也损害了有机产品取信于民的公信力。

三、促进我国有机稻米生产发展的对策

通过近 10 年来我国有机稻米的生产发展状况分析，可以这样认为，我国有机稻米生产发展正经历了一个初级发展期，将进入一个既讲数量更讲质量的中级发展期。在保证技术保障有力、质量控制严密、价值价格合理、供求空间平衡的运行质量上应采取更有效的对策，力争用 5 年左右的时间实现有机稻米产业的数量、质量、效益再上新台阶。

1. 生产者、企业、政府应加大科技攻关的投入力度，致力于地区性解决技术保障难题

有机水稻产区，要鼓励企业统一的因地制宜发展有机农家肥。政府部门要帮助解决肥

源及质量检测等问题。对病虫草害的防治工作，生产者应积极采用现行有效的从品种抗性到非化学防治方法的各种有效措施。政府部门要增加投入，激励农业科技部门及科技人员潜心研究或推广符合《有机产品》标准要求的相关技术。对于突发的大规模病虫害，相关方事先应有预测预报和应急预案或补救措施。

2. 有机稻米的单个基地种植规模不宜过大

据相关调研分析，鉴于我国目前的生产技术保障水平和有机生产者的质量管理水平现状，我国目前有机稻米的单个基地种植规模以 1 000~5 000 亩为宜。部分技术和管理力量强的龙头企业以 1 万亩以内为宜。农垦系统集约化程度高的以 3 万亩以内为宜。

3. 生产者必须依据标准建立健全质量控制体系和可追踪体系

要落实好岗位责任是前提，以经常地实施内部监督检查来不断完善过程记录。要十分重视生产过程中相关物料和物流的文件依据及凭据结果归档，使可追踪体系有案可查，有据可定，以符合保持认证检查要求，切实树立起企业的诚信度。

4. 要加快《有机稻米》标准制定步伐

依据国家《有机产品》标准的总体要求，根据有机稻米的特征特点，应尽快启动有机稻米国家专项标准或相关行业标准的制定工作，以使质量检测依标可行，质量评价客观实际，市场监管凭据充分，引导发展有序有力。

5. 充分分析市场需求，适时调整售价期望值，扩大市场占有率

从市场调研情况看，有机稻米目前有不少青睐者，但青睐者只是欲得者，而尚未成为消费者。当青睐者遇到难以承受的价格拦路虎时，其只会变为观望者，这是一个市场经济杠杆的规律性问题。因此，需要借鉴国外有机食品的价格体系，一般为高于市场同类常规食品价格的 30%~50% 左右为宜。我国目前有机稻米的售价也可定位在高于绿色食品大米的 30%~50% 左右为宜。

6. 国家有关部门必须强化对有机产品认证机构认证行为的监管

要通过监督检查和市场民意调查，进一步规范认证机构的认证行为。对于发现有欠规范运作的，要适时给予整改警告。对于不规范运作的，要果断地停止认证资格。要以此来增强有机认证机构及有机产品的公信力，积极维护我国有机农业和有机产品事业的良性发展。

参考文献

［1］杜青林. 中国农业和农村经济结构战略性调整 ［M］. 北京：中国农业出版社，2003.

［2］蔡洪法. 中国稻米品质区划及优质栽培 ［M］. 北京：中国农业出版社，2002.

［3］金连登，朱智伟. 中国有机稻米生产加工与认证管理技术指南 ［M］. 北京：中国农业科学技术出版社，2004.

［4］张文，罗斌. 绿色食品基础培训教程——种植业 ［M］. 北京：化学工业出版社，2004.

［5］武兆瑞. 全面加强无公害农产品认证步伐——访农业部农产品质量安全中心主任马爱国 ［J］. 农业质量标准，2004（2）：4-7.

［6］郭春敏，等. 有机农业与有机食品生产技术 ［M］. 北京：中国农业科学技术出版社，2005.

中国有机稻米生产的技术保障链现状及推进展望*

金连登

中国水稻研究所 农业部稻米及制品质量监督检验测试中心

（浙江 杭州 310006）

摘 要： 以中国有机稻米的生产发展现状为载体，以《有机产品》国家标准为基础，研究并概括了有机稻米生产的技术保障链形成与应用效果，阐述了其在可持续发展上存在的相关影响因素，提出了今后推进发展的展望。

关键词： 有机稻米；技术保障链；应用成效；推进展望

随着中国农产品质量安全工作的日益加强，当前，促进稻米的食用安全越来越被消费者关注，在水稻生产结构调整中，中国有机稻米的生产发展正处在一个趋旺的阶段。因此，其在生产中的技术保障链形成与应用更显重要。

一、中国有机稻米生产发展的基本状态

1. 中国有机稻米的生产

中国有机稻米生产起步于 20 世纪 90 年代中期，进入新世纪后有了较大的发展。主要体现于生产面积增加，生产区域增大（目前已有近 20 个省），生产产量提高（平均亩产从 0.3 吨提高到 0.4 吨左右）。

2. 中国有机稻米的生产面积及认证

据不完全调研及统计，至 2007 年，中国有机水稻经认证的生产面积为 3 万公顷左右，产稻谷在 20 万吨左右，产精制有机大米在 13 万吨左右。涉及种植的省（自治区）有黑龙江、吉林、辽宁、内蒙古、江苏、新疆、湖北、湖南、安徽、浙江、江西、广东、上海、山东、天津、河南等，其中东北三省占到生产总量的 50% ~ 60%，黑龙江省就达 1 万公顷左右。目前，经认证的单个数量总和最多的为吉林省。全国有机稻米认证数量最多的论证机构是农业部系统的中绿华夏有机食品认证中心，认证面积约 2 万公顷，认证企业数量为 150 多个。预计近 5 年内，全国年新增生产面积将在 0.3 万公顷左右。

3. 中国有机稻米生产发展的主要推动力

第一，具有良好农业资源和生态区域环境的选择范围大。据有关专家分析，在中国 3 000 万公顷的稻米种植面积中，具有一定面积规模的且比较适宜有机稻米生产的良好生态环境条件的面积大约可占到 300 万公顷。

第二，具有无公害、绿色食品稻米生产加工产业化的宏大基础。据相关统计显示，截至 2007 年年底，经过依法认证的绿色食品大米和无公害食品大米品牌已达 1 000 多个，生产面积也超过 500 万公顷。稻米产量在 2 500 万吨左右。

---

* 本文原刊登在《第九届中日韩有机稻作技术交流国际会议论文集》，2008 年 7 月，19 – 23 页

第三，具有以传统技术与现代技术相结合的现代科技支撑。近些年来，水稻产区广大的稻农及相关农业科技工作者，以传统农业技术为基础，创新了许多有利于有机稻米生产的新型配套技术。主要集成于三大技术方式：一是对产地生态环境持续保持的技术方式；二是对病虫草害持续控制的技术方式；三是对土壤肥力持续支持的技术方式。

第四，具有生产与认证标准的积极引导。进入 21 世纪后，中国的有机标准制定工作加快，在国际有机农业生产规范的框架指导下，2003 年 8 月中国认证机构国家认可委员会发布了《有机产品生产和加工认证规范》。2005 年 1 月国家质监总局正式公布实施国家标准 GB/T 19630.1~4《有机产品》，对有机稻米生产发展起到了积极引导作用。

第五，消费者对食用大米新需求的市场拉动。随着中国改革开放程度的推进和全面建设小康社会步伐的加快，在国家综合国力不断增强的同时，百姓的生活水平有了很大的改善，从而人们开始追求生活质量的提高。据相关调研分析，以大米为主食的人群中有 5%~10% 的城市居民有选购食用有机大米的强烈意向或购买行为。这成为拉动有机稻米生产发展的市场要素。

第六，具有政府重视并政策推动的支持。由于有机农业符合农业的可持续发展要求。有机食品是 21 世纪的健康安全食品，有利于人类的生命质量、生活质量改善。因此，中国各级政府越来越重视并制定了相应的政策来支持鼓励发展有机农业和有机食品，包括有机稻米。2004 年商务部、科技部等 11 个部委局联合印发了《关于积极推进有机食品产业发展的若干意见》，其中明确指出"目前，我国有机食品占全部食品的市场份额不到 0.1%，远远低于 2% 的世界水平，为此，要通过 5~10 年努力，力争使我国有机食品产量提高 5~10 倍，优先发展一批与人民群众生活密切相关的有机蔬菜、粮食、畜牧、茶叶等"。2005 年，农业部又发布了《关于发展无公害农产品、绿色食品、有机农产品的意见》。近些年来，水稻产区的各级政府，已有的放矢地制定了相关的指导政策、扶持措施及奖励办法，有力推动并支持了有机农业和有机稻米的有序发展。

4. 中国有机稻米的销售

中国有机稻米的销售形式目前主要以内销为主，少部分出口。在国内销售中，绝大多数为直接食用大米，略有少量用作食品加工，如米制食品、酿酒等。对有机稻米选购的主要对象比较明显的是五类人群，即：企业经理阶层、中高级知识阶层、中高层公务员、高收入务工阶层、外国驻华机构人士等。

二、中国有机稻米生产的技术保障链基本现状

1.《有机产品》国家标准对生产过程控制的技术要求

中国国家标准 GB/T 19630《有机产品》由 4 部分组成，即：第 1 部分——生产，第 2 部分——加工，第 3 部分——标识与销售，第 4 部分——管理体系。在第 1 部分，主要体现在对生产的过程控制技术方面，其中核心的有 8 个关键技术点：一是产地的环境技术要求；二是转换期和平行生产控制技术要求；三是转基因控制技术要求；四是作物栽培和土肥管理技术要求；五是病虫害防治技术要求；六是防止污染控制技术要求；七是水土保持和生物多样性保护技术要求；八是允许使用的投入品和改良物质技术要求（实施准入制和评估制）。同时，在第 2 部分对加工过程控制的技术要求中，突出了加工厂的环境及卫生保障、配料与添加剂、加工工艺、有害生物防治、包装和储运、废弃物排放等控制技术

要求。

2. 生产的技术保障链形成模式与基本要素

所称有机稻米生产的技术保障链含义是：在中国《有机产品》国家标准的指导框架内，通过生产与加工各环节的技术应用，形成相应的组织模式，对有机稻米生产过程控制实现集成与系统化技术体系，以达到稻米终端产品的质量安全目标。

通过近几年来的摸索与实践，目前中国有机稻米生产的技术保障链形成的组织模式主要有4种类型：一是以企业为龙头的企业＋生产基地＋农户生产者；二是以科研技术单位为牵头的科技单位＋生产基地＋农户生产者＋企业（加工）；三是以农业专业合作社为主体的专业合作社＋生产基地＋农户生产者或科技单位；四是以多个农户联营的农户＋企业（加工）等。这些类型的组织模式形成，对当前中国有机稻米生产的技术保障链应用起到了积极作用。

那么，至今中国有机稻米生产的技术保障链有哪些基本要素呢？归结起来主要是涵盖了从产地到产品的全过程控制（下表）。

表　有机稻米生产的技术保障链要素简表

生产阶段	保障链项目	技术保障要素	
产　前	产地环境	远离城区、工矿区、交通主干线、工业污染源等，土壤、灌溉水质、环境空气检测达标	
	排灌系统	有机地块与常规地块有效隔离，防止水土流失，提倡节水种植	
	转换期、缓冲带	不少于24个月转换，设缓冲带或物理障碍物，防周边污染漂移	
	种子（品种）	非转基因，有机种子，抗病抗虫品种，非化学方法处理	
产　中	土肥管理	禁用化肥，限用人粪尿，用有机堆肥、商品有机肥，稻草还田，种草返田，糠粉辅田	
	草害	中耕除草、机械和人工除草、生物除草	生物措施：稻鸭共作、稻鱼共养、稻蟹共生、稻蛙共育等
	病害	培育壮秧、轮作倒茬、间作套种、品种轮换	
	虫害	抗性品种，灯光、色彩诱杀，机械捕捉，天敌繁衍	
	栽培方式	品种轮作、套作，间作豆科作物，休耕、直播、机械化	
产　后	收割	人工收割、机械收割，防止平行收割，晒干、烘干	
	储运	专用运输工具，专区或专库贮存，防止有害生物，熏蒸除虫	
	加工	场所环境、人员卫生，添加剂限制，加工设备与工艺，防止平行加工，废弃物达标	
	产品包装	提倡纸质或食用级塑料包装材料，可回收、可降解，产品质量达标	
	销售	加施有机标识，不与非有机产品混合，避免有害物质接触	

3. 生产的技术保障链应用主要成效

依据国际有机农业生产原则和有关技术规范，解决有机稻米的生产过程控制问题，在相关国家还存在三大难点，即：非化学合成肥料的肥源及数量满足生长需要；非化学物质方法防治突发性病虫草害有效手段；生产中和生产后的受污染及自身产生污染的防控办法。针对这些难点，中国在有机稻米生产中形成的相关技术并推广应用已取得较好成效。

第一，有机农场（生产基地）的环境条件得到有效控制。利用各种监测技术手段，加强了对产地土壤、灌溉水质、大气质量等环境条件的实时监测或定时测评，保障了产地环境条件处于可控状态。

第二，选育适宜于当地种植的优质、高产、多抗水稻新品种得到有效利用。使这样新品种在生产中能发挥区域性的抗病抗虫优势或抗旱、抗盐碱等功能，保障了稻米的丰产和优质。

第三，研制或选择多种类别的生物肥料、有机肥料以满足水稻生长需要得到有效应用。除稻草还田、谷壳和糠粉辅田、种草返田等手段外，以牲畜粪尿加秸秆、杂草或植物叶片等为主原料，形成经充分堆制腐熟的农家有机肥作基肥使用为主体，加上部分经认证的商品有机肥或生物肥为补充的施肥及土壤培肥技术体系，基本保障了有机稻米生产的需要。

第四，围绕采用农业措施或生物的、物理的方法来防治病虫草害得到有效推广。除强化农业栽培手段外，采用"稻鸭共作""稻蟹共生"等生物方法和吸引天敌繁衍防治病虫草害已成普遍做法。同时，利用杀虫灯、诱虫器等物理方法来治虫也得到因地制宜选用。这些措施和技术方法的推广，较好保障了病虫草害的防治。

第五，良好的稻米收获和储运方式得到有效运行。对成熟的稻米进行人工或机械的收割，并注重单个品种的单收独贮。同时，对稻谷进行专门场地的自然晒干或集中烘干处理，并进行单独的专库或专区仓贮等良好操作，既满足了有机产品防止交叉污染或混杂要求，又保障了保持有机稻米优良品质的需要。

第六，清洁生产型的加工条件及技术工艺得到有效提升。建设清洁卫生的加工厂区，配备先进的加工设备，是当前中国有机稻米加工的一大特点。同时，对提高稻米的外观品质、食味品质、营养品质为主的技术工艺也是相关生产商注重的重点。因此，对保障中国有机稻米的品牌发挥了重要作用。

三、中国有机稻米生产的技术保障链推进展望

1. 对有机稻米生产的技术保障链在可持续上尚存在的影响因素将加大攻关力度

中国有机稻米的生产与技术保障链形成及应用时间还只有近 10 年，虽有标准的指导和技术推广的支撑，但随着今后生产规模发展，在技术保障的可持续上还存在着相关的影响因素仍不可忽视。一是用于满足一定规模农场（或 300 公顷以上）的堆制有机肥料肥源数量与质量，以及商品有机肥价格与生产成本的影响因素；二是有机农场所在区位周边的环境动态污染受控的影响因素，如地块的灌溉水处在流域的下游位置被上游污染，或新建相关工矿企业的可能污染，或地块所处在风向在下风口被上风口的污染物质漂移等；三是水稻生产中地域性大规模突发病虫害紧急防治方法的局限性影响因素，如稻瘟病、稻飞虱及螟虫等；四是稻米生产和加工过程中的平行生产、平行收获、平行储运、平行加工及平行包装等易产生的交叉污染，以及产后自身将产生相关污染控制的影响因素，如秸秆焚烧、加工粉尘、稻壳处理等。针对上述影响因素，已引起各地政府部门及科技单位的高度重视，目前，对其的技术研发并攻关力度必将加大。

2. 有机稻米生产者将随着生产量的增加，不断加快新生产技术的应用速度

在遵循国际有机农业基本原则和中国《有机产品》国家标准指导下，中国有机稻米生

产者已在总结相关技术应用经验的基础上，随着生产量的增加，将在两个方面加快新生产技术的应用速度：一是生产者之间互相传授采用传统的、实用的、省工节本的生产技术，如农家肥配方及堆制腐熟和无害化处理技术、病虫草害预测预报和前置防控方法、清洁化收储及加工措施等；二是广泛学习采用由市场研发的新生产技术，如土壤培肥、种养结合、作物轮作、允许使用的病虫草害新防治药物及手段等，并在应用质量和效益上更加注重并提高。

3. 随着市场消费需求的拉动，有机稻米的深加工食品开发将呈现强度

中国历来是米制食品消费大国，随着有机稻米生产总量的增加，除满足食用稻米需求外，利用有机稻米为原料的部分米制食品深加工技术开发必将进一步发展。至今，已有部分有机米粉干、有机年糕等产品经认证后上市。随着市场消费需求的增加，有机米粉、有机速食米饭、有机米奶、有机米酒、有机米饮料等食品将得到广泛研发，从而推进中国有机稻米产业的深度发展。

参考文献

［1］杜青林．中国农业和农村经济结构战略性调整［M］．北京：中国农业出版社，2003.

［2］蔡洪法．中国稻米品质区划及优质栽培［M］．北京：中国农业出版社，2002.

［3］金连登，朱智伟．中国有机稻米生产加工与认证管理技术指南［M］．北京：中国农业科学技术出版社，2004.

［4］张文，罗斌．绿色食品基础培训教程——种植业［M］．北京：化学工业出版社，2004.

［5］武兆瑞．全面加强无公害农产品认证步伐——访农业部农产品质量安全中心主任马爱国［J］．农业质量标准，2004（2）：4 – 7.

［6］郭春敏，等有机农业与有机食品生产技术［M］．北京：中国农业科学技术出版社，2005.

［7］程式华，李健．现代中国水稻［M］．北京：金盾出版社，2007.

［8］金连登．我国有机稻米生产现状及发展对策研究［J］．中国稻米，2007（3）：1 – 4.

"稻鸭共育"技术与我国有机水稻种植的作用分析*

金连登[1]　朱智伟[1]　朱凤姑[2]　许立[1]

1. 中国水稻研究所　（浙江　杭州　310006）；
2. 浙江金华市婺城区农技站　（浙江　金华　321082）

摘　要：随着我国有机水稻的发展势态，解决种植中的技术难题日显迫切。经过我国多年来对"稻鸭共育"技术的应用推广，其已成为全国当前有机水稻种植解决相关技术难题，并体现出经济的、技术的、生态环境安全多项效果的重要选择。

关键词：稻鸭共育；技术方式；有机水稻；效果；选择

近些年来，随着市场的拉动，我国南北方稻区有机水稻生产发展迅速。据不完全统计，全国现有每年生产有机水稻面积 50 万亩左右，产稻谷在 20 万吨左右。由于有机种植方式禁止使用化学合成农药、化肥，提倡采用农业的、生物的、物理的方式解决生产过程中的相关技术需求。因而在种植中各地生产者较多地采用了"稻鸭共育"的种养结合技术，在很大程度上满足了有机种植方式的要求，且取得了良好的效果。各地相关的实践证明，"稻鸭共育"技术方式是当前我国有机水稻种植中体现经济与生态环境安全效果的重要选择而越来越受到生产者的青睐。

一、"稻鸭共育"技术的生产特色

1. "稻鸭共育"技术的形成

"稻鸭共育"技术是中国水稻研究所自 1998 年以来，在查阅国内外有关研究资料和吸收日本"稻鸭共作"技术经验的基础上，通过深入试验和示范，自主创新，研究提出的一项以水田为基础、种优质稻为中心、家鸭野养为特点，以生产质量安全和生态环境安全并高效益稻鸭产品为目标的大田畈、小群体、少饲喂、不污染的稻鸭共育种养复合生态技术。其结合浙江省种植业结构调整和发展高效优质生态安全稻米产业的迫切要求，在农业部和浙江省科技厅、省农技推广基金会、省农业厅等部门的大力支持下，积极推动此项技术在省内的示范与推广。自 2000—2006 年已在各地累计推广了近 200 万亩。继而，又辐射到全国十多个水稻主产省。因此，该项技术被评为 2004 年浙江省科技进步三等奖。

2. "稻鸭共育"技术的特点

该项技术，归结起来主要有两大方面。

第一，从稻为鸭提供生育条件方面看：①不施化肥、农药的稻丛间，为鸭提供充足的水分和没有污染而且舒适的活动场所，其间的害虫，浮游、底栖小生物（小动物）和绿萍等，为鸭提供了丰富的饲料；②稻的茂密茎叶为鸭提供了避光、避敌的栖息地；③鸭在稻丛间不断觅食害虫（包括飞虱、叶蝉、蛾类及其幼虫、象甲、蝼蛄、福寿螺等）、浮游和底栖小生物（小动物），减少对水稻生育的为害。

---

* 本文原发表于《农业环境与发展》，2008 年第 2 期，49–52 页

第二，从鸭促进水稻生育作用方面来看：①鸭在稻丛间不断踩踏，使杂草明显减少，有着人工和化学除草的效果；②鸭在稻间不断活动，起了中耕的作用，有水层的田面经常保持混浊状态，既能疏松表土，又能促使气、液、土三者之间的交流，从而把不利于水稻根系生长的气体排走，氧气等有益气体进入水体和表土，促进水稻根系、分蘖的生长和发育，形成扇形株型，增强抗倒能力；③鸭在稻丛间连续活动，排泄物及换下来的羽毛不断掉入稻田，给水稻以追肥。

3. "稻鸭共育"技术的应用推广

随着"稻鸭共育"技术的日趋成熟，在农业部种植业司的力推下，近6年来，在全国的应用推广迅速。在南方稻区，有浙江、江苏、湖南、安徽、四川、广东、广西、云南等省区，在北方稻区，有湖北、河南、辽宁、吉林、黑龙江等省区，相继开展了不同形式和各具特色的试验与示范，年总应用推广面积已在300万亩左右。除了浙江省外，在这方面影响较大的，还有江苏省镇江市科技局等单位1999年曾从日本引进"稻鸭共作"技术与设备，在镇江市等地开展试验示范，特别是在适合当地应用的役用鸭选配及其习性研究上形成了自己的特色，取得了明显成果。几年来，"稻鸭共作"应用面积已达到20多万亩，技术成果也通过了省级鉴定，并出版了《稻鸭共作——无公害有机稻米生产新技术》。湖南农业大学的"稻鸭共生"试验示范也形成了自己的技术特色，推广应用面积不断扩大。

二、"稻鸭共育"技术在有机水稻种植中的直接应用效果

据不完全调查，目前在我国有机水稻种植应用"稻鸭共育"技术的生产基地已有较大的涵盖面，如浙江、江苏、湖南、湖北、广东、江西、河南、黑龙江、吉林、辽宁、安徽等十多个省区。各地都取得了其他单项技术无法比拟的5个应用效果。其对解决有机水稻生产中的重要技术控制难题开辟了一条有效途径。

1. 对水稻害虫的防治效果

在我国，已知水稻害虫约有250种，其中普遍发生，且为害严重的害虫有6种，即三化螟、二化螟、褐飞虱、白背飞虱、黑尾叶蝉、稻纵卷叶螟。通过应用"稻鸭共育"技术，鸭子发挥了天生的捕虫能力，对水稻害虫起到了有效的防治作用。据浙江省第一个有机水稻生产基地金华市婺城区农业局的生产实践，充分证明了这个作用（表1）。

表1 2001—2002年金华市婺城区农业局稻鸭共育除虫考查效果

稻作	考查日期	稻飞虱数量（头/30只）		稻纵卷叶螟幼虫数量（头/100丛）		二化螟为害枯心率（％）	
		养鸭田	常规田	养鸭田	常规田	养鸭田	常规田
早稻	6月12日	5	34				
	6月13日	42	110				
	6月25日	25	280	8	6	2.9	3.2
	6月27日	3	62	4	11	3.8	4.1
	7月9日	12	145				
	7月10日	50	70				

（续表）

稻　作	考查日期	稻飞虱数量 （头/30 只）		稻纵卷叶螟幼虫数量 （头/100 丛）		二化螟为害枯心率 （%）	
		养鸭田	常规田	养鸭田	常规田	养鸭田	常规田
晚　稻	8 月 11 日	11	260				
	8 月 12 日	15	250				
	9 月 8 日	5	45	9	15	3.7	3.2
	9 月 9 日	3	15	8	10	3.5	4.0
	9 月 21 日	98	88				
	9 月 20 日	117	115				

2. 对水稻病害的防治效果

经研究考证，在我国稻作病害共有 240 多种，其中，以稻瘟病、白叶枯病、纹枯病的分布最广、为害最重，是我国稻作的三大重要流行病。有机水稻种植，病害是重要的威胁之一。

据吉林省延边州、通化县及黑龙江省鸡东县的有机水稻"稻鸭共育"技术应用，所种的水稻 2005 年和 2006 年均有效地控制了稻瘟病发生。据中国水稻研究所多年的试验表明，运用"稻鸭共育"技术，对水稻纹枯病的防治明显有效。"稻鸭共育"田的水稻纹枯病平均丛发病率分别为 59.5% 和 19.9%，比 CK（空白对照）平均高 19.3% 和 1.1%，但是平均病情指数分别只有 11.7% 和 12.5%，比 CK 低 23.9% 和 13.8%。根据在田间的观察，前者可能是鸭子在稻间活动易损伤叶鞘，使菌丝更容易侵入，从而引起丛发病率升高，但由于鸭子活动抑制了水稻后期无效分蘖和加速基部枯黄叶片脱落，因而明显改善了水稻群体基部的通风透光条件，使纹枯病的蔓延和为害程度得以减轻，病情指数下降。

3. 对稻田杂草的防除效果

稻田杂草种类繁多，据国际水稻研究所的研究结果，全球稻田杂草有 324 种；日本有约 210 种；中国有约 200 余种，其中严重为害的有 20 余种。稻田杂草与水稻争夺阳光、空间、肥料，造成亩产减产。但通过"稻鸭共育"试验对有机水稻基地的除草效果比较显著（表 2、表 3）。

表 2　湖南省长沙市农业局稻鸭共育田的除草效果　　（单位：株/平方米）

杂草 处理	稗草	节节菜	双穗雀稗	瓜皮草	李氏草	水蓼	四叶草	荆三棱	水花生	长瓣慈菇	鸭舌草	杂草数量
稻鸭共育	3.63	0.83	0	2	0.11	0.15	0	0	0	0	0.11	6.83
施除草剂	16.4	1.3	2.7	3.2	2.4	0.4	0.4	28	2.07	0.6		7.27

表 3　南京农业大学稻鸭共育田的除草效果　　（单位：株/平方米）

杂草 试验区	稗草	鸭舌草	异型莎草	丁香蓼	野荸荠	陌上菜	牛毛草	小茨藻	绿萍	瓜皮草	地钱	矮慈菇
清水区	5	55	7	2	5	5	620	900	35	0	0	0
浑水区	0	12	1	0	3	0	0	205	118	3	83	0
稻鸭区	0	0	0	0	0	27	99	0	0	0	0	0

4. 对水稻田的增肥效果

鸭粪的养分含量略低于鸡粪。据有关检测表明，鲜粪平均全氮为0.71%、全磷0.36%、全钾0.55%，微量营养元素含量为：铜5.7毫克/千克、锌62.3毫克/千克、铁4 519毫克/千克、锰374毫克/千克、硼13.0毫克/千克、钼0.40毫克/千克。其是养分含量较多、质量较好的有机肥，其中铁、锰、硼、硅的含量最高，居粪尿类之首，对解决有机水稻种植中的肥源问题作用重大。

据中国水稻研究所的研究表明：鸭的排泄物具有显著的增肥、培肥效应。据测定，一只鸭子在稻间两个月的排泄物湿重达10千克，相当于氮47克、磷70克、钾31克，起到很好的增加土壤有机质和追肥效应。按50平方米稻间放养1只鸭的密度，其排泄物就能满足水稻正常发育所需的氮、磷、钾养分。

以下是浙江金华有机水稻"稻鸭共育"田的2002年鸭粪肥考查结果（表4）。

表4　鸭粪肥效考查结果

| 处　理 | 基本苗（万/亩） | 最高苗（万/亩） | 有效穗（万/亩） | 成穗率（%） | 每　穗 | | | 千粒重（克） | 理论产量（千克） | 实际产量（千克） |
					总粒数（粒）	实粒数（粒）	结实率（%）			
A	3.9	17.72	15.57	87.87	83.22	70.0	84.4	25.8	282.0	263.3
B	5.76	19.64	17.11	87.11	78.62	65.3	83.0	25.8	288.0	265.8
A比B ±%	−32.3	−9.8	−9.0	+0.87	+5.9	+4.9	+7.5		−2.1	−0.9

注：①试验户：A、B；②品种：早稻红米；③处理面积各为1亩，处理：A为每亩稻田放鸭12只，共生期45天；B为每亩施用碳氨40千克、过磷酸钙20千克、尿素22.5千克

5. 对水稻的刺激生长效果

各地的试验均显示，凡是"稻鸭共育"的田块，水稻生长都呈现独特的长相而与周围田块截然不同。如叶厚，叶色浓，植株开张，茎粗而硬，茎数多等，体现旺盛的生命力。其根本原因是鸭对水稻的刺激效果。鸭在稻田，用嘴去接触稻株下部，吃叶上的虫；移动时，用翅膀接触稻株，用嘴和脚给泥中的稻根以刺激，也就是鸭不停地给水稻的上部、地下部以接触刺激所形成。

三、在有机水稻种植中推广应用"稻鸭共育"技术的现实意义

随着"稻鸭共育"技术的效果与作用发挥，在有机水稻种植中的推广应用将日趋普遍，其重要现实意义也将不断被生产者所认识，也越来越被作为发展有机农业、生态农业等在技术上的重要选择并得以应用推广。

1. 有利于保护生态环境安全和生物多样性

有机水稻的种植，其中一个重要的目标是修复生产环境，保护生态环境安全，促进产区生物的多样性。采用"稻鸭共育"技术，实施植物和动物的共生共长，其本身就是创造了一种种养结合的生态环境。由于鸭子整天在稻田中穿行，也大量地吸引了鸟类的到来，更能增添产区的生物多样性，有利于生态的更趋合谐。据浙江金华的有机水稻基地试验结果显示，稻田中蜘蛛量比常规田高1.10～1.37倍，其能有效抑制稻飞虱虫害。同时，水

稻害虫的寄生天敌褐腰赤眼蜂也大量增长，对稻飞虱卵和稻纵卷叶螟均有良好的控制作用。

2. 有利于缓解病虫草害及培肥技术难题

目前，在我国有机水稻种植中最难的是病虫草害防治和稻田培肥四大难题。而"稻鸭共育"技术的采用，较好地克服了有可能要苦苦寻求的非化学控制的其他方法，起到有病控病、无病防病，有虫吃虫，有草食草，且鸭粪肥田的综合性、种养结合的良好效果。因而，从很大程度上缓解了当前有机水稻种植中的技术难题。而该项综合性技术在日本、韩国、菲律宾等国有机水稻种植中已被称为最有效的有机种植应用技术。在我国不断推广应用该技术，不仅有利于缓解有机水稻种植中的技术难题，而且，还有利于有机水稻生产方式的标准化实施及可持续发展。

3. 有利于稻农节本省工并增收

采用"稻鸭共育"技术，稻农无需化钱购买商品有机肥或沤制肥料的原料，也无需购买生物农药控病治虫，因而大大节约生产成本投入。据江苏省丹阳市的有机水稻种植基地统计，每亩可节约用于购买肥料和农药等开支为 82 元。同时，鸭子代替了人力在稻田除草、捕虫、中耕浑水等劳作，又可每亩节约人工费 60 元左右。浙江、湖南、广东、吉林、黑龙江等省的有机水稻基地亦都普遍反映如此。为此，"稻鸭共育"技术是一项给稻农带来节本省工效益的技术，从而又可确保稻农增收。

4. 有利于稻米稳产和品质提升

由于有机水稻生长过程中的病虫草害得到控制，稻田肥料养分充分，水稻刺激生长健康，因此，促进了稻米的稳产或增产。据浙江金华有机水稻基地的 3 年考查，稻田的基本苗所产的有效分蘖个数增多。同时结实后穗大粒多，每穗总数粒和实粒数分别比常规田提高 4.6 和 4.9 个百分点，促进了产量的增加。据中国水稻研究所在绍兴的双季稻试验推广基地 2004 年实测，早稻平均亩产为 390.3 千克，晚稻平均亩产达 427 千克，两季合计达 800 千克以上。同时，据吉林延边、江苏丹阳、广东江门、黑龙江鸡东等"稻鸭共育"有机水稻基地的近 2~3 年稻谷检测，其品质均达到国家标准优质稻谷标准，部分粳米品质指标还超过了日本的越光大米。

参考文献

［1］金连登，朱智伟. 中国有机稻米生产加工与认证管理技术指南［M］. 北京：中国农业科学技术出版社，2004.

［2］郭春敏，等. 有机农业与有机食品生产技术［M］. 北京：中国农业科学技术出版社，2005.

［3］沈晓昆. 稻鸭共作——无公害有机稻米生产新技术［M］. 北京：中国农业科学技术出版社，2002.

［4］镇江市科学技术局，镇江市农林局. 第四届亚洲稻鸭共作研讨会论文集，2004.

［5］许德海，禹盛苗. 无公害高效稻鸭共育关键技术［J］. 中国稻米，2002 (3)：36 - 38.

"稻萍蟹"生态农业技术在有机稻米生产中的应用[*]

杨银阁　陈超　曹海鑫　刘科研　刘海　黄文

吉林省通化市农业科学研究院

（吉林　梅河口　135007）

摘　要：把"稻萍蟹"生态农业技术应用到有机稻米生产中，即在稻田建立稻、萍、蟹立体结构，其中第一层次生长的水稻为河蟹和萍遮光和提供栖息场所；第二层次生产大量的萍体覆盖水面，控制水层下的杂草，还可以直接为河蟹提供饲料，同时萍体改良土壤为水稻提供营养物质。第三层次的河蟹可以除草，粪便可以肥田，同时河蟹可作为有机稻田的生物指示剂。在稻田不用化学农药、不施化肥，达到有机稻米的生产要求，从而实现农业的可持续发展。

关键词：稻萍蟹；生态农业；有机稻米

随着社会的进步和科技水平的提高，人们对日常食用大米的要求也在不断提高，目前已由过去的无公害大米到绿色优质米并逐步向有机大米转化。吉林省对有机食品的研究相对来说起步比较晚，特别是有机稻米的生产现在还没有一个同定的栽培模式。

针对目前的土地经营方式，以及农村有机肥和绿肥数量急剧下降、土地有机质含量下降、养分失衡、理化性状恶化、肥力减退、生产力降低、水稻品质下降等实际问题，在水稻生产迫切需要兼顾产量、质量、效益和环境等因素的前提下，需要提出更加行之有效的措施，实现供需平衡的农业发展模式。本论文就是针对有机稻米的生产，配套以适合有机稻米生产要求的"稻萍蟹"生态农业技术进行探讨。

一、设计原理

"稻萍蟹"生态农业模式就是通过人工调控的方法，改变传统稻田的结构和功能，其核心是将单纯以水稻为主体的稻田生物群体改变为稻、萍、蟹三者共存的生物圈。

在水稻田里建立以水稻为主体的 3 个层次立体结构。第一层是水面上层生长的水稻；第二层是浮在水面上的细绿萍；第三层是水面下生长的河蟹。

水稻利用光能进行光合作用，生产出绿色的碳水化合物，同时为喜阴的萍遮光、降暑，为河蟹遮光，稻根为河蟹提供良好的栖息场所。

细绿萍在系统中，一是利用太阳能进行光合作用，生产大量的萍体；二是与蓝藻共生能够固氮和富钾作用；三是通过覆盖水面控制水面下的杂草，四是萍体可直接为蟹提供饲料，并为之提供隐蔽、栖息、遮光、降温作用；五是萍体改良土壤为水稻提

---

* 本文原刊登在《第九届中日韩有机稻作技术交流国际会议论文集》，2008 年 7 月，53－59 页

供营养物质。

河蟹在生态系统中的作用，一是提高土地利用率，增加单位面积产出；二是利用河蟹除草；三是河蟹产生的粪便可以肥田；四是河蟹可作为生态农业的生物指示剂。

综上所述，稻萍蟹生态农业模式可以以图1的模式表示。

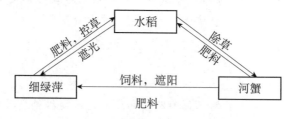

图1　稻萍蟹生态农业模式图

二、试验方法

在水稻翻地时每亩施入 2 000 千克腐熟的猪圈粪，在水稻全部生育期不施化肥，不用农药和除草剂，4 月 10 日育苗（早育苗），5 月 23 日插秧，密度 9 寸 × 6 寸，每平方米16.67 穴，每穴两苗，插秧后挖蟹沟，在水稻田离池埂 50 厘米处四周挖沟，上宽 80 厘米，下宽 50 厘米，深 60 厘米，然后每隔 20 米再挖一条蟹沟，上宽 50 厘米，下宽 30 厘米，深30 厘米，每隔 8 ~ 10 米设一个投料台，以便喂蟹饵料。为防蟹逃逸，在池埂的四周用塑料薄膜围 50 厘米高的防蟹墙。

在 6 月 2—5 日亩放 3 千克的细绿萍，到 6 月 20—25 日萍体基本覆盖水面，为促进萍体的生长，从 6 月 25 同后每 10 天分一次萍。

6 月 10—15 日每亩放 300 ~ 500 只辽河扣蟹，平均每千克蟹种 120 ~ 160 只，在放蟹前每亩用 15 ~ 20 千克的生石灰消毒，以后 5 ~ 7 天换一次水，每 15 天泼洒一次 20 毫摩尔/升浓度的生石灰调节水质。在放蟹的初期为防止河蟹吃水稻小蘖，按蟹总含量的 5% ~ 10%投饲料，一般以豆饼、小杂鱼、配合饲料等，并加入一定的脱壳剂。秋后在 9 月 20 日开始排水捕蟹。

三、结果与分析

1. "稻萍蟹"田水稻生长量分析

为明确各处理区的水稻生长动态，我们在水稻抽穗前（即从 6 月 10 日至 7 月 30 日）每隔 5 天调查一次株高、茎数（表1）。然后将各时段调查的株高×茎数 = 生长量，并采用逻辑斯谛（Logistic）公式进行统计分析，将统计分析结果绘于图2。由图看出：各处理下的生长量增长为 "S" 形的动态变化过程，在这个变化过程中从水稻插秧到 6 月 10 日，各处理区以同样的速度生长，之后对照区的生长量生长速度明显低于稻萍蟹田和稻萍田处理区；而稻萍蟹田和稻萍田处理的生长量生长动态，从水稻插秧至 7 月 5 日的生长量亦呈同样的速度生长。

表 1　稻萍蟹田和稻萍田的水稻生长量

处理	时间 生长量	6月 10日 10天	6月 15日 15天	6月 20日 20天	6月 25日 25天	6月 30日 30天	7月 5日 35天	7月 10日 40天	7月 15日 45天	7月 20日 50天	7月 25日 55天	7月 30日 60天
实测量	稻萍蟹田	81.29	106.58	240.35	410.79	570.20	795.09	970.16	1 083.54			
	稻萍田	72.10	100.80	191.83	386.12	552.43	959.16	959.16	993.75			
	CK田	54.83	86.10	186.38	309.94	437.87	553.49	553.49	648.40			
拟合值	稻萍蟹田	62	124	235	405	617	822	976	1 071	1 123	1 149	1 162
	稻萍田	62	112	222	397	609	796	922	991	1 025	1 041	1 048
	CK田	49	99	185	304	431	532	597	631	649	657	661

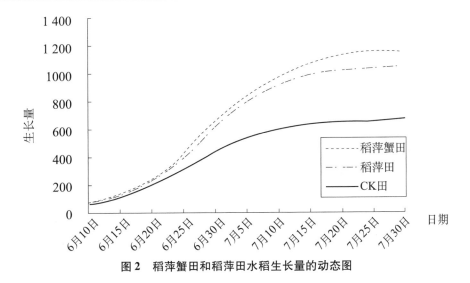

图 2　稻萍蟹田和稻萍田水稻生长量的动态图

进入 7 月 10 日后，随着水稻生育进程的不断进展，稻萍蟹田处理区的生长量增长速度不断增快，生长量明显高于稻萍田区和对照区，稻萍田处理区的生长量且高于对照区，对照区的生长量表现最低。由此可见，稻田养殖河蟹，由于河蟹在稻田中不分昼夜地觅食、爬行，翻动了土壤，搅动了田水，增加了水中不溶解氧和土壤含氧量，改善了土壤通气状况，提高了土壤肥力，进而改善了稻田生态环境，促进了水稻生长。

由数学模型又进一步计算出二阶导数反映出：稻萍蟹田处理区的生长量生长高峰期出现在插秧后的 29 天，即当地时间 6 月 24 日，日增长量 43.8；生长量最大速度生长期为插秧后 11～31 天，当地时间 6 月 6—26 日，在这 20 天中的生长量增长 876，占总生长量的74.6%。稻萍田处理区的生长量生长高峰期出现在插秧后的 28 天，每天的生长量增长42.9，即当地时间 6 月 23 日；生长量最大速度生长期为插秧后 9～27 天，最大速度生长天数为 18 天，该时段的生长量生长 773，占总生产量的 74.6%。对照区的生长量生长高峰期出现在插秧后的 26 天，每天的生长量增长 26，即当地时间 6 月 21 日；生长量最大速度生长期为插秧后 12～31 天，最大速度生长天数为 19 天，该时段的生长量增长 494，占总生长量的 74.5%（表 1）。

2. "稻萍蟹"田防除稻田间杂草效果分析

据 2006 年 7 月 21 日调查分析，稻萍蟹田立体农业应用生物间相生相克、相辅相承的关系，达到在水稻整个生育期间在不施用化学除草剂的情况下，再辅之 1～2 次人工除草，基本上控制田间杂草。一是利用细绿萍覆盖水面，对水面以下的杂草能控制在 70% 左右，尤其是对眼子菜，对照区每平方米为 218 株，而施萍区仅为 30 株，防效达 86.20%；对萤蔺防效达 72%，鸭舌草防效达 72.2%；而对稗草效果较差，仅为 44.4%。二是利用河蟹具有食草的特点，特别是禾本科杂草，根据调查河蟹防除田间杂草达到 10% 以上，而且对露出水面的稗草防效更好，有些是直接食用，有趣的是，有些杂草河蟹并不食用，而喜欢用前面两螯足将草掐断戏要，可能是磨爪，类似老鼠磨牙，其原因目前还不清楚，这一除草作用恰与绿萍控制水下杂草互补，绿萍控制水面下的杂率达 70%，蟹除草杂草效果 10% 以上，两种措施累加，同时还具有增效作用，其结果对稗草的防治效果达 79.2%，野慈菇防效 72.2%，鸭舌草防效 79.89%，萤蔺防效达 84%，眼子菜达 90.8%，其他杂草防效达 71.7%；平均防效达 79.7%（表 2）。

表 2　细绿萍、河蟹防除稻田杂草调查结果

杂草种类 处理方法	稗 草		鸭舌草		野慈姑		眼子菜		萤 蔺		其他草	
	株数 （株/平方米）	效果 （%）	株数 （株/平方米）	效果 （%）	株数 （株/平方米）	效果 （%）	株数 （株/平方米）	效果 （%）	株数 （株/平方米）	效果 （%）	株数 （株/平方米）	效果 （%）
对　照	72	0	84	0	18	0	218	0	25	0	46	0
使用除草剂	4	94.6	7	91.7	4	77.8	30	86.2	3	88	8	82.6
人工除草	5	93.0	11	86.9	2	88.9	78	64.2	4	84	11	76.1
萍处理	40	44.4	25	70.2	12	33.3	30	86.2	7	72	18	60.9
萍蟹处理	15	79.2	17	79.8	5	72.2	20	90.8	4	84	13	71.7

3. 河蟹摄食细绿萍数量比较分析

在稻萍蟹生态系统中，绿萍是初级生产者，它吸收透过水稻层的微光，与蓝藻共生固定空气的氮素，富集稻田水中不被水稻吸收利用的低浓度钾，制造有机物。经中国科学院沈阳分院理化测试中心分析表明，细绿萍（干）含粗蛋白 11.94%、粗脂肪 1.4% 及各种氨基酸，不但营养丰富，而且个体小，不需加工，即可供河蟹摄食，是很好的枯物性饵料（表 3）。

表 3　细绿萍、河蟹氨基酸含量

氨基酸种类	细绿萍（干）	河蟹（干）
天门冬氨酸 ASP（毫克/100 克）	1.257	2.420
苏氨酸 THR（毫克/100 克）	0.595	1.003
丝氨酸 SER（毫克/100 克）	0.533	0.899
谷氨酸 GLU（毫克/100 克）	1.536	3.509
脯氨酸 PRO（毫克/100 克）	0.583	1.017
甘氨酸 GLY（毫克/100 克）	0.814	1.932
丙氨酸 ALA（毫克/100 克）	0.753	2.081

（续表）

氨基酸种类	细绿萍（干）	河蟹（干）
胱氨酸 CYS（毫克/100 克）	0.298	0.175
缬氨酸 VAL（毫克/100 克）	0.695	1.576
蛋氨酸 MET（毫克/100 克）	0.152	1.106
亮氨酸 LEU（毫克/100 克）	1.189	1.942
酪氨酸 TYR（毫克/100 克）	0.412	0.731
苯丙氨酸 PHE（毫克/100 克）	0.622	1.102
赖氨酸 LYS（毫克/100 克）	0.679	1.750
组氨酸 HLS（毫克/100 克）	0.178	0.463
精氨酸 ARG（毫克/100 克）	0.736	1.148
异亮氨酸 ILE（毫克/100 克）	0.576	1.450
色氨酸 TKP（毫克/100 克）	0.159	0.249
粗蛋白（%）	11.94	31.56
粗脂肪（%）	1.4	4.27

据 2006 年对稻萍蟹田与稻萍田两个处理，4 次重复试验表明，4 个稻萍蟹区的萍产量明显少于稻萍区，最多亩产量相差 349 千克。平均亩产量为 1 902 千克，比稻萍田（平均亩产萍 2 120 千克）少 218 千克，占产量的 10%（表 4）。经方差分析，（F = 17.65）＞（$F_{0.01}$ = 12.25），差异水平极显著（表 5）。这部分 10% 萍被河蟹摄食，在生态系统中萍与蟹进行物质循环和能量流动。

又据省外缸养试验表明，8 月份体重为 20 克的河蟹，日摄食绿萍量相当于河蟹体重的 1%。

表 4　河蟹摄食细绿萍数量比较

处理　　重复	稻萍田萍产量（千克/亩）	稻萍蟹田萍产量（千克/亩）
Ⅰ	2 212	1 890
Ⅱ	2 160	1 766
Ⅲ	2 091	1 960
Ⅳ	2 106	1 990
平　均	2 120	1 902

表 5　河蟹摄食细绿萍方差分析

差异源	SS	Df	MS	F	$F_{0.05}$	$F_{0.01}$
处理间	95 266.13	1.00	95 266.13	17.65	5.99	12.25
误　差	32 387.75	6.00	5 397.96			
总变异	127 653.88	7.00				

经方差分析：（F = 17.65）＞（$F_{0.01}$ = 12.25）

4. 经济效益分析

（1）产成品效益分析：生态水稻田亩产水稻按 400 千克计算，平均每千克按 2 元计算，亩产值 800 元，普通水稻亩产按 550 千克计算，每公斤 1.20 元，亩产值 660 元，亩增收 140 元；生态蟹亩产按 15 千克计算，每公斤按市场价 40 元计算，亩产值 600 元。以上两项亩增加产值为 740 元。

（2）投入有机肥与化肥农药效益分析：生态稻亩用腐熟的猪粪为 2 000 千克，计 40 元。普通水稻亩用二铵 10 千克，每千克按 1.95 元计算，亩费用 19.5 元；尿素亩用量 15 千克；每公斤 0.65 元，亩费用 9.75 元；硫酸钾亩用量 5 千克，每千克 2 元，亩费用 10 元；加之防病用的富士一号等农药亩成本 10 元。普通栽培水稻化肥和农药成本 50 元，比用农肥多 10 元。

（3）投入的成本分析：生态田扣蟹种 3 千克，每千克 60 元，亩费用 180 元；细绿萍 3 千克，每千克 40 元，亩费用 120 元；蟹围墙及人工费 100 元；人工除草亩用工 3 个，每个工按 16 元，亩费用 48 元，以上 4 项亩增加费用 448 元。

（4）投入产出分析：生态稻米田亩增收 740 元，加上不使用化肥农药减少成本 10 元，共计 750 元，扣去多投入的成本 448 元，实际生态田要比普通田亩增收 302 元（表 6）。

表 6　生态田和普通田效益比较

项　目	增加效益					增加的成本		
	稻产量	商品价	蟹产量	商品价	蟹种量	萍种量	肥药	工时费
生态田	400	800	15	600	180	120	−10	148
普通田	550	660						
相　差		140		600	180	120	−10	148
累积新增值	740 + 10 − 448 = 302							

四、讨论

稻萍蟹生态农业模式为现代农业提供了一个全新的栽培模式，但还只是个雏形，也可以说只是一个框架，它的内容和各项技术还不尽成熟，许多地方需要进一步研究完善，比如说除草效果问题，虽然总体防效通达到 80%，但剩余的 20% 比例虽少，但在田间还是一个不小的数字，例如：平均每平方米有 72 株稗草，防效达 79.2%，每平方米仍有 15 株稗草不能除去，如果每户种植面积小，尚可辅之人工除草，倘若种植 5 亩以上生态田，除草就力不从心了。

再如，防病防虫也是一个问题，尤其是稻瘟病的重灾区，加之大多数优质品质抗病能力又相对差，现在的小面积试验主要是通过减少施肥量，控制产量指标，稀播稀插，增加田间通风透光等耕作措施来减轻病虫害，但缺乏十分有效的措施从根本上加以解决（如生物农药等）。

本试验所提出的稻、萍、蟹生态模式，条件适宜的地区（如水利资源丰富，劳力充沛，具有一定经济实力）应该积极示范推广。

五、结论

本项试验研究初步探索出一个未来有机稻米生产的栽培模式，即在农田不施化肥、不打农药，而依靠农肥与稻萍蟹立体栽培的生态技术防止田间杂草，并利用萍体和蟹粪增加土壤有机质，改善土壤理化性质，提高了土地利用率，农田无污染，环境得到保护，地越种越肥，产量会随之越来越高，兼顾产量、质量、效益和环境等因素，在不破坏环境和资源、不损害子孙后代利益的前提下，实现当代人们对生产者供需平衡的可持续发展的目的，使山更青、水更绿、地更肥，田间蛙儿叫、蟹儿游、稻花香，人与自然和谐的壮丽景观。

本项研究初步探讨出利用细绿萍体秋后翻入土壤中，改善土壤理化性质，增加了土壤速效氮．速效磷、速效钾的含量，提高了土壤有机质的一些技术参数，并为种地、养地有机食品的发展提供了有力技术支撑。

从生态效益看稻田养蟹及放萍是根据水稻、萍的生态特征、生物学特征及河蟹的生活习性形成的一种立体种养模式。通过生态系统中的物质循环和能量的转换形成其生态的关系，从而增加了稻田的生态负载力。稻萍蟹共生的条件在于：稻田水源充足，水质稳定，温度适宜，有利于蟹的生长，为河蟹生长提供部分饵料来源，同时稻萍田还可为河蟹生长提供依附物和栖息场所。萍的须根和萍体的腐烂使土壤表层疏松，改善土壤物理质；萍可提供有机肥料来源，恢复和提供土壤肥力。蟹属杂食动物，可摄食绿萍，因此，萍的存在既有利于水稻生长又有利蟹的生长。蟹可疏松土壤，消灭田间杂草，其粪便和剩余的饵料可转化为肥料，促进水稻的生长。因此，稻萍蟹之间产生共生互惠的效应，从而达到有机稻米生产的要求，实现农业的可持续发展。

有机稻米的生产发展将给中国带来什么改变 *

金连登　朱智伟　牟仁祥

中国水稻研究所　农业部稻米及制品质量监督检验测试中心

（浙江　杭州　310006）

摘　要：本文以科学发展观为指导，从结合推进农业与农村经济结构改革入手，分析了中国有机稻米生产发展的现状，阐明了有机稻米生产发展的六大因素，提出了有机稻米生产发展将给中国带来什么改变的命题，从理性的角度创新性地阐述了 8 个方面改变的热点议题。*

关键词：有机稻米；生产发展；中国；带来改变

有机稻米是有机农业的重要产物，也是有机食品的重要组成之一。由于有机稻米生产立足于全程质量控制、生态环境保护及农业可持续发展、产品确保食用安全的目标，符合当今中国在科学发展观的统领下，推行环境友好型、资源节约型、社会和谐型的经济社会发展方略，因此，得到政府和民众的认可，在近 10 年来生产发展也越来越快。那么，在我们不断注重国家粮食安全、农业生产方式转型升级、人民群众消费安全的主题下，如今，有机稻米的生产发展将会给中国带来什么改变呢？笔者认为，我们必须结合形势，从分析有机稻米的生产发展现状和原因入手，客观地认识并评价其已经或行将起到的改变作用，更好地启迪社会各方采取更加有力的措施，支持今后的有序发展，都将具有十分重要的现实意义。

一、中国有机稻米生产与销售的现状

中国有机稻米生产起步于 20 世纪 90 年代中期，进入 21 世纪后有了较大的发展。主要体现于生产面积增加，生产区域增大（目前已有近 20 个省区市生产有机稻米），生产产量提高（平均亩产从 300 千克提高到近 400 千克）。

1. 生产现状

据不完全调研及统计，至 2008 年中国有机稻米生产涉及种植的省区有黑龙江、吉林、辽宁、内蒙古、新疆、宁夏、湖北、湖南、河南、安徽、浙江、重庆、广东、上海、四川、云南、江苏等近 20 个水稻生产省（自治区、市），面积已达到 3 万公顷左右，年产精制有机大米在 12 万吨左右。其中东北三省占到生产总量的 60% ~ 70%。至今，经中绿华夏有机食品认证中心认证的有机稻米产品已达 150 个左右，生产面积约 2 万公顷。预计近5 年内，全国年新增生产面积将会不断有序扩大。

2. 销售现状

目前，中国有机稻米的销售形式主要以内销为主，占生产总量的 90% 以上；少部分出

---

* 本文原刊登在《中国有机食品市场与发展国际研讨会论文集》，2009 年 9 月，67 – 73 页

口日本、韩国及港澳地区等。在国内销售中，绝大多数为直接食用大米，略有少量用作食品加工，如米制食品、酿酒等。对有机稻米选购的对象主要明显的是 5 类人口，即企业经理阶层、高级知识阶层、中高层公务员、高收入务工阶层、外国驻华机构人士等。因有机稻米生产的标准化要求高，大米产品加工讲究工艺精细，食用安全系数高，外包装比较精美，因此，深受消费者的青睐。

二、中国有机稻米生产发展的因素

综观上述生产与销售发展的状态，说明中国有机稻米生产发展具有许多的有利因素。

1. 具有良好农业资源和生态区域环境的选择范围大

由农业部种植业管理司和中国水稻研究所编著出版的《中国稻米品质区划及优质栽培》专著，将全国水稻生产划分为四大产区，即：华南食用籼稻区，华中多用籼、粳稻区，西南高原食用、多用籼、粳、糯稻区和北方食用粳稻区。每个产区中又划分为若干个亚区和次亚区。据有关专家按此调研分析，在这些产区中的部分亚区或次亚区中，都具有一定面积规模的比较适宜有机稻米生产的良好生态环境条件，面积大约可占到 300 万公顷。而这些产区又均具有水源充沛、水质优越、灌溉便利、土壤条件良好、大气环境清洁等农业资源优势及生态条件，对区域性有机稻米的生产将提供较大的选择。

2. 具有无公害、绿色食品稻米生产加工产业化的宏大基础

这个基础主要体现于：第一，数量基础。据相关统计显示，截至 2008 年年底，经过依法认证的无公害、绿色食品稻米产品合计有 1 000 余个，年总产量达 500 万千克，涉及生产面积有 100 万公顷之多；这些基数将是有机稻米发展的重要生产基础。第二，质量控制基础。无公害、绿色食品稻米生产同样讲求全程质量管理，讲求认证程序，为发展有机食品稻米并更加严密的质量控制和追踪体系的建立健全打下了良好基础。第三，生产营销的模式基础。无公害、绿色食品稻米的生产模式以公司加基地加农户为主，营销模式以企业直销加代理助销为主，这为有机稻米的生产营销模式也提供了可借鉴的产业化发展基础。

3. 具有以传统技术与现代技术相结合的现代科技支撑

近些年来，水稻产区广大的稻农及相关农业科技工作者，在生产实践和科技攻关中，总结了传统农业生产方式的技术精华，积累并创新了许多有利于有机稻米生产的新型配套技术。主要集成于三大技术方式：一是对产地生态环境持续保持的技术方式；二是对病虫草害持续控制的技术方式；三是对土壤肥力持续支持的技术方式。这些生产的配套技术，为支撑有机稻米的更大发展奠定了相应的技术基础。

4. 具有生产与认证标准的积极引导

中国《有机产品》国家标准虽制定较晚，于 2005 年 1 月才正式实施。但从有机稻米的生产与认证开始之初，无论是生产者、认证机构都以参照相关国际组织（CAC、IF-OAM）和相关国家的有机标准为基础，建立了企业的生产标准和认证机构的认证技术规范。进入 21 世纪后，中国的有机产品标准与配套规程制定加快，对有机产品和有机稻米的生产与认证起到了规范化的积极引导作用，促使生产者的标准化实施操作不断走向规范化。

5. 具有百姓生活质量提高过程中对食用大米新需求的市场拉动

随着中国改革开放程度的推进和全面建设小康社会步伐的加快，在国家综合国力不断增强的同时，百姓的生活水平有了很大的改善，从而人们开始追求生活质量的提高。以大米为主食的人群对其的选择要求已从求"量多价低"变为"质高健康"。部分经济发达的大中城市居民，对无公害、绿色、有机食品专销店（区）情有独钟，并成为消费市场的一大亮点。其中，有约10%的居民具有选购食用有机大米的强烈意向，这已成为拉动有机稻米生产发展的重要市场要素。

6. 具有政府重视并政策推动的支持

由于有机农业是重要的生态农业表现形式，符合对农业的可持续发展要求。有机食品是21世纪世界追踪的健康安全食品，有利于人类的生命质量、生活质量改善，有利于中国的农业与农村经济结构战略性的合理调整，有利于新农村建设。因此，从中央政府到地方各级政府越来越重视并制定相应的政策来支持鼓励发展有机农业和有机食品，包括有机稻米。2002年农业部在全面推进"无公害食品行动计划实施意见"中明确提出了"大力发展品牌农产品。绿色食品、有机食品作为农产品质量认证体系的重要组成部分，要加快认证进程，扩大认证覆盖面，提高市场占有率"。2004年商务部、科技部等11个政府部门为加快有机食品产业发展，也联合印发了《关于积极推进有机食品产业发展的若干意见》。2005年农业部又发布了《关于发展无公害农产品、绿色食品、有机农产品的意见》。至2008年，中国共产党第十七届三中全会决定中明确提出了"支持发展绿色食品和有机食品"，这将对我国有机产品及有机稻米的生产发展起到划时代的促进作用。同时，近些年来，水稻产区的各级政府，也有的放矢地制定了相关的指导政策、扶持措施及奖励办法，有力推动并支持了有机农业和有机稻米的有序发展。

三、有机稻米的生产发展将给中国带来的改变

全球有机农业和有机食品生产的宗旨是：建立人与自然的和谐关系，促进生态环境的利用和保护，实现农产品的质量安全和农业的可持续发展。因此，有机稻米的生产发展在遵循这些宗旨下，结合当前中国政府作出的推进农村改革发展决定及促进农业稳定发展农民持续增收的若干意见等决策的新形势，其将给中国带来的改变主要会体现在以下8个方面。

1. 推进水稻品种结构和种植模式优化的改变

有机稻米生产的目的是供食用，作为定位于稻米中的高端产品，其第一要素是品质好、食味好，为此，生产者必须选择优良的水稻品种种植，这将有力促进水稻品种选育上的优化，推进水稻育种创新的进程。同时，有机水稻的种植需要选择良好的产地生态环境和相应的隔离措施，以及实行灌排水设施分离，依靠有机体系内自身力量保持土壤肥力为主，并保护生物多样性等，这将对传统的水稻种植模式是一种摒弃。因此，这种"双优化"的改变是一种结构模式上的创新，其也符合现代农业发展的方向。

2. 终结依赖化学物质使用维持生产的改变

有机稻米与有机农产品一样，在生产和加工过程中不使用人工合成的化学肥料、化学农药、生长激素、化学添加剂、化学色素和化学防腐剂等化学物质，不使用基因工程技术及其产品，这与传统农业和常规稻米大量依赖于使用化学物质维持生产相比，是一种颠覆

性改变。其对于稻区修复环境，治理土壤、水系的化学物质残留，改善土壤养分等具有重大的引导作用。

3. 促进生产过程控制方式的改变

当前，往往农产品质量安全出现的问题与生产过程的控制方式不严密有关。而有机稻米生产要求是依据《有机产品》标准进行操作，其需要实施对生产过程每个环节的有效控制，控制方式是依照标准和相关技术规程，实行过程有记录、环节有监督、全程可追踪，并注重有凭据验证；同时，有机生产讲究生产者建立健全质量管理体系，提倡与 GAP、HACCP、ISO9000 质量体系等并行。这与常规的稻米生产仍为粗放式的状态形成了截然不同的改变，其对常规的农产品生产控制方式将是一种典型的引路。

4. 推动水稻技术创新和应用效果的改变

由于有机水稻生产中不能使用化学物质防治病虫草害和土壤培肥，需要采用的是农业、生物、物理等方式。这就迫使水稻科技人员和生产者，需潜心研究和集成创新并形成有效的相关病虫草害综合防治新技术，以及生物肥料、有机肥料、农家肥料的配制技术等，攻关生物农药除草剂研制及种养结合、轮作休耕技术等。同时，须讲求在有机水稻生产中形成符合标准的应用效果。经过多年的努力，在这方面已形成了部分较成熟的技术，并取得了较好的效果。随着今后攻关研究创新力度的加大，支撑中国有机稻米生产的技术保障体系还将不断得到完善、配套和提升。

5. 引领稻农和生产者传统观念和素质的改变

由于有机稻米生产注重过程的系统化、规范化控制，要求从业的稻农和生产者克服传统自由或自主式为主的生产观念，而树立起清洁化生产、不使用化学物质、农事操作有记录、质量控制可追踪的新观念等，因此，这必将使稻农和生产者提升与观念更新相适应的素质，而这些素质包括文化素质和技术要领的解读及应用能力，其与国家建设新农村，"提高农民科学文化素质，培育有文化、懂技术、会经营的新型农民"及"支持建设绿色和有机农产品生产基地"目标一致，对大量从事常规水稻生产的稻农改变传统生产观念及提升从业素质已具引领作用。

6. 增强稻米生产及农业标准化实施信念的改变

推动农业标准化工作是现代农业实施的重要标志，也是中国政府在新时期推进农业生产方式转变的方针之一。但实施稻米生产及农业标准化的前提是生产的规模化、组织化、集约化程度要高。实践证明，以千家万户小农户及粗放式的生产模式是难以实施的。而有机稻米的生产以国家标准《有机产品》为基础，在实施中必须做到生产、加工、包装、销售及标志与标识使用等的全程依标生产、依标记录、依标追溯，否则就不能通过认证，就充分体现了生产的规模化、控制的组织化、管理的集约化。这应该是当前中国最好的农业标准化实施模式之一，因此，其也将对其他模式的稻米生产及农业标准化实施树立样板并增强信念。

7. 提振消费者对食用稻米质量安全选择信心的改变

稻米是中国 60% 以上人口的主食，每年的消费量在所有食品中占第一。由于在农业生产中使用大量的化学物质，加之环境的污染对生产的侵害，人们普遍担心稻米的食用安全。尤其是"三鹿奶粉"事件后，民众对食品安全疑虑增多。而有机稻米的生产注重非化学方式，强化过程安全控制，做到全程标准化生产，其最终产量大米应该是安全的和放心的产品。这对消费者来讲，不仅可增加选择的余地，而且，对以有机方式生产并认证的其他食品，也将提振消费的信心，以至起到进一步促进消费并拉动生产的效果。

8. 促动各级政府加快推行有机农业补贴政策的改变

从目前中国经认证的有机产品 2 400 余个总量中，有机稻米的比例也许是最多的，预计会占到10%左右，其涉及的农民和农业企业也会是最多的。在中国政府倡导支持绿色食品和有机食品发展的时刻，以有机稻米的生产发展方式引领的有机农产品生产会首先引起相关政府的高度重视，从而，在目前国家推行的农业财政补贴结构中作出必要的调整，有可能制定出有机农业的补贴政策并加快推行，以促进有机农产品生产基地的建设和有机食品在中国的有序健康发展。

参考文献

[1] 金连登．我国有机稻米生产现状及发展对策研究［J］．中国稻米，2007（3）：1－4.

[2] 蔡洪法．中国稻米品质区划及优质栽培［M］．北京：中国农业出版社，2002.

[3] 金连登，朱智伟．中国有机稻米生产加工与认证管理技术指南［M］．北京：中国农业科学技术出版社，2004.

[4] 郭春敏，李秋洪，等．有机农业与有机食品生产技术［M］．北京：中国农业科学技术出版社，2005.

[5] 黄世文，王玲，等．水稻重要病虫草害综合防治核心技术［J］．中国稻米，2009（2）：55－56.

浅谈"稻鸭共育"技术应用与低碳稻作发展及稻米品质提升的关联性[*]

金连登

中国水稻研究所

（浙江　杭州　310006）

摘　要： 低碳经济及低碳农业已是世界关注的焦点，稻米品质提升更是我国亿万人口关注的热点。本文针对这两大主题，结合国内日益发展的"稻鸭共育"技术应用及效果，提示了低碳稻作生产发展的方向性目标，阐述了"稻鸭共育"与低碳稻作的一致性关系，提出了通过"稻鸭共育"技术提升稻米品质的关联性路径。

关键词： 稻鸭共育；低碳稻作；稻米品质

在 2009 年召开的哥本哈根世界气候大会上，温家宝总理代表中国政府在会上承诺：到 2020 年，我国单位 GDP 的二氧化碳（CO_2）排放量（即碳排放强度，简称碳强度）将在 2005 年的水平上减少 40% ~45%。面对这一承诺，我国各级政府，各行各业都必须以实际行动来实施低碳经济及低碳农业的方略，尤其是在实施现代农业和现代稻作的发展中，更应有所作为。

一、低碳稻作生产发展的方向性目标

当前，农业的污染是一个无法回避的问题，农业污染即面源污染，或称非点源污染，主要有过量施用化肥和化学合成农药造成的土壤和水体污染、农业生产废弃物造成的污染和农业温室气体排放等三大类。而水稻生产所具有的这三大类污染特征更为明显，在哥本哈根会上，稻田也一度被认为是造成大气中甲烷（CH_4）含量上升至温室效应的最大人为源。国内有关专家也研究指出：稻田是大气甲烷的重要排放源，甲烷温室效应约是二氧化碳的 30 倍。因此，在我国实施现代农业和现代稻作策略中，必须将低碳稻作生产的发展作为我国重大的节能减排要求来对待，其应围绕以下方向性目标来采取相应的举措。

第一，将减少化肥的施用作为重点。目前，我国水稻生产中化肥的用量仍然过多，每亩平均达到 40 多千克，必须采取措施，减轻过量施用化肥造成的环境污染、土壤板结、生物多样性的破坏程度。多采用种植绿肥、测土配肥、平衡施用农家肥、增施生物肥或有机肥，提倡化肥深施、平衡施肥技术应用等。据有关专家测算，施有机肥每年每公顷可增加有机碳 0.53 吨。若以全国稻田 4.5 亿亩算，以每亩增加有机质 0.1 个百分点，就增稻田碳汇 0.45 亿吨，相当于总减排二氧化碳 2.8 亿吨左右。

第二，推进绿色植保技术，减少化学农药施用量。深化高毒农药的替代技术研究与推

---

* 本文原刊登在《全国稻鸭共作研讨会论文集》，2010 年 7 月，50 - 52 页

广，生产应用生物农药高效低毒或无毒新型农药；加大综合运用杀虫灯、昆虫性信息素及色板等"三诱"防治技术及防虫网阻隔等物理防治水稻病虫害措施；大力推广稻田生物养殖的种养结合模式与人工释放天敌等生物防治技术等。

第三，推广稻田间歇灌溉技术。通过改变水稻田的水分管理可以改变甲烷菌生存的厌氧环境，从而控制甲烷产生和排放。另外，有条件的地区，采用滴灌水稻栽培技术，是一种既可节水又不产生稻田甲烷的生产方式。

第四，采用少耕、免耕或轮作等水稻保护性种植模式。其中，少耕、免耕会减少对土壤的扰动，对增加土壤团聚体数量，改善土壤结构和降低土壤表层有机质的矿化率均有作用。通过水稻适宜的品种间轮作，或与大豆、小麦、玉米、土豆、薯类等作物的轮作，有利于调节土壤结构，改善稻田的碳排放速率。

第五，鼓励稻草综合利用开发。除因地制宜将稻草适度还田利用外，应积极将稻草能源化——开发固化或气化燃料，饲料化——开发动物饲料，肥料化——开发农家肥或生物复合肥，建材化——开发建筑或家俱材料等，减少稻草就地燃烧产生的甲烷和氧化亚氮（N_2O）的排放。

第六，推动绿色农业和有机农业生产方式在稻作生产中所占比重。以减少或不施用化学物质为关键控制的水稻标准化生产方式，既是绿色农业、有机农业的体现，也是现代农业综合技术运用，低碳农业发展及生物多样性保护的根本要求，因此，其具农业的可持续发展目标，应大力推动。

二、"稻鸭共育"技术应用与低碳稻作生产的一致性

"稻鸭共育"技术又称"稻鸭共作""稻鸭共生"等。它是指将雏鸭放入稻田后，无论白天和夜间，鸭一直生活在稻田里，稻和鸭构成了一个相互依赖、共生共长的种养复合生态农业技术体系。因此，该技术也是当前低碳稻作的种养复合技术，其与低碳稻作生产相关的一致性主要体现以下方面。

1. 对水稻病虫害的防治效果与低碳稻作减少化学农药施用量一致

据有关科研、推广机构多年实践证明，"稻鸭共育"技术对水稻三大重要流行病稻瘟病、白叶枯病、纹枯病具有防控作用，尤其是对纹枯病防治的效果更为明显。同时，其对以三化螟、二化螟、褐飞虱、白背飞虱、黑尾叶蝉、稻纵卷叶螟等主要害虫更具明显防治效果。因此，"稻鸭共育"技术可以按低碳稻作要求，实现在水稻成熟期前少施或不施化学农药要求，达到良好的防病治虫效果。

2. 对稻田杂草的防除效果与低碳稻作少用或不施化学除草剂一致

据统计，我国稻田杂草有 200 余种，其中严重危害的有 20 多种，稻田杂草多，与水稻争夺光照、肥料和生产空间，造成单位面积减产。过多依赖化学除草剂，会造成环境污染，碳排放量增加。但通过与鸭子共生，利用鸭子的食杂性特点，对除草的效果极为显著。从而，可以做到少用或不施化学除草剂，这与低碳稻作的要求完全吻合。

3. 对稻田的增肥效果与低碳稻作减少化肥施用量一致

据中国水稻研究所相关课题组研究表明：鸭粪的养分含量略低于鸡粪，但其粪中铁、锰、硼、硅含量居各种畜禽粪尿类之首。另外，一只鸭在稻鸭共育期间能排泄粪尿 10～12 千克，且氮、磷、钾含量丰富，如以 50 平方米稻田放养一只鸭子计算，其粪尿能够满足

水稻正常生长发育的肥力需求。因此，其不仅起到了给水稻增肥、追肥的需要，而且，其也可为低碳稻作减少化肥，直至不施化学追肥奠定良好基础。

4. 对水稻的刺激生长及中耕、浑水、增氧放果与低碳稻作的减排要求一致

由于鸭子具有天生的活动性，在稻田中不停地穿梭觅食，产生了中耕浑水效果。水的搅动又使空气中的氧更易溶解于水中，促进水稻生长。泥土的搅拌浑水，也会抑制杂草发芽。同时，鸭在水稻植株间不停活动、刺激了水稻植株的发育和健壮，以增强抗逆能力。湖南农业大学专家黄瑛揭示的低碳稻作减排机理是：鸭子的活动增加了稻田水层与泥土层溶解氧含量；减少了土壤产甲烷细菌数量，由于鸭子的杂食性，田间杂草及水稻茎秆下脚叶被食，减少了为土壤甲烷细菌提供基质的来源。因此，发现"稻鸭共育"能显著降低甲烷排放量，与常规水稻生产相比，减排幅度为 44~55 千克/公顷，降低了 20%~33%。

5. 对水稻产区生态环境安全与低碳稻作促进生物多样性一致

据各地对"稻鸭共育"技术示范效果表明：采用"稻鸭共育"技术，实行了植物与动物的共生共长。由于不施用化学肥料和农药，鸭子的成活率高，同时也吸引了部分鸟类的到来，有利于对水稻植株上部害虫的捕食。据浙江金华的有机水稻基地试验结果显示，稻田中蜘蛛量比常规稻田增加 1.137~1.10 倍，其能有效抑制稻飞虱。同时，水稻害虫的寄生天敌褐腰赤眼蜂也大量增长，对稻飞虱卵和稻纵卷叶螟均有控制作用。因此，"稻鸭共育"技术对水稻产区的生态环境安全保护与低碳稻作促进生物多样性，保障农业的可持续发展是相辅相成的。

三、"稻鸭共育"技术应用对稻米品质提升的要求关联性

随着我国经济社会的发展和人们生活水平的日益提高，对食用稻米品质提升的要求越来越迫切。"宁可吃得少、也要吃得好、更要吃得安全放心"已是一种社会共识。由于"稻鸭共育"技术方式在水稻生产中应用越来越广，其对稻米品质的提升，既具有现实独特的功能，又具有潜在的发展功能，两者之间的关联性主要会体现在以下方面。

1. 食用安全品质有保障

由于"稻鸭共育"技术应用的稻田必须选择在土壤农药残留和重金属含量低、产地环境好的区块，其生产过程中不能施用不利于鸭子共生共长的农药和化肥，因而，从生产的源头和生产的过程加以"双控制"，其产出的稻米必然符合国家食品安全标准的要求，可以吃得放心。据农业部稻米及制品质量监督检验测试中心每年从"稻鸭共育"产地委托或抽检的样品检测显示，其安全指标合格率达 100%。

2. 理化品质显特色

稻米食用理化品质也称蒸煮品质，主要体现在碱消值、胶稠度、直链淀粉等指标上。通过几年来，中国水稻研究所课题研究人员的分析，"稻鸭共育"稻米与常规稻米比较，除碱消值差别不大外，胶稠度两者变幅在 88~61，直链淀粉两者变幅在 11.4~17.3。相比之下，彼此差异较大，"稻鸭共育"的稻米在胶稠度和直链淀粉含量上具有较大特色优势。

3. 食味品质趋提升

稻米食味品质亦称感官品质，其主要指标是气味、色泽、形态、适口性、滋味等。目前，食味品质是消费者对稻米外观和口感的直接反映。据江苏丹阳嘉贤米业公司对市场消

费者的调查反映，同一品种，产自于"稻鸭共育"稻田的稻米，消费者品尝后感觉其软而适口、香而有质地。究其原因是不用化肥和农药对提升食味品质有大益。据农业部稻米及制品质量监督检验测试中心多年组织食味测定，"稻鸭共育"稻米的分值要高于常规稻米5～10个百分点。

4. 营养品质待改善

稻米的营养品质包括蛋白质、总淀粉、氨基酸、矿物质元素、维生素及碳水化合物等多种指标。其应是主食稻米人群的营养素来源重要部分，但目前，对稻米营养品质，无论是生产者、经营者和消费者都比较注重蛋白质含量，而忽略其他相关指标的含量，值得改善。就蛋白质指标而言，"稻鸭共育"稻米与常规稻米的变幅一般在 7.4～11.0。中国水稻研究所的专家，通过近 3 年对有关"稻鸭共育"基地产出稻米的跟踪发现，其蛋白质平均含量在 8.6，属比较适宜人体接受的营养指标范围。但蛋白质含量又与其品种不同有密切关系，如含量高则影响食味，含量过低则营养性欠佳。

参考文献

［1］朱万斌，王海滨，林长松.中国生态农业与面源污染减排［J］.中国农学通报，2007，23（10）：184－187.

［2］张文斌，马静.中国稻田 CH_4 排放量估算研究综述［J］.土壤学报，2009，46（5）：907－908.

［3］沈晓昆.稻鸭共作赚钱多［M］.南京：江苏科学技术出版社，2007.

［4］金连登，朱智伟，等."稻鸭共育"技术与我国有机水稻种植的作用分析［J］.农业环境与发展，2008（2）：49－52.

［5］沈晓昆.稻鸭共作增值关键技术［M］.北京：中国三峡出版社，2006.

［6］金连登.树立现代食用稻米品质新理念　研寻粳稻米多元市场需求新对策［C］//第三届全国粳稻米产业大会专集.2008.

稻鸭生态种养与低碳高效生产 *

张卫星[1]　许立[1]　谢桐洲[2]　玄松南[1]　张寿江[2]　闵捷[1]　金连登[1]

1. 中国水稻研究所　（浙江　杭州　310006）；

2. 江苏省丹阳市嘉贤米业有限公司　（江苏　丹阳　212341）

基金项目：国家水稻产业技术体系专项（2011－2015）；中央级公益性科研院所基金（CNRRI2012RG007－3）；江苏省丹阳市高层次创业创新人才项目（2011）

摘　要：阐述稻鸭生态种养的特色与优势、研究进展与应用前景，并剖析稻鸭共育防治病虫草害的效果，中耕肥田及增氧刺激水稻生长的效应，对生态环境的贡献等方面与低碳生产要求减少化学肥料、农药、除草剂的施用量和节能减排、促进生物多样性的一致性。

关键词：水稻；鸭；生态农业；立体种养；低碳经济；优质高效

当前低碳经济已成为社会发展模式创新和转型的一个热门话题，实现高效、低耗、无污染，不仅事关国家未来竞争力和可持续发展，而且事关国民身心健康与构建和谐社会的大局。加快发展现代优质高效农业，以节肥、节药、节水、节饲和资源循环利用为目标，走产品质量优质化、综合效益高效化、资源利用集约化、生产过程清洁化、环境影响无害化为特征的生态农业之路，是作为第一产业的农业实现低碳高效发展的必然选择。实践证明，将种植业和养殖业有机结合，实施种养一体化，是解决农业面源污染和实现优质高效生产的有效途径，有利于低碳循环生态农业的形成。种植业内部、养殖业内部的物质循环利用，以及种养加相结合的物质循环利用，既能实现畜禽养殖"零排放"，又可为农作物种植提供肥源，真正实现优质高效农产品的生产，促进低碳农业和生态经济的增长，达到农民增收、农业增效和生态环境保护的多重功效。其中，稻鸭共育生态种养，就是把传统依靠化肥、农药种植水稻的单一模式，调整为稻＋鸭、稻＋鸭＋萍和稻＋鸭＋萍＋鱼等多物种、多类型的种养模式，形成依靠鸭在稻丛间中耕、除草、吃虫、吃萍、排泄和换羽还田肥土等多项功能，从而构建不施化肥农药、不污染环境、省工节本降耗的低碳稻作生产体系，形成以水田为基础、种稻为中心、家鸭野养为特点的自然生态和人为干预相结合的复合生态系统，已成为一项生产优质高效稻鸭产品，实现高效低碳农业的立体生态种养模式。瞄准当前国家发展低碳高效生态农业的重大科技需求，围绕优质、高产、高效、生态、安全的现代农业十字方针，开展高效低碳稻鸭生态种养与资源循环利用关键技术的研究与应用，明确稻鸭共育的低碳效应及其生理生态机制，研发稻鸭优质高效生产技术并集成应用，具有重要的理论与实践意义。

一、特色与优势

稻鸭生态种养的特色：不施化肥、农药，为鸭提供了充足的水分和既无污染又舒适的

＊　本文原发表于《浙江农业科学》2012 年第 7 期，923－926 页

活动场所，其间的害虫（飞虱、叶蝉、蛾类及其幼虫、象甲、蝼蛄、福寿螺等）、浮游和底栖小生物、绿萍，为鸭提供丰富的饲料，并减少对水稻生育的为害；稻的茂密茎叶为鸭提供了避光、避敌的栖息地。鸭在稻丛间不断踩踏，使杂草明显减少，有着人工和化学除草的效果；鸭在稻间不断活动，既能疏松表土，又能促使气、液、土三相之间的交流，从而把不利于水稻根系生长的气体排到空气中，氧气等有益气体进入水体和表土，起到了中耕的作用，促进水稻根系、分蘖的生长和发育，增强抗倒能力；鸭在稻丛间连续活动，排泄物和换下的羽毛，不断掉入稻田，给水稻以追肥。因而，稻鸭共育的自然生产系统，可以实现种稻低碳高效；生产的优质稻米无公害，野生化的鸭肉成为鲜美可口营养丰富的有机绿色食品，售价高效益好；稻区环境不受污染，稻田可持续种养。

稻鸭生态种养的优势：能有效控制病虫草害和培肥稻田，减少化肥农药的使用量，降低农业面源污染，有效提高农产品质量和市场竞争能力，是建设高效低碳农业、发展有机生态农业的有效途径和新兴模式。

二、研究概况

稻鸭生态种养实质上是一项传统农耕稻作模式的提升与应用，这种模式的深化、研究与应用最先于20世纪的后期由日本兴起，并逐步形成了较为完善的技术理论体系与应用实践，国内随后有多家单位先后开展了相关的理论探索和技术应用。

1998年以来，中国水稻研究所研究人员在查阅国内外有关文献资料和吸收日本稻田养鸭技术的基础上，自主创新，经过深入试验研究和示范，提出了一项以生产无公害高效益稻鸭产品为目标的大田畈、小群体、少饲喂稻鸭共育生态种养结合新技术。该项技术利用家鸭在稻间野养，不断捕食害虫，吃（踩）杂草，耕耘和刺激水稻生育，能显著减轻稻田虫、草、病的为害，同时排泄物又是水稻的优良有机肥，使水稻健壮生育，具有明显的省肥省药省工、节本增收和保护环境的多重功效，生产出的稻米和鸭肉产品优质、无公害。2004年，由该所主持承担的稻鸭共育无公害高效益技术及原理研究和应用项目通过了浙江省科技厅组织的成果鉴定。专家们一致认为，该项目提出的集成技术及其操作规程具有创新性，推广应用速度快，取得的经济、社会、生态效益显著，对促进农业增效、农民增收、保护和提高粮食生产能力具有重大的现实意义。据统计，该技术3年（2001—2003年）累计推广应用8.64万/公顷；1.53万/公顷中心示范方因节本及产品优质等使得纯收入比单纯种稻增加3 403.5元/公顷，增产稻谷295.5千克/公顷；为稻农增收2.94亿元，增产稻谷2.5万多吨。现已形成了农户＋基地＋龙头企业的规模化产业开发模式，促进了稻鸭产业群的建立和优质无公害稻米与鸭产品生产、加工、销售产业链的延伸。

江苏省丹阳市引进日本稻鸭共作技术，在原有的技术基础上吸收和再创新，建立了丹阳稻鸭共作基地，总结形成了一整套符合我国国情的稻鸭共作优质稻米集成生产技术，成为全国稻鸭共作技术人才交流和培训的中心。丹阳市农林局在此基础上组织编制了《稻鸭共作无公害生产技术规程》（2005年通过镇江市地方标准审定，并予以颁布执行），形成的稻鸭共作优质高产集成技术，从稻鸭品种繁育、筛选、应用到水稻标准化栽培管理、役用鸭标准化放养、饲育管理等各方面都在原有稻鸭共作的技术基础上有了许多创新和提高。同时，还以丹阳市嘉贤米业有限公司为主体形成了稳定的稻鸭共作有机生产体系，成为了全国稻田养鸭典型样板、国家粮食丰产科技工程稻鸭共作清洁化栽培技术示范基地、中日农业科技合作成果示范基地和国家引进国外智力成果示范基地。采用的稻鸭共作技术被国家外专局树为典型范例，受到日本等国外众多专家赞扬。2007 年和 2008 年，稻鸭共作引智基地承办 2 期全国稻鸭共作培训班，全国稻作区省份 300 多位技术人员参加培训。2009 年，不定期举办现场示范会和技术培训班十余场次。至 2011 年年底该稻鸭共作基地先后接待和培训江西、安徽、山东、湖北等省的技术人员 5 000 余人次。在本区域内带动 1 000 多农户发展稻鸭共作种植水稻，面积达 3333 公顷，平均节本增收超过 1.5 万元/公顷。

湖南农业大学自 20 世纪 90 年代初开始研究稻鸭立体种养模式，系统研究了稻鸭共育技术规程、稻鸭共育对水稻病虫草害的影响、对稻田生物群落的影响、对稻田土壤的影响、稻鸭共育生态功能评价以及减排温室气体机理等。在益阳、浏阳等地采用静止箱原位观测的办法进行观测、取样、测量。发现稻鸭共育能显著降低甲烷（CH_4）的排放量，与常规水稻生产相比，差异显著，其日变化规律与温度变化基本一致，季节变化主要随着水稻的生育期及稻田土壤含碳量的变化而变化。在一些科学家看来，农田排放温室气体是影响气候变暖的重要原因，湖南农业大学的研究表明，稻鸭共育减少了农田温室气体的排放。按照项目专家的理论依据，减排机理主要在于：鸭子的活动增加了稻田水层与泥土层溶解氧含量；减少了土壤产甲烷细菌数量；田间杂草及水稻茎秆下脚叶被鸭子取食，减少了为土壤甲烷细菌提供基质的来源。但由于水层和表层泥溶解氧含量增加，有助于氧化亚氮产生与排放，因此 N_2O 排放量较常规稻作略有增加。但稻鸭种养模式的 CH_4 和 N_2O 产生的总温室效应比常规稻作减少了相当于 864.5 ~ 1 269.3 克/公顷的 CO_2 排放量。还有研究指出稻、鸭、鱼生态种养对稻田甲烷减排及水稻栽培环境大有改善。稻鸭鱼共栖生态系统中，鱼和鸭通过消灭杂草和水稻下脚叶影响甲烷菌生存的环境，间接地减少甲烷的产生；最重要的是，通过鸭群和鱼的活动增加稻田水体和土层的溶解氧，改善了土壤氧化还原状况，加快了甲烷的再氧化，从而降低甲烷的排放通量和排放总量，对稻田甲烷排放高峰期的控制效果最为明显。

三、稻鸭生态种养与低碳稻作生产的一致性

稻鸭生态种养的低碳效应在于，能显著减少甲烷气体排放，发挥"节能减排"的大作用。在哥本哈根会议上中国政府承诺，到 2020 年，我国单位 GDP 的 CO_2 排放量将在 2005 年的水平上减少 40% ~ 45%。稻田一度被认为是造成大气中甲烷（CH_4）含量上升的最大源头，而 CH_4 的温室效应约是 CO_2 的 30 倍。这种看法无疑对我国水稻生产、低碳高效农业的发展以及政府承诺的兑现带来极大挑战。稻鸭生态种养与低碳稻作生产的一致性主要表现在以下几个方面。

稻鸭共育对水稻病虫害的防治效果与低碳稻作减少化学农药施用量的要求相一致。稻鸭共育对稻瘟病、白叶枯病、纹枯病具有防控作用，对二化螟、三化螟、褐飞虱、白背飞虱、黑尾叶蝉、稻纵卷叶螟等主要害虫更具有明显的防治效果。因此该技术可以按低碳稻作要求，实现在水稻生长期间少用或不用化学农药而达到良好的防病治虫效果。

稻鸭共育对稻田杂草的防除效果与低碳稻作少用或不施化学除草剂的要求相一致。稻田杂草多且为害严重，与水稻争光照、肥料和生长空间，造成减产。而过多地依赖化学除草剂，则会造成环境污染和碳排放量的增加。通过稻鸭共生，利用鸭子的杂食性，对除草

的效果极为显著，从而可以做到少用或不施化学除草剂，这与低碳稻作的要求相吻合。

稻鸭共育对稻田的增肥效果与低碳稻作减少化肥施用量的要求相一致。在稻鸭共育期间，每只鸭能排泄粪便 10～12 千克，其养分含量虽略低于鸡粪，但铁、锰、硼、硅含量居各种畜禽粪便之首，且氮、磷、钾含量也较丰富。据统计，1 只鸭在稻丛间 2 个月左右累计排泄物相当于 N 47 克、P_2O_5 70 克和 K_2O 31 克，能满足 50 平方米稻田上水稻植株正常生长发育的肥力需求。因此，稻鸭共育不仅起到给水稻增肥、追肥的效果，而且还可为低碳稻作减少化肥直至不追施化肥奠定良好的基础。

稻鸭共育对水稻的生长刺激及中耕、浑水、增氧效果与低碳稻作的减排要求相一致。鸭子天生好动，在稻田中不停穿梭觅食，具有中耕浑水效果，既刺激稻株健壮发育，又增加水层与泥土层溶解氧的含量，抑制杂草发芽生长以及啄食田间杂草和茎秆下部叶片，从而减少了土壤产甲烷细菌的基质来源和种群数量。因此，稻鸭共育能显著降低甲烷排放量，减排幅度为 44～55 千克/公顷，比常规稻作降低 20%～33%。

稻鸭共育对水稻产区生态环境安全的贡献与低碳稻作促进生物多样性的要求相一致。稻鸭共育实现了植物与动物的共生共长，且不施用化肥和农药，稻田中蜘蛛数量比常规稻作大约增加 1.1 倍，水稻害虫的寄生天敌如赤眼蜂也大量增长。可见稻鸭共育技术对水稻产区生态环境保护的贡献与低碳稻作促进生物多样性和农业可持续发展的要求一致。

四、应用前景

稻鸭生态种养是一项低投入、高产出、降能耗、少排放的先进环保优质高效新技术。由于稻田养鸭，产出优质无公害的大米、鸭肉及鸭蛋，农民收入增加，与常规稻作相比较，所产生的经济效益、社会效益和生态效益非常显著。因此，各地都在积极研究与推广应用这种模式，并进行广泛吸收和再创新，该项技术符合发展低碳生态农业及生产优质安全食品的要求，其应用前景将很广阔。

随着人们对生态环境问题的普遍关注，对建立在大量使用化肥农药的农业生产体系提出了挑战。而人民生活水平的提高，消费者对健康问题的广泛重视，也促使人们将农业进一步发展的方向定位在无公害、无污染农副产品生产上，并制定出相应的技术、质量标准。有机食品概念下的有机农业便是这一趋势的必然反映。有机稻米的生产过程是不使用化肥、农药、生长调节剂等物质，也不采用转基因技术及其产物，而是遵循自然规律和生态学原理，采用种养结合、循环再生、维持农田生态系统持续稳定等一系列可持续发展的农业技术进行生产。有机水稻生产以健全土壤培肥体系为基础，以推进水稻健身栽培为抓手，以实施农业综合防治为保障，从化学农业生产方式转换到有机农业生产方式上来，实现作物高产高效的总体策略。稻鸭共育生态种养应用于有机水稻是当今兴起的一项生产技术，成为有机生产体系中病虫草害综合防治和稻田土壤持续培肥的核心技术。这种稻鸭生态种养模式，既符合有机食品生产的要求，又符合优质高效生产的目标，具有省工、节本、高效、产品优质安全等特点，既是农户增收致富的一条好途径，也是实施有机绿色环保的一项好措施。因此，稻鸭生态种养在有机农业生产领域会有更加广阔的应用前景。

参考文献

[1] 赵其国，钱海燕．低碳经济与农业发展思考［J］．生态环境学报，2009，18

（5）：1 609 - 1 614.

　　［2］罗吉文，许蕾．论低碳农业的产生、内涵与发展对策［J］．农业现代化研究，2010，31（6）：701 - 703.

　　［3］张莉侠，曹黎明．中国低碳农业发展：基础、挑战与对策［J］．农业经济，2011（4）：3 - 5.

　　［4］朱万斌，王海滨，林长松，等．中国生态农业与面源污染减排［J］．中国农学通报，2007，23（10）：184 - 187.

　　［5］贺金萍．农业发展新探索：从生态农业到低碳农业［J］．新农村，2011（4）：51 - 52.

　　［6］左晓旭，陈小忠，沈建国，等．稻鸭共育高效机制与高产技术［J］．浙江农业科学，2005（5）：417 - 418.

　　［7］王成豹，马成武，陈海星．稻鸭共作生产有机稻的效果［J］．浙江农业科学，2003（4）194 - 196.

　　［8］黄国勤，赵其国．低碳经济、低碳农业与低碳作物生产［J］．江西农业大学学报：社会科学版，2011，10（1）：1 - 5.

　　［9］蔡立湘，彭新德，纪雄辉，等．南方稻区低碳农业发展的技术途径［J］．作物研究，2010，24（4）：218 - 223.

　　［10］向平安，黄璜，黄梅，等．稻—鸭生态种养技术减排甲烷的研究及经济评价［J］．中国农业科学，2006，39（5）：968 - 975.

　　［11］袁伟玲，曹凑贵，李成芳，等．稻鸭、稻鱼共作生态系统 CH_4 和 N_2O 温室效应及经济效益评估［J］．中国农业科学，2009，42（6）：2 052 - 2 060.

　　［12］黄璜．稻鸭生态种养技术［J］．农民科技培训，2011（4）：23 - 24.

　　［13］沈晓昆．稻鸭共作：无公害有机稻米生产新技术［M］．北京：中国农业科学技术出版社，2003.

　　［14］许德海，禹盛苗，金千瑜，等．稻鸭共育无公害高效益技术研究成果与应用［J］．中国稻米，2006（3）：37 - 39.

　　［15］金连登，朱智伟，朱凤姑，等．稻鸭共育技术与我国有机水稻种植的作用分析［J］．农业环境与发展，2008，25（2）：49 - 52.

　　［16］朱凤姑，庆生，诸葛梓．稻鸭生态结构对稻田有害生物群落的控制作用［J］．浙江农业学报，2004，16（1）：37 - 41.

　　［17］向敏，黄鹤春，裴正峰，等．我国稻鸭共作技术发展现状与对策［J］．畜牧与饲料科学，2010，31（10）：33 - 36.

　　［18］禹盛苗，欧阳由男，张秋英，等．稻鸭共育复合系统对水稻生长与产量的影响［J］．应用生态学报，2005，16（7）：1 252 - 1 256.

　　［19］张苗苗，宗良纲，谢桐洲．有机稻鸭共作对土壤养分动态变化和经济效益的影响［J］．中国生态农业学报，2010，18（2）：256 - 260.

　　［20］赵诚辉，张亚，曾晓楠，等．稻鸭共养生态系统抑制病虫草害发生的研究进展［J］．家畜生态学报，2009（6）：146 - 151.

　　［21］沈建凯，黄璜，傅志强，等．规模化稻鸭生态种养对稻田杂草群落组成及物种多样性的影响［J］．中国生态农业学报，2010（1）：123 - 128.

［22］杨志辉，黄璜，王华．稻—鸭复合生态系统稻田土壤质量研究［J］．土壤通报，2004，35（2）：117－121.

［23］黄璜，杨志辉，王华，等．湿地稻—鸭复合系统的 CH_4 排放规律［J］．生态学报，2003，23（5）：929－934.

［24］秦钟，章家恩，骆世明，等．稻鸭共作系统生态服务功能价值的评估研究［J］．资源科学，2010，32（5）：864－872.

［25］张广斌，马静，徐华，等．中国稻田 CH_4 排放量估算研究综述［J］．土壤学报，2009，46（5）：907－916.

［26］展茗，曹凑贵，汪金平，等．稻鸭复合系统的温室气体排放及其温室效应［J］．环境科学学报，2009，29（2）：420－426.

［27］孙园园．川中丘区稻田生态系统温室气体排放研究：以四川省金堂县为例［D］．成都：四川农业大学，2007.

［28］甄若宏，王强盛，张卫建，等．稻鸭共作对水稻条纹叶枯病发生规律的影响［J］．生态学报，2006，26（9）：3 060－3 065.

［29］周华光，梁文勇，刘桂良，等．稻鸭共育对超级稻田稻飞虱控制和蜘蛛种群数量的影响［J］．中国稻米，2009（4）：24－25.

［30］邹剑明，黄志农，文吉辉，等．稻鸭生态种养技术对水稻主要害虫及天敌的影响［J］．江西农业学报，2010，22（7）：81－83.

［31］魏守辉，强胜，马波，等．稻鸭共作及其它控草措施对稻田杂草群落的影响［J］．应用生态学报，2005，16（6）：1 067－1 071.

［32］王强盛，黄丕生，甄若宏，等．稻鸭共作对稻田营养生态及稻米品质的影响［J］．应用生态学报，2004，15（4）：639－645.

［33］汪金平，曹凑贵，金晖，等．稻鸭共生对稻田水生生物群落的影响［J］．中国农业科学，2006，39（10）：2 001－2 008.

［34］毛晓梅，潘建清，黄际来．稻鸭共育技术在有机稻米生产中的推广应用［J］．安徽农学通报，2009，15（13）：63.

［35］毛慧萍．利用稻鸭共作生产有机稻米的实践与体会［J］．上海农业科技，2011（2）：131－132.

［36］刘月仙，吴文良，蔡新颜．有机农业发展的低碳机理分析［J］．中国生态农业学报，2011，19（2）：441－446.

［37］王连生，刘志龙，李小荣，等．山区单季稻田鱼—鸭—稻共育生态系统中主要病虫害控制关键技术的研究［J］．浙江农业学报，2006，18（3）：183－187.

有机种植农产品质量控制的风险要素与应对策略 *

张卫星　金连登　许　立　闵　捷　施建华　朱智伟

中国水稻研究所　农业部稻米产品质量安全风险评估实验室

（浙江　杭州　310006）

基金项目： 农业部农产品质量安全风险评估专项；农业行业标准制定与修订农产品质量安全专项

摘　要： 本文立足有机种植农产品质量控制的重要性，着重分析了有机种植农产品质量控制的风险要素和风险存在的原因及危害，提出了有机种植农产品质量控制的原则和关键点、技术方法和管理要求，并从加强过程隐患排查、科研规划指导、标准规范编制、生产主体监管等方面提出了政策建议。

关键词： 有机农产品；种植业；风险分析；质量控制

我国有机产品生产与认证工作始于 20 世纪 90 年代初期，第一个获得有机认证的产品便是茶叶。随着社会经济的持续发展和人民生活水平的不断提高，加上各级政府和主管部门的政策引导，通过近 20 年来的发展和推动，我国有机农业产地面积和产品数量都达到了一定的规模。根据 2011 年国家认监委颁布的《有机产品认证目录》，有机产品认证范围绝大多数还是有机种植类产品，涉及有机种植的粮油、蔬菜、水果、茶叶、食用菌、中草药、调味料、牧草、林果野生采集等，而畜禽、水产、蜂蜜等有机养殖类产品相对较少，有机加工类农产品则更少。有机种植追求生态安全，强调在生产过程中不使用任何化学合成的农药、化肥和生长调节剂等物质，禁止转基因工程和辐照技术，遵循自然规律和生态学原理，协调种植业和养殖业的结构平衡，是一种以保护农业生态环境和提高农产品质量安全水平为主导目标，采用一系列可持续发展的综合技术维持农业生产体系持续稳定的生产方式。这就决定了有机种植农产品生产需要良好的生态环境和规范的生产管理为保障，坚持因地制宜和资源禀赋的有机发展原则，重视生产规范和质量控制的有机管理过程，倡导优质安全和生态健康的有机品牌理念，满足特定人群和高端市场的有机消费需求，充分发挥有机种植在保护农业生态环境、提升农产品质量安全水平、打造优质农产品品牌、促进农业增效农民增收等方面的积极作用。

一、有机种植农产品质量控制的重要性

有机种植农产品是我国安全优质农产品公共品牌"三品一标"的重要组成部分（即无公害农产品、绿色食品、有机农产品和农产品地理标志）。近年来在党中央国务院的高度重视和整个行业系统的积极推动下，保持了良好发展势头，生产规模不断扩大，产品质量稳定可靠，标准化产业化水平不断提升，品牌效应日益显现，当前正处于由相对注重发

---

* 本文原发表于《农产品质量与安全》，2013 年第 5 期，23－26 页

展规模进入更加注重发展质量的新时期，由树立品牌进入提升品牌的新阶段。然而，有机农业发展目前面临一系列制约因素和挑战。一是缺乏宏观规划指导和具体政策支持，导致地区之间和产品结构的发展不平衡；二是研发资金投入不够以及科技创新能力不足，难以突破土壤肥力持续保持和有害生物有效防控的技术瓶颈，有机生产者全程质量控制能力不强；三是监管体制不顺和市场机制发挥不充分，有机产品生产、认证的社会乱象时有发生，少数生产主体责任意识不强，诚信自律不够，违规使用农业投入品，超期、超范围甚至假冒使用有机产品认证标志和标识，导致产品存在质量安全风险隐患，品牌公信力有待进一步提升。因此，加强有机种植农产品质量控制研究，强化全程质量控制和标准化生产、规范化记录、系统化追溯，对于提高生产主体的质量控制能力、产品质量和品牌公信力，促进有机农业持续健康发展均具有重要意义。通过分析我国有机种植农产品质量控制的现状与问题，以寻求规范管理的应对策略，按照国家有机产品标准和有机产品认证实施规则的要求，研究提出有针对性的实施措施或办法；同时，也有利于按照管理部门的职能分工，在农业系统强化有机种植生产环节的标准化实施示范和监督管理。

二、有机种植农产品质量控制的风险分析

1. 有机种植农产品质量控制的风险要素

有机种植的过程是一项农业系统工程，从实施《有机产品》国家标准和加强生产质量控制的角度，其涉及的风险要素很多，但归纳起来，主要有以下 4 个方面：①因大气污染、水体污染、土壤遭受农业面源污染和肥料使用不当等造成的产地环境质量变化。②因不当培肥方法造成的农田土壤肥力失衡或重金属含量超标，以及因防治病虫草害而施用农药不当造成的农田土壤和农产品中农药残留。③种子种苗和生产投入品选择不当，有机种植的技术方法和管理措施执行不到位，生产过程不符合 GB/T 19630.1 的要求，导致产品质量存在风险隐患。④有机生产单元建立的生产质量管理体系在实施中不完善、不到位而造成产品质量不可追溯。

2. 有机种植农产品质量控制中风险存在的原因

有机种植农产品质量控制风险存在的客观背景在于，一方面，我国是农药、化肥的生产大国和使用大国，由于长期不合理地过量使用化学农药和肥料，造成农产品生产过程中的农田直接污染和对产地环境的二次污染；另一方面，我国的农业产业化规模较小，法律法规不健全，农业标准化程度较低，质量安全检测监控力度较弱，消费市场不成熟，农业从业者安全意识和法制观念不强，现有生产技术水平较低，质量安全检测技术不够先进，质量控制技术缺乏。

（1）产品种类的风险。根据相关产业发展报告和农业系统开展的有关农产品质量安全普查与风险监测报告显示：蔬、果、茶和食用菌等产品高于粮棉油糖等产品；短季生长产品高于长季生长（一年与多年生的）产品；单一种植产品高于轮作（含间作、套种）种植产品；收获鲜质产品高于收获干质产品；贮藏类产品高于非贮藏类产品，因贮存保鲜的需要而增加了杀菌剂、防腐剂、熏蒸剂和非法添加物等使用的风险；设施栽培高于露地栽培，因设施栽培病虫发生加剧，又缺乏针对性有效防控措施而增加了用药的风险，设施栽培避免了雨水冲刷并减弱了阳光辐射，施药后的消解速率明显减慢，产品质量安全隐患剧增。

（2）生产过程的风险。产前主要是工业"三废"和城市垃圾排放、农业投入品的二

次污染，导致农田生态系统的间接污染，引起产地环境变化。因地块面积过大、农户涉及过多又增加产地环境控制的风险和隐患。产中主要是农业投入品使用的直接污染以及平行生产的存在。误用化学农药、化学除草剂或选用检验不合格的生物农药防治病虫草害。土壤培肥和种植施肥过程中，沤肥、堆肥的控制不符合相关标准要求，商品有机肥和生物肥选用不当，生产商违规添加化学肥料而不标注，使用大型养殖场粪肥、限用人粪尿、禁用化肥和城市污水污泥等规定执行不到位。产后主要是收贮或包装、运输过程中的混杂和交叉污染，存在有机与非有机、有机与转换期产品平行收获，造成交叉混晒、混装、混运、混堆、混包。收获后，焚烧秸秆或田边杂草灌木，未正确处理田间废弃物。直接包装产品的材料不符合国家食品卫生标准要求，未禁用化学合成的包装材料和杀菌剂、防腐剂、熏蒸剂等。储存场所及卫生条件控制不当，装运前未彻底清洗运输工具，未禁止使用化学合成消毒剂、杀鼠剂、熏蒸剂等防治有害生物，有机与非有机、有机食品与工业用品平行混放储存和混装同运。产品外包装上的有机产品认证标志和标识使用不符合要求。另外，我国在农产品生产、运输和贮藏等各个环节中，为改善品质和色、香、味和防腐、保鲜及加工工艺的需要，会使用天然的或人工合成的保鲜剂、防腐剂、添加剂等物质，这给有机生产过程中的质量控制带来了较大风险。

（3）产品质量的风险。有机种植类的产品质量风险主要是农药残留、重金属和生物毒素不符合相关标准要求。粮油产品中主要为毒死蜱、三唑磷、甲胺磷、杀虫双等农药，以及镉、铅、汞、无机砷等重金属易超标；蔬菜产品中主要为毒死蜱、甲胺磷、水胺硫磷、氧乐果等易超标；水果产品中主要为菊酯类、百菌清、多菌灵、嘧霉胺等易超标；茶叶中主要为六六六、滴滴涕、菊脂类、三氯杀螨醇和镉、铅等易超标；食用菌中主要为荧光物质、甲拌磷、甲基对硫磷、多菌灵，以及镉、铅及代谢性物质（二氧化硫）等易超标。粮油类产品中生物毒素主要为黄曲霉毒素等。

（4）生产管理体系的风险。管理体系文件不全、变更或非有效版本；生产基地或加工、经营等场所的位置图（地块图，车间、仓库、设备分布图）缺失或不明；质量管理手册和生产操作规程的制修订不及时；有机检查存在不符合项的内部检查报告和整改报告未留存；各种原始记录和票据凭证不全、不实和保存不当。

3. 有机种植农产品质量控制中风险存在的危害

有机种植农产品质量控制中存在风险，会形成以下危害：①影响生产过程的有效控制，使生产者自我质量管理造成盲然，不利于标准化的实施。②影响有机产品的质量安全保障，使生产者对投入品等使用后的残留控制造成盲然，不利于其有机产品的标准符合性控制。③影响消费者的信心指数，造成消费者选购有机农产品的盲然，不利于以市场需求引导生产。④影响有机农产品作为"三品一标"整体推进战略的实施和国家公共品牌形象与政府公信力，不利于标准化的推进。

三、有机种植农产品质量控制的应对策略

1. 有机种植农产品质量控制的原则

有机种植者在生产质量控制过程中应坚持 3 条原则，以确保农产品质量符合有机标准和认证规范要求。①以贯彻 GB/T 19630《有机产品》为前提，选择并运用适宜的技术方法和措施，实施对生产中各项质量风险的有效控制。②以充分发挥资源优势和因地制宜为

基础，优先选用适宜本有机生产单元的农用投入品来改良土壤肥力和控制病虫草害。③以有效实施质量管理体系为目标，在生产单元范围内建立并实施有机生产管理体系，确保生产全过程的可追溯，保证有机种植农产品的质量安全。

2. 有机种植农产品质量控制的关键点

有机种植者在生产质量控制过程中应该要特别重视产地环境、种子种苗和生长调节物质、土壤培肥、有害生物防治、平行生产、收贮运输、废弃物处理及生产单元管理体系运行等关键控制点。①产地环境方面，关键是控制土壤农药残留和重金属超标、有毒有害气体和生产用水污染。②生产过程中，关键是控制种子种苗和生长调节物质等生产投入品、土壤培肥和病虫草害防治的方法及其使用的投入品、平行生产和收贮运输过程中的混杂或交叉污染以及废弃物处理对产地环境的影响等。③生产单元方面，质量控制的关键点主要是有机生产单元的范围界定、地块权属、缓冲带或物理屏障设置、直接从事生产的农户与实际是否相符，转换期内是否按照 GB/T 19630.1 的要求进行管理，是否有效实施了管理体系追踪、内部检查审核、有机生产技术督导与培训等。

3. 有机种植农产品质量控制的技术方法

①产地环境监测评价方面，有机种植者应对本生产单元的土壤环境质量、灌溉用水水质、环境空气质量开展监测，并对监测结果进行风险分析评价。当存在环境质量被全部或局部污染风险时，应采取足以使风险降至可接受水平和防止长时间持续影响环境质量要求的有效措施。②生产技术应用方面，有机种植者应按照 GB/T 19630.1 的要求，因地制宜选择种子种苗，实施合理的种植制度和轮作方式，确定适宜的播栽时期和种植密度，做到合理施肥和科学管水。土壤培肥主要通过有机生产单元系统内回收、再生和补充获得土壤养分，适度施用有机肥、农家肥。病虫草害防治应坚持贯彻保护环境、维持生态平衡的环保方针及预防为主、综合防治的植保原则，从农业生态系统自身出发，立足因地制宜，运用综合防治技术，不使用有机禁用物质，将病虫草害的为害降到最低。③收获运贮方面，有机种植农产品应有单独收获的措施并防止造成混杂、污染，应充分利用或正确处理秸秆和废弃物，盛装容器和包装材料应可回收或循环使用，运输工具或传输设施不应对有机种植农产品造成污染，贮存场所应保证有机种植农产品不受禁用物质污染，并止有机与非有机混合的措施，贮存场所的有害生物防治应符合 GB/T 19630.2 的要求。

4. 有机种植农产品质量控制的管理要求

有机种植者应具备与生产规模和技术需求相适应的资源要素，建立并实施生产单元内部质量管理体系，建立并保持从作物生产到收获、贮存过程的可追溯体系，能有效控制产地环境和生产单元（尤其是对缓冲带、转换期和平行生产的控制）。有机生产技术措施应建立在已有的国家标准、行业标准、地方标准要求的标准化实施基础上，保证所应用的技术措施符合 GB/T 19630.1 的要求。针对有机种植不同种类和品种特性要求，若采取特殊生产技术控制方式应不违背有机生产禁用物质使用原则。有机种植者应保留生产中使用的各种物料原始凭证票据和记录文件，定期开展内部检查。建立预防和纠正措施程序，持续改进生产管理体系的有效性，应建立有可能违背 GB/T 19630 标准要求的产地环境污染监控、病虫害测报与防治等事件或要素的风险预警防范和应急处置机制。

四、有机种植农产品质量控制的政策建议

针对有机种植农产品质量控制的重要性和存在风险隐患问题的特殊性，按照因地制宜有序推进有机农业在我国发展的原则，对在我国建立有机种植农产品的质量控制体系提出如下政策建议。

1. 加强过程隐患排查，提高质量控制预警

随着工业化、信息化、城镇化、农业现代化的大力推进，必须加快转变农业发展方式，特别是在我国农业生产经营小而分散的条件下，生产经营者意识不强、违规用药等问题仍然普遍。因此，应立足国情，因地制宜，依托资源和环境优势，在有条件的地方适度发展有机农业的同时，对有机种植农产品生产过程实际存在的质量安全风险隐患以及"潜规则"等问题展开分地域、分产品、分生产规模等不同类型的系统排查。在农业系统实施的年度抽检产品中列入对有机种植农产品的抽检，并综合利用监督抽查、例行监测、普查和专项风险监测的数据，深入分析各环节存在的风险隐患，跟踪研究和科学研判，提出切实可行的控制措施，增强风险防控意识，提高质量控制的风险预警。

2. 加强科研规划指导，提高质量控制水平

应遵循有机农业和有机农产品生产的特殊要求，进一步加强有机农产品生产专用品种、专用农业投入品和独特生产控制技术的研发，通过土壤改良、统防统治、有机肥料推广、生物农药运用，提高有机生产全程质量控制能力，确保有机农业和有机农产品生产实现高效、优质、生态、安全、环保的可持续发展理念。各级农业行政主管部门应尽快制定有机农业和有机农产品生产管理的产业发展规划，加强产地环境、投入品、生产过程、档案记录等生产行为的技术指导和监督管理。各级农业、质检行政管理部门应依照《中华人民共和国农产品质量安全法》和《有机产品》国家标准，督促有机生产企业建立完善的有机生产技术规程、产品可追溯管理体系和落实内部检查制度，着力强化内部检查员培训和履职检查，严格执行有机生产档案记录和质量控制，从源头上提升有机生产主体的质量控制水平。

3. 加强标准规范编制，提高质量控制能力

标准化是发展有机农业和有机农产品生产的重要保证。有机种植农产品生产者是实施标准与技术规范的主体。应在《有机产品》国家标准及有机产品认证相关技术法规体系框架下，着力加强有机农业和有机农产品生产标准体系建设，深入研究有机农产品生产技术规范和有机农产品质量标准制定，尽快填补我国有机种植农产品的产品标准与技术规范空白。科研机构要积极筛选和组装配套适用的有机生产技术，建立一整套有机生产全程技术标准、操作手册和档案记录，推动有机农产品生产全程质量控制标准化。各级政府和农业部门要依托龙头企业、专业合作社，着力创建有机农产品标准化生产基地，把发展有机农产品与实施农业标准化相结合，加快创建园艺作物等有机种植标准示范园，发挥标准化示范带动作用，建设一批有规范、有影响、有品牌、有效益的国家级有机农产品标准化示范基地。

4. 加强生产主体监管，提高质量控制效果

有机种植农产品生产者既是实施生产管理、质量控制的主体，也是承担质量责任的主体。因此，依据《有机产品》国家标准中责任追溯的要求，国家相关职能部门和有机产品

认证机构应持续加强对生产主体的监管。采取多元化的手段，以不通知检查、例行检查、证后监督抽查等形式开展现场监察和跟踪监管，以此增强生产主体依法、依标、依规组织生产的自觉性。同时，对质量控制效果明显的，农业部门应树立典型，在技术指导、项目支持、资金资助等方面给予倾斜，认证机构应在认证经费的收取上给予优惠或改为等额奖励等方式以体现推进并支持生产主体提高质量控制效果的持续。

参考文献

［1］国家认证认可监督管理委员会.《有机产品》国家标准理解与实施［M］.北京：中国标准出版社，2012.

［2］金发忠.农产品质量安全概论［M］.北京：中国农业出版社，2007.

［3］陈晓华.2013年我国农产品质量安全监管的形势与任务［J］.农产品质量与安全，2013（1）：5-9.

［4］朱有为.我国农产品安全质量控制技术的探究［J］.农业环境与发展，2012，29（6）：48-50.

［5］修文彦，张志华.对绿色食品全程质量控制体系的思考［J］.农业经济，2012（9）：12-14.

我国有机稻米食味品质特色与满足市场需求的对策研究[*]

金连登　张卫星　朱智伟　闵捷　施建华　许立

中国水稻研究所　农业部稻米产品质量安全风险评估实验室

中国农业科学院稻米质量安全风险评估研究中心

（浙江　杭州　310006）

基金项目：本文为国家自然科学基金项目（编号：31201175）和农业部稻米质量安全风险评估项目（2013 年国家财政专项资金）的部分研究成果。

摘　要：本文阐述了面对当今我国市场需求特点及消费者选择倾向．有机稻米应关注并提升食味品质特色作为重点要素的见解，提出了培育并提升有机稻米食味品质特色及市场营销的途径、方法及策略。

关键词：有机稻米；食味品质；市场需求；发展策略

稻米是我国 60% 以上人口的主食，随着中国经济社会的发展和人们生活质量的提高，对稻米的需求不再是量的增长，而转向质的提升。因此，有机稻米以保障食用安全为基础，突出食味品质为特色，体现好吃口感为首选的市场需求时代特征，将会成为当今消费者越来越喜好的转向。

一、有机稻米的食味品质特色

1. 我国现行标准规定的食用稻米品质要素

依据我国现行的相关标准，对食用稻米品质可分为 8 项构成要素来加以解读：①碾磨品质（加工品质）——体现稻米加工的程度和档次；②外观品质——反映稻米经加工后的外观形态；③蒸煮品质——体现稻米的内在食用理化品质，是食味品质的基础；④食味品质（感官品质）——反映稻米煮成米饭后的色、香、味、形等食用时的感觉；⑤营养品质——反映稻米内在的营养素组成成分；⑥安全品质（卫生品质）——反映稻米中留存的相关有毒有害物质状态；⑦储存品质——体现稻米经储存后的内外物质结构变化程度；⑧功能品质——体现稻米中的某些特定成分对人或动物提供的特需功能作用。对食用稻米品质的上述 8 项构成要素所涉及的相关标准中规定的主要品质指标见表 1。

2. 有机稻米的食味品质及特色

有机稻米的食味品质在于突出人的感官与味觉为基础，对米饭的气味、色泽、形态、适口性、滋味、外观、冷饭质地等的综合感受性评价。根据中国人群历史形成的对米饭口感的地域性习惯，有注重其中单项食味特征的，也有注重其中多项食味特征的。表 2 所列稻米（米饭）食味品质（感官评价内容与描述），同样适用于有机稻米的食味品质评价。

---

* 本文原发表于《农产品质量与安全》，2013 年第 6 期，26 – 29 页

表1　我国主要标准和技术规范涉及的稻米品质指标名称

品质分类		主要品质指标名称	涉及主要标准和技术规范
外在品质	碾磨品质（加工品质）	出糙率、糙米率、精米率、整精米率、碎米率、异品种率、水分、光泽、不完善粒、黄粒米、裂纹粒、带壳稗粒、糠粉、稻谷粒、无机杂质、有机杂质、矿物质、加工精度、黑米色素等	GB 1354《大米》、GB 1350《稻谷》、GB/T 17891《优质稻谷》、GB/T 18810《糙米》、GB/T 15682《粮油检验稻谷、大米蒸煮食用品质感官评价方法》、NY/T 593《食用稻品种品质》、NY/T 594《食用籼米》、NY/T 595《食用粳米》、NY/T 596《香稻米》、NY/T 832《黑米》、NY 147《米质测定方法》……
	外观品质	垩白粒率、垩白度、白度、阴糯米率、色泽、透明度、粒形（长宽比）、谷外糙米、红曲米色价等	
内在品质	蒸煮品质	直链淀粉、胶稠度、碱消值（消减值）等	GB/T 17891《优质稻谷》、GB/T 15682《粮油检验稻谷、大米蒸煮食用品质感官评价方法》、NY/T 596《香稻米》、NY/T 832《黑米》……
	食味品质（感官品质）	气味、色泽、形态、适口性、滋味、外观、冷饭质地、香米香味、黑米口味等	
	营养品质	蛋白质、总淀粉、氨基酸、脂肪、矿物质元素、谷维素、维生素、肌醇、碳水化合物、生物碱、植酸、R-氨基丁酸等	NY/T 593《食用稻品种品质》、NY/T 594《食用籼米》、NY/T 595《食用粳米》、NY/T 419《绿色食品大米》……
	安全品质（卫生品质）	农药残留、重金属残留、植物生长缴素残留、致病菌、亚硝酸盐、硝酸盐、黄曲霉毒素、除草剂残留、增白剂、矿物油、工业蜡及着色剂等	GB 2715《粮食卫生标准》、GB/T 19630《有机产品》、GB/T 2762《食品中污染物的限量》、GB 2763《食品中农药最大残留限量》、NY/T 5115《无公害食品稻米》、NY/T 419《绿色食品大米》……
	储存品质	色泽、气味、脂肪酸值、酸度、虫蚀粒、霉变粒、病斑粒等	GB/T 20569《稻谷储存品质判定规则》
	功能品质	尚未明确确定（参照相关标准中的要求）	待制定

表2　稻米（米饭）食味品质（感官评价内容与描述）

评价内容（项目）		描　述
气　味	特有香气	香气浓郁；香气清淡；无香气
	有异味	陈米味和不愉快味
外观、形态	颜色	颜色正常，米饭洁白；颜色不正常，发黄、发灰
	光泽	表面对光反射的程度：有光泽、无光泽
	完整性	保持整体的程度：结构紧密；部分结构紧密；部分饭粒爆花

（续表）

评价内容（项目）		描　述
适口性、滋味	黏性	黏附牙齿的程度：滑爽、黏性、有无黏牙
	软硬度	白齿对米饭的压力：软硬适中；偏硬或偏软
	弹性	有嚼劲、无嚼劲；疏松、干燥、有渣
	纯正性持久性	咀嚼时的滋味：甜味、香味以及味道的纯正性、浓淡和持久性
冷饭质地	成团性黏弹性硬度	冷却后米饭的口感：黏弹性和回生性（成团性、硬度等）

有机稻米的食味品质特色在于尊重人群对米饭口感的地域性习惯，选择以特定水稻品种为基础的，通过科学嫁接生产的良种良法应用．并配以优良的加工工艺，生产出具有显著食味品质指标特征的大米，以满足现代生活质量提升后人们的新需求。

3. 现代消费者对有机稻米食味品质特色的市场选择性倾向

当前，除了依据国家和行业相关标准中规定的稻米品质评判指标外，更应关注消费市场的行为选择。综观近几年消费市场对稻米食味品质新选择倾向，其主要反映在 5 个"好"字上：①"好看"——取决于种植技术和加工工艺的提升，保持对大米粒形、色泽、垩白、透明度等良好观感；②"好闻"——保持优质大米的固有新鲜清香气息；③"好吃"——米饭具有稳定的口感食味和滋味，并有营养与卫生安全；④"好贮"——大米具有稳定的保质保鲜期，耐贮存；⑤"好价"——购买的大米性价比符合消费心理价位。因此，归结起来对有机稻米市场选择主要分 3 种倾向性类型：一是中看又味香型，注重外观好看，饭粒形态整齐，色泽透明且带光亮度，食用时具有满意的香气味等。二是适口又滑爽型：注重米饭口味好吃，入嘴润滑爽口，咀嚼时有滋味等。三是冷饭具弹性型：注重食用冷饭时仍具良好口感，黏弹性足，且不回生等。

二、培育并提升有机稻米食味品质特色的途径与方法

1. 分析研究影响稻米食味品质关键指标的相关性

据中国水稻研究所相关科研人员连续开展的对中国近 30 多年来几万份水稻主栽品种的品质状况监测研究，有关数据显示，稻米食味品质与稻米的蒸煮品质（理化品质）、外观品质、营养品质、碾磨品质及储存品质等多项指标存在紧密性相互作用关系。

近几年来，国内相关科研机构及大专院校的一些专家开展多项研究也充分表明，影响稻米食味品质关键指标及其相关性在于，气味、外观品质与碾磨加工品质有关；适口性、滋味与蒸煮品质中的直链淀粉、胶稠度、碱消值，以及营养品质中的蛋白质、脂肪、淀粉含量等直接有关，还与储存品质中的脂肪酸值指标高低有关；冷饭质地也类同于与适口性、滋味的上述关联指标有关，并具有相似性。

沈阳农业大学相关科研人员通过对东北三省水稻品质性状比较研究认为，辽宁省和吉林省应主攻降低垩白粒率和垩白度，黑龙江省和吉林省应注意防止整精米率降低，黑龙江省还要注重提高糙米率。天津中日水稻品种食味研究中心的研究表明，稻米的直链淀粉含量与最高黏度和崩解值呈现显著负相关与极显著负相关，与最终黏度和消减值呈现显著正相关与极显著正相关。蛋白质含量与直链淀粉含量呈显著负相关，蛋白质含量与最终黏度

呈显著负相关。食味评价得分与蛋白质含量呈极显著负相关，与直链淀粉含量及 RVA 各特征值之间的相关关系均不显著。提出应以食味品质研究为核心，尽快提高我国稻米品质；降低稻米蛋白质含量、直链淀粉含量，提高最高黏度值，三者平衡性好；采用食味水稻育种法选育优良食味水稻品种；加强食味品尝评价体系的构建，建立米饭食味品评员专业资质队伍等。

2. 选择好适宜的水稻品种资源

我国是全球水稻品种最多的国家，品种资源相当丰富，各地既有水稻主栽品种，也有传统的地方特色小品种。目前的有机稻米均来自于各产稻区现行种植的品种。从现行种植的品种性状来看，有体现高产的，有体现抗病虫害的，有体现粒形外观的，也有体现食味品质特征的。因此，有机稻米生产者，在选择体现食味品质特征的水稻品种种植时，应把握三大关键因素：①水稻品种是否适宜限定的栽种区域。②品种的食味品质特征指标是否适合自己营销定位。③品种特性所需的生产栽培技术要求是否能应用并掌控。

3. 采用现代良种与良法配套的生产栽培与加工技术

有机稻米生产的基础是依据我国 GB/T 19630《有机产品》标准的要求组织生产与加工。因此，在此原则下采用现代良种与良法配套的、体现最终产品稻谷中具食味品质指标特征的生产栽培与加工技术显得十分重要。

（1）气候条件。山东省水稻研究所相关科研人员研究提出了日照长度与精米率呈显著正相关（$r = 0.744\,4$），与垩白率、垩白度、蛋白质含量呈显著或极显著负相关（r 依次为 $-0.913\,8$、$-0.927\,6$ 和 $-0.733\,5$）。灌浆期短日照使稻米外观、加工、食味品质下降，营养品质提高。云南省农业科学院相关科研人员对海拔条件下耐冷性粳稻米品质的稻米淀粉 RVA 谱特性开展的研究表明，随种植海拔的升高，弱耐冷性品种的消减值明显增大，峰值黏度和崩解值显著减小，而强耐冷性品种的峰值黏度和崩解值呈先降后升趋势，消减值则表现先升后降趋势。强耐冷性品种的稻米淀粉 RVA 谱特性受海拔变化的影响比弱耐冷性品种小，蒸煮食味品质表现相对稳定，但弱耐冷性品种的蒸煮食味品质随海拔升高明显呈变劣趋势。

（2）生产栽培方式。山西财经大学相关人员研究指出，有机肥、东洋生物肥明显增加了土壤有效磷、有效钾的含量。中国水稻研究所开展的相关研究结果也表明，倒 2 叶基角、株高和单穗重对米质性状影响较大；直链淀粉含量、糙米率和透明度对株型性状影响较大。扬州大学专业人员研究表明，水稻根系分泌的草酸与稻米的垩白米率、垩白度和胶稠度均呈极显著正相关；根系分泌的柠檬酸与垩白米率、垩白度、崩解值呈极显著负相关，而与消减值呈极显著正相关。

（3）成熟收获。天津农学院相关科技人员研究表明，不同收获期的产量、整精米率、垩白率、蛋白质含量、RVA 的崩解值和消减值、米饭食味值等指标均有差异。推迟收获可以提高产量、稻米的碾磨品质、崩解值和黏度值，改善外观，降低垩白率、硬度。减少消减值，蛋白质含量也随之降低。扬州大学研究了结实期不同阶段倒伏对品质指标的影响。结果表明，除糙米率、籽粒长宽比、糊化温度和胶稠度外，多数稻米品质指标均受倒伏的影响而变劣，并使得稻米食味品质降低。

（4）加工贮存。天津农学院的研究结果表明，陈米的食味值均有不同程度下降；新米食味值高的品种其陈米的食味值也相对较高；与新米相比，陈米的直链淀粉含量和蛋白质含量无明显变化；陈米的最高黏度和崩解值较新米有所上升；陈米米饭的硬度上升，黏度下降，陈米的硬度和黏度分别与其食味值呈显著负相关和正相关关系。上海市农业科学研究院相关科研人员利用 RVA 测定稻谷淀粉黏度特征值，结果表明各特征值在储藏 1~5 个月内变化较小，而 6~7 个月期间变化较大，大部分特征值变化差异达到显著或极显著水平。不同类型稻谷在储藏期间黏度特征值发生明显差异的时间点不同，粳糯类水稻品种在储藏期间发生明显差异的时间点明显早于粳稻和籼稻类。河南工业大学相关科技人员测定了不同储藏温度下常规和气调储藏稻谷（充氮气调条件）的各项品质指标。结果表明，当储藏温度较低时，常规和气调储藏稻谷的各项检测指标较为接近；而高温储藏时，气调储藏稻谷的各项检测指标均优于常规储藏。因此，稻谷储藏时，低温储粮应是首选方案。当低温不易实现时，可选择气调储藏以减轻温度对稻米品质的影响。

三、以食味品质特征为先导的有机稻米面向市场营销新策略

1. 突出食味品质是当今市场营销定位的根本基点

有机稻米在注重生产过程控制和食用安全有保障的前提下，立足于高标准、高质量、高成本的生产，理应有别于普通稻米的品质指标。可以预测，我国在近 20 年中有机稻米生产发展与市场选择将分为两个阶段，即近期必定以注重食味品质为主，远期将以讲究食味品质和营养品质并重为主，每个阶段的时间差将在 10 年左右。那么，当前面向市场营销的定位应是相对讲究生活质量为目标的消费群体，因此，就必须做到超前定位稻米的食味品质特色。如入嘴有香气味、口感有滋味、冷饭有软感、适口有嚼劲等。有机稻米生产者如对此有深层次的认识，就会从突出食味品质特征入手，组织生产与加工，抓好包装和自有品牌建设，树立起自有特色的市场营销亮点。

2. 确定不同消费群体的合适销价是当今市场营销的基本手段

对具有食味品质特色的有机稻米的销价确定是一门科学。如定价过低，生产成本抵不了，消费者会不屑一顾；如定价过高，违背价值规律，消费者会望而却步。回顾前期中国未以食味品质为先导的有机稻米存在着销价过高的普遍现象，造成了销量不大，品质特色无亮点，消费者对购有机稻米兴趣上不来，相当数量的有机稻米生产者效益不好，有的还亏损严重。这说明，在立足食味品质特色为基础的有机稻米营销上，今后应调整思路，在销价确定上一定要审时度势。

3. 采用多元化方式是当今市场营销的有效渠道

以具食味品质特色为主的有机稻米市场营销，在现代电子商务和物流十分发达的经济发展新时代，应勇于采用多元化方式，如"产、加、销"一条龙、企业现货直销专卖、电子商务、物流联动，网购、进社区、联营"一体化"，以及零售、超市、团购结合等，探索并推进以多渠道开辟销售模式，是赋予当今我国特色有机稻米市场生命力之路。

参考文献

［1］GB/T 15682—2008. 粮油检验稻谷、大米蒸煮食用品质感官评价方法［S］. 北京：中国标准出版社，2009.

［2］陈能. 市场选择与优质食用稻米分级评价标准［J］. 粮食与饲料工业，2012（7）：9-12.

［3］中国水稻研究所，国家水稻产业技术研发中心. 2010 年中国水稻产业发展报告

［M］．北京：中国农业出版社，2010.

　　［4］陈能，罗玉坤，朱智伟，等．优质食用稻米品质理化指标与食味的相关性研究［J］．中国水稻科学，1997，11（2）：70－76.

　　［5］中国水稻研究所，国家水稻产业技术研发中心．2011年中国水稻产业发展报告［M］．北京：中国农业出版社，2011.

　　［6］国家认证认可监督管理委员会．有机产品国家标准理解与实施［M］．北京：中国标准出版社，2012.

　　［7］中国水稻研究所，国家水稻产业技术研发中心．2012年中国水稻产业发展报告［M］．北京：中国农业出版社，2012.

　　［8］王新其，殷丽青，卢有林，等．水稻储藏过程中淀粉黏度特性的变化［J］．植物生理学报，2011，47（6）：601－606.

　　［9］朱佳宁．黑龙江省绿色食品专营市场和品牌建设的探索与实践［J］．农产品质量与安全，2013，（3）：27－30.

　　［10］金连登，朱智伟．中国有机稻米生产加工与认证管理技术指南［M］．北京：中国农业科学技术出版社，2004.

主要参考文献

［1］金连登，朱智伟．中国有机稻米生产加工与认证管理技术指南［M］．北京：中国农业科学技术出版社，2004.

［2］郭春敏，李秋洪，王志国．有机农业与有机食品生产技术［M］．北京：中国农业科学技术出版社，2005.

［3］黄世文．水稻主要病虫害防控关键技术［M］．北京：金盾出版社，2005.

［4］科学技术部中国农村技术开发中心．有机农业在中国［M］．北京：中国农业科学出版社，2006.

［5］程式华，李建．现代中国水稻［M］．北京：金盾出版社，2007.

［6］黄世文，王玲，刘连盟，编译．稻田浮萍：农业综合体系中多功能小型水生植物［M］．北京：中国农业科学技术出版社，2010.

［7］国家认证认可监督管理委员会，中国有机产品认证技术工作组．GB/T 19630—2011《有机产品》国家标准理解与实施［M］．北京：中国标准出版社，2012.

［8］陈福如．水稻病虫害原色图谱及其诊治技术［M］．北京：中国农业科学技术出版社，2012.

［9］张志恒．有机食品标准法规与生产技术［M］．北京：化学工业出版社，2013.

［10］国家认证认可监督管理委员会．中国有机产业发展报告［M］．北京：中国质检出版社，2014.